汉译世界学术名著丛书

天象论
宇宙论

〔古希腊〕亚里士多德 著

吴寿彭 译

'Αριστοτέλης

Περὶ Μετεωρολογικά, Περὶ Κόσμου

本书译文依据贝刻尔校订,《亚里士多德全集》第三卷。

汉译世界学术名著丛书
出 版 说 明

我馆历来重视移译世界各国学术名著。从五十年代起，更致力于翻译出版马克思主义诞生以前的古典学术著作，同时适当介绍当代具有定评的各派代表作品。幸赖著译界鼎力襄助，三十年来印行不下三百余种。我们确信只有用人类创造的全部知识财富来丰富自己的头脑，才能够建成现代化的社会主义社会。这些书籍所蕴藏的思想财富和学术价值，为学人所熟知，毋需赘述。这些译本过去以单行本印行，难见系统，汇编为丛书，才能相得益彰，蔚为大观，既便于研读查考，又利于文化积累。为此，我们从 1981 年至 1992 年先后分六辑印行了名著二百六十种。现继续编印第七辑，到 1997 年出版至 300 种。今后在积累单本著作的基础上仍将陆续以名著版印行。由于采用原纸型，译文未能重新校订，体例也不完全统一，凡是原来译本可用的序跋，都一仍其旧，个别序跋予以订正或删除。读书界完全懂得要用正确的分析态度去研读这些著作，汲取其对我有用的精华，剔除其不合时宜的糟粕，这一点也无需我们多说。希望海内外读书界、著译界给我们批评、建议，帮助我们把这套丛书出好。

商务印书馆编辑部

1994 年 3 月

汉译世界学术名著丛书

出 版 说 明

目　录

《天象论》

《宇宙论》

《天 象 论》

亚里士多德《天象论》汉文译本绪言

（一）

现所传存亚里士多德《天象论》四卷，当初盖由两个各自为系统的讲稿编合起来的，其一为第一、二、三卷，另一为第四卷。卷一，首章倡言其书所研究的内容，未尝涉及卷四中的论题；到卷三末章乃作全书的结束语，而且宣称，以后将讨论金属与矿产，可是，这样的论题未见于第四卷内。这三卷的主题是"气象学"(Meteorology)，即于今所谓地球的大气层圈(atmosphere)内所见到的一切现象。书中也涉及山川河海、地震等，于今属于水圈(hydrosphere)与石圈(lithosphere)，即地理与地质学的事物。这样的三卷，恰可说是古希腊"自然哲学"的综合讲稿。第四卷叙述我们现代所称物理与化学上的若干课目，是与前三卷离立的一些篇章，其中关于四元素为物质世界的基本体系各章节，和《生灭论》(de Gen. et Corr.)中所说到的相符；这是在古希腊笺家，亚芙洛第的亚历山大(Alexander, Aphrodiensis)(179，3)和奥令比杜罗(Olympiodorus)(223，21)的诠疏中，先已辨明了的，所以亚历山大先所编订的亚氏遗著，把这两篇合辑在一起。

亚里士多德现存卷帙，显然杂有伪撰篇章。《天象论》四卷的前三篇，世皆不疑其中有何伪杂的章节。于卷四的真伪则颇多争论，十九、二十世纪间，专研亚氏著作的诸名家如耶格尔（W. W. Jaeger）便直指卷四为伪篇。① 罗斯（W. D. Ross）②也认为这一卷，非亚氏手稿。反之，牛津亚氏全集中《生灭论》的英语译者，约亚钦（H. H. Joachim）认定《天象论》卷四，和《生灭论》一样，为亚氏手稿，毋庸置疑。哈默尔·季孙（I. Hammer Jensen）曾揭出这卷内的两个疵病：③（1）对于自然演化过程的说明专重动因，作机械论者的观点，亚里士多德常持的"目的论"乃反尔缺如。（2）这卷的章八章九中，所取 πόροι"细孔"（罅隙）和 ὄγκοι"粒子"（385ª29—30，385ᵇ19—20）两字的命意，不是亚氏物理学（自然哲学）所习用的词义。这些章节，似是原子论者的语言。这么的一卷，盍是漫步派学者而主于原子论的拉姆萨可人斯特拉托（Strato Lampsacus'）的文章？亚氏原卷先已逸失，亚氏全书在罗马的编者把斯特拉托的同名著作抵充了这一逸卷。

对于这些指摘，后起的李氏（H. D. P. Lee），路白经典丛书，希英对照《天象论》的校译者（1951），作了如下的答辩：（1）亚氏所常持的目的论，在这一卷内，实际是提到了的，章十二，390ª4，τὸ γὰρ οὗ ἕνεκα ἥκιστα ἐνταῦθα δῆλον ὅπου δὴ πλεῖστον τῆς ὕλης（"凡物之以材料为主者，其极因（目的）就最不明显。"）宇宙的物质基础在四元素，四元素凭四性能（冷·热与干·湿两个对成）的作用，以行演

① W. W. Jaeger，*Aristotle*，英译本第 386 页。

② W. D. Ross，*Aristotle*，第三版，11 页。

③ Hermes，《信使学报》，1915 年卷，113—136 页，"Das sogennante IV，Buch der Meteorologie des Aristoteles"。

化;亚氏于这卷中论述宇宙演化未尝忽视式因与极因。他说明:事物,包括无机物与有机物,在发展之初,或原始阶段,总是显著于物质表现,而隐蔽着式因与极因。生物如一草一木或一禽一兽,须待到成熟阶段,它们的形式(本因)才被认识,必须抵达临终的时刻,它们所以生世的目的(极因)才得昭明。亚氏的议论有时或偏重极因,说,事物一自其创生,即为彼最后的目的而奔向其前程,直到它灭亡而后已。若以动因为主,说,凡物一经发动,即循物质自然的机括而展开,以抵于完成,这样的机械论者观念,违于前旨,在他所有著作中,偶有这样的行文,大抵不可正面索解。(2)ὄγκος 原义为"物体",或物体的"轻重"、"大小",原子论者,德谟克里图于论涉"感觉"时,曾应用 ὄγκος 作"粒子"(particle),以配合 πόρος 之为"细孔"(罅隙)(pore);这样的措辞,实际上,恩贝杜克里先也有此构想。[①] 亚里士多德在《生灭论》卷一章八,也取 οἱπόροι"窟窿(细孔)"以说明原子(物质最小单体)间的"虚空"处。《天象论》卷四中,章八,385^a29-30,和章九,385^b19-20,两句,他应用这两字确乎取义于"粒子"与"细孔(罅隙)"这样的配合。卷四章三,381^b2-3 句,类此。[②] 可是,卷四章九,386^b5-12 说到"海绵"σπόγγος 而及 πόροι 者,有云,"这类物品可以压缩以挤去(轧实)其间的'罅隙'(或'窟窿')";这里 οἱ πόροι 的取义显然不是严格的物理学上的

① 参看培里,《希腊原子论者》(Bailey, *Gr. Atomists*)章二,章三。

② 这三句的汉文翻译,IV,8,385^a29-30:"使水湿'粒子'无由进入一物的组成体内的'罅隙'"。IV,9,385^b19-20:"任何土质物之较水为硬的,凡内有'罅隙(细孔)'较大于水'粒子'者,水就能使之软化。"IV,3,381^b2-3:"焙烤时,外表的'细孔'(罅隙),收缩而旋即闭合,被烤物体内的水湿[粒子]就被牢笼于其中而无法脱出。"

技术名词。同章，387^{a}2 行，说，事物如“木材有‘纵缝（纹）’或‘横缝（纹）’，可行纵裂或横裂”云云，这里的 οἱ πόροι 作为“罅缝”解，也显然不从原子论的物理学定义。卷一至三，ὄγκος 凡十一见，皆取通俗义为“物体”或物体的“轻重”、“大小”。这样，季孙·哈默尔的指摘虽确属有据，但凭这些就指《天象论》卷四为斯特拉托之作，举证还不够充分。另有些专研《天象论》的学者各检查到些琐小的差谬，这在现存的亚氏各门遗篇中，所在有之，不须据以论此书的真伪。

反之，我们可举出若干正面的论据，以订定《天象论》卷四为亚氏原作，不是伪撰的。(1)通认为亚氏真篇的《动物之构造》，卷二章二，649^{a}33 行，以下一节，关顾到《天象论》卷四章六、七、八与章十；《动物之生殖》卷二章六，749^{b}3—7 行，关顾到《天象论》卷四章四到七；《动物之生殖》卷五章四，784^{b}8，关顾到《天象论》卷四章一，379^{a}16。《天象论》卷四，章十二，所举事物的三级组成通则，完全符合亚氏理致。亚氏于无机物与有机物的“目的论”，在这一章中是昭然可见的。(2)亚氏在章二与章三中，于事物的工艺(τέκνη)过程与自然 φύσις 过程两词的平行应用，例如食物的“熟煮”πέπανσις 与果实的自然“熟成”πέπανσις，应用同一[化学]技术名词 πέπανσις“成熟”，于人力（烹饪）所致的“成熟”与自然施行的“成熟”，一样看待，这也是亚里士多德思想的代表章节；这类章句，于《物理》卷二与《动物之构造》卷一章一，都是互通而可以互证的。(3)“软·硬对成”μαλακότης -σκληρότης，见于《天象论》卷四章四，382^{a}9 以下，章十二，390^{b}7 以下者，都与《生灭论》卷二章二，329^{b}32 以下各行相应，与《灵魂论》(de Anima)卷二章十一，

423^{b}27 以下，卷三章十三，435^{a}21 以下各节相应。关于物质四元素与其四性能的两个对成，在这卷中所说的，全与《说天》卷三卷四，和《生灭论》相应。

（二）

《天象论》讲稿于何年完成未易确订。书中可以追迹其岁月者：(1)卷三章一，371^{a}31，讲到以弗所大庙失火，其事在公元前356年，亚里士多德二十九岁，时在柏拉图(亚卡台米)学院中，从学于柏拉图，当日他盖认为这是一惊人的新闻，故予以著录。(2)卷一章三，345^{a}1，提到一个大彗星，示现于尼哥马沽长老为雅典执政之年，这是公元前 341/340 年，亚氏四十四岁，时在马其顿，贝拉宫廷，为王子亚历山大师傅。(3)卷三章二，372^{a}28，他于一个夜间，见到一彩虹，特为绚烂，说是他五十年间，再次目睹的异象，这时他该已老大了。凭上列三节来估计，自他从学之年，初有立志于此事，就汇集有关资料，适公元前 335 年，五十岁，重返雅典，建立了吕克昂学院以后，执笔成篇，前后历经，约二十余年。

埃第勒(Ideler, L.)“《天象论》卷四，评诠”，曾举示史地考证两事，其一，《天象论》卷一章十三，351^{a}8，与卷二章一，354^{a}3，分别提到高加索山下有湖，与许加尼海、嘉斯比海：ἥγε ὑπὸ τὸν Καύκασον λίμνη, ἣν καλοῦσιν οἱ ἐκεῖ θάλατταν“高加索山下的一个湖，那里的居民称之为大海”。又，πρὸs τὴν ἔξω στηλῶν θάλατταν ἡ δ' 'γρκανία καὶ Κασπία κεΧωρισμέναι τε ταύτηs“许加尼海和嘉斯比海都是与外海隔绝的”。上句中，“高加索山下的湖”，即下句中的

"嘉斯比海"(Caspian sea),即今咸海(Aral sea);许加尼海,即今里海,古希腊亦称嘉斯比海。现代的史地学家,凭大量的古籍,考明希腊人在公元前第四世纪间,认为在他们所曾旅游经历了的黑海东北有两分离的海,一个"高加索山下湖",和一个嘉斯比海。亚历山大远征波斯,东及印度,归途身死;从征将士既增广了希腊东北的地理知识,在他们西还故国以后,传播了地理新知,乃谓,这两个海实是同一个海,而且与外海相通,应为大洋的一个内湾。① 那么,依这里两海隔绝的文句而论,这篇须是亚历山大远征(公元前335年)以前的作品。但354^a3句中的 καὶ 可作"和(与)"(and)解,也可作"即"(or"或")解;若作"即"(or"或")解,那么,这写作时间又可说在亚历山大身后(公元前323年,亚里士多德,62岁)了。其二,《天象论》卷二章五,362^b9—10[皇冠星座 σιέφανοs 也通过这地区,当这星座经行子午线上,我们仰看,它们直像在我们头顶上通过。]中宵所见皇冠座的天空位置,显示亚里士多德观察的所在,亦即著作的所在,确当雅典的纬度。但这一句,在旧抄本上是加有括弧的,校勘家都怀疑这与上下文不相承接的段落,是后世读者或编缮者所添附的。让我姑且承认这是亚氏的原句,就此断定他写作的地点在雅典,可是,写作的时间还只能在公元前347年以前与335年以后,上下限的十余年内,成书的精确年代终难推明。

迁就耶格尔与罗斯的揣测:这书,应和他的生物诸篇约略同时开始。生物著作始于《生灭论》、《动物之构造》(解剖)等,其中有回

① 这一新知实际是错误的。照旧说,两海(里海与咸海)各隔绝于外海,符合于后世所实勘的情况。

顾到《天象论》的语句;《天象论》,卷四章十二的结束语,恰又照应到《动物之构造》的好些章句。按照这些章节,我们拟《天象论》之作,始于亚氏居留特洛亚(Troad)与累斯波(Lesbos)岛的岁月,这几年(公元前340年),他正勤于动物的研究;这与在尼哥马沽执政期见到一颗大彗星的年头(公元前341/340年)相符。在这以后,他时时补缀他的初稿;《天象论》完稿须在公元前335年,他重到雅典,主持吕克昂学院讲席以后,他及时地增充了尼哥马沽这一节有关彗星的记载,和随后发生的一应天象观察与史地事项。耶格尔与罗斯两家上述的揣测限于"前三卷",我们既认定"卷四"非伪,则"卷四"也就涵容于上述揣测之内了。

(三)

在亚氏著作中,《天象论》读者较少。凭近代天文学、气象学、地质学、与物理、化学为之衡量,亚氏的议论每不免于左支右绌。古希腊学者于物质宇宙的研究,只是"自然哲学",不同于现代的"自然科学"。亚里士多德论辩的方式总是先叙前贤陈说,一一订其所误失;而后申述自己的主张。这样的方式,遍见于他所从事的所有各个科目。归纳与演绎并行的研究方法,久垂为学术传统的良规。恩格斯在《自然辩证法》中说,"在希腊哲学的多种多样的形式中,可以找到现代各种科学观点的胚胎或新芽"。恩格斯对希腊学术的这一好评,于亚里士多德的著作最为适用。现代各门或广或狭的学术史的首章,几乎无不陈说公元前希腊学者在相应的这一门,朴素的导论,其中又必列述亚里士多德关于这一门的主张与成绩。这样,《天象论》四卷,于天文、地理、气象、地质、物理、化学上的价值,虽不是怎么可夸张的;于相应的各门学术史上,总具有很高的价值。

近代,有些崇今薄古的科学史家辄谓,希腊自然哲学家们富于理知,妙能推论,但仍阙于实验。若作认真的鉴别,希腊的自然哲学家们都不能称为物理学家或自然科学家。于所建立的一个命题,做出一个实验,或设想一个实验方法,来证明自己的理论或假设之为确实或虚妄,该为众公认,或该及早取消,这才是科学的盛业,希腊的先贤未曾达到这个程度。这里,恰就是哲学与科学的差别。希腊自然哲学家们实际并不专务空想,他们不同于远古神话作家逞意于文学的诡奇。即限以《天象论》这书,为之评议,亚里士多德远取于天上地下的万事万物,却也近验之于身边的情实,而且还或创为人工控制着的试验,企图为自己的理论,求得证明。但他们的实验,限于人身感觉器官的视听功能;数学程度也还不能帮助人们对观察记录,作深入的量性分析与探索。铜匠已能制作相当复杂的器具,或简单的仪器;冶铁方法还是原始的;虽已懂得一些机械原理,还不能铸造超乎人畜力量的工具或机器。古希腊人与亚里士多德的实验总皆限于耳目鼻舌和自己身手的感觉与活动。

《天象论》前三卷,亚里士多德为推求天文地质种种现象与事物的原因与原理,于四元素四性能体系上又建置了两种“嘘出气”(ἀναθυμίασις)其一为“水湿嘘气”(ἀτμιδώδηs 蒸“汽”样物),另一干热嘘气,即“火焰样气”(καπνόώδηs),各具有高度活动能力,施展其对自然演变的作用。用“汽”的热蒸与冷凝,解释云雾雨雪的万千气象,都是符合的;用“焰”,这干热嘘气来解释雷电、彗星、地震之类,是不切实际的。古希腊人的化学研究始于厨房中所见闻或所操持的食品制作,在所加予的冷热干湿作用,所引起的成坏效应。亚里士多德延展这方面的观察与操作于果圃、林园、陶窑、冶坊,凭他这些扩大了的见识,总成一些素朴的事理,例如“人工往往仿于自然”,“热为生原,寒为死因”,“火不能直接育成生命”,于一切无机或有机物的变化,统属之于或“放热”(exothermic)或“吸热”(endothermic)的反应等,都是无可厚非的。《天象论》卷二章三,358b35—359a5,他所作实验报告,说海水可用一密封蜡制空罐浸入海中,以滤去[“渗析”]溶盐,收取淡水,恰正是错误的。但下文接着说到海水密度较重于淡水的研究(359a6—11),则是明智的。盐渍鲜鱼以行防腐,所需盐水的浓度实验(359a12—17),在先(358b16—22),所做盐水蒸馏试验,其冷凝者为淡水;酒类蒸馏,所剩余者为淡水,这也不误。

卷三章四,关于虹彩与晕彩的叙述是精胜的,他解释这些都是以日月为光源,反映于空中水湿镜面所示现的景象。他汇集并研究了所有的实录,试作虹形的光学几何图解,试作虹彩的光学色谱图解。他解释“日柱”或“假日”的景象(377a31—b27),说到云雾的反射镜面,若匀整时,则所映阳光为亮白单色,若不匀整,则映出彩色;这已接触到了折射与散射的作用。但从他的作图看来,他已识得反射(reflection)作用,于折射(refraction)和散射(difraction)原理是不透彻的。他历叙岸边观于海舶划桨所现的海面虹彩灯烛在其光焰周遭的虹彩,以验证“悬空”虹彩的示象,可说已把自己的光学推理初步引向了实验;至于洒水于向阳的室内,也可在室内阴影处瞥见虹彩的显现，则已把自己的命题认真做了一个实验，而成功地证明了自己所推导的事理了（374^{a}10—^{b}7）。上已提到，他把雷电发生的缘由，归之于上举的嘘气之着火，是不切实际的；可是，卷二章九，369^{b}4—12，他着录了，“先见电光，后闻雷声”的实况，当今已能分别精确测定光与声的秒速，他在二千余年前，凭耳目作出，“光”行速于传“声”的判断，人们未尝不钦佩这种先识。369^{b}4—12这一节，他也引取海舶划桨的“形像前感，先于击浪成响的后感”，以身边的实事，验证天上的示象。卷二章八，365^{b}21—369^{a}9，说地震成因，他又归之于嘘气（“焰”）乘刮起大风的时刻，钻进地层，或迸出地层，肇致地层的坼裂。在这一章的 367^{a}2—11，他已着录了利帕拉（Lipara）城在一次大地震中，被喷发的岩浆所淹埋，可是全章终未重视地下熔岩引发地震的作用。他在章七历叙了关于地震成因，前贤诸家之说，章八又历叙了在他生平，以及在他以前，各处的地震记录之后，368^{b}22—33，以人身痉挛喻大地发病而自致摇撼者，乃出“横震”ὁ σπασμός，ἐπὶ πλάτος 与“纵震”ἄνωκατωθεν 的要义；这些体验得来的创意，恰正是现代地震仪析出地震“横波”与“纵波”的先启。

于自然哲学的研究，古希腊学者于可以凭耳目为观察和可以用人工为实验的问题，各已尽力。希朴克拉底与亚里士多德的医学与生物学都是实地实物的观察记录，也有些实验的内容；他们所取的研究方法正是进向自然科学、实事求是的途径。[①] 近代学者

① 参看琼斯，《古希腊哲学与医学》（W. H. S. Jones, *Philosophy and Medicine in Ancient Greece*）第 32 页。

继承了他们的旧业，从事广大的实验，引用了近代能超逾时空障碍的交通运输工具，应用超逾耳目视听范围与精度的仪器，这两门学术的成就，便突飞猛进。至于《天象论》所举的“悬空物体”τὰ μετέωρα，[①]在那时代，亚里士多德未能做实验来证明他所推论的一一事理；他也未能在为大洋所隔绝了的地中海三洲限界以内，验证整个地球的真相，更无法像现代人那样，离脱地球，升空以返观地球。现代科学史家，或执崇今薄古的宗旨，批判亚里士多德的“地球中心论”妨碍了“太阳中心”（太阳系）新天文学的发展，由于亚里士多德“四元素”的自然哲学体系的错误，尤其是“火”元素的错误，妨碍了新化学的发展，由于亚里士多德物理学上“重物坠速，轻物坠缓”的错误，妨碍了“万有引力”，新力学体系的问世，这样的责难实际都是不必要的。漫长的中古时代，学术的停滞，毋须归罪于天主教经院的神父们墨守亚里士多德自然哲学的章句。世界正自期待着刻伯勒作成“天体运行三律”为哥伯尼的“太阳系”开路，世界正自期待着伽里略在比萨斜塔上的实验，凭他的大小铅球，翻了亚氏旧案，以物体下坠的新律，导发牛顿的力学新说，世界正自期待着波义耳宣明他对“四元素”物质体系的怀疑论，从此而下，不须再等待多少年月，就有拉瓦锡起来推翻那本于“火”元素的燃烧理论，而奠定了新化学的基础。世人自此而靡然景从于新天文学、新物理学、新化学，相共奋勉，不四百年，乃共庆当今自然科学的宏图。前贤各批驳了他们当时的旧说，而各有所树立，谁都没有发布什么对后来新说的禁令。学术的进境，端赖后继的努力。前贤的

① 参看本书汉文译本，354ª29 注。

良规可为后学的楷模，若他们遗留有什么错误，后学不须引以绊住自己的脚步。前贤所望于后学就专在积极的，即正面的，奋勉，学术之所以能日新、发扬光大者，如此。

吴寿彭

1983 年 7 月 30 日

《天象论》章节分析

卷(A)一

章一 标举《天象论》研究的范围,包括天上群星至下地万物,以及两间的一切,并具体地指明了银河、流星、地震等,和物质四元素所演化的一一事物,有如云蒸雨降、露下霜凝这类现象。……………… —338ª20—339ª10

章二 在圆轨道(轮天)作永恒运动,处于天穹(天球)最高层者,为以太所肇成的诸天体(群星)。高天层的运动受之于一原始总动体,为其下层的动因。自天穹下至地表有火、气、水、土四元素,挨次为其所据层圈的主体,乃月层天(月轮天)以下万物的动因。

……………………………………………… —339ª11—33

章三 地球(土元素为主体)体积较小于太阳,而处于宇宙的中心。地表层为水圈,气在水上,火在气上,错杂其上下以为运动;诸元素因冷热干湿而为离合,乃有天象与天地之间,气象的演变。云的出现,限于气圈,不能上抵火层。太阳运动不息,投其所发热量于下层;地上诸层圈所有热量皆受之于太阳。

…………………………………… —339ᵃ33—341ᵃ31

章四 “悬空火焰”、“流星”、“火炬”、“山羊”这些都类于流星的天象。流星成因：地层(地球)嘘出物有二，其一是蒸汽样的，另一是干热嘘气。干热嘘气，内有火性，较轻，可升到大气圈以上，在那里形成一易于着火的干热气层。天球正紧挨着这一层圈而旋转，当这些易燃物料，上抵于此，遂即着火；因这些物料(干热气团)的内部组成，位置，与其大小，各不相同，乃别为上述悬空诸天象的各不同形状。地层嘘气为流星这类悬空天象的物因(底因)；天球运动则是它们的效因(动因)。 ………………………… —341ᵇ1—342ᵃ33

章五 夜间至于曙时，淳空所见的“坼裂”、“壕沟”、“火炬”以及“彩霞(曙光)”的示现，论其成因当略如上述的悬空火焰或流星的成因。彩霞(曙光)的色彩表现着阳光在湿气中的反射[折射，散射]作用。

…………………………………………… —342ᵃ34—ᵇ24

章六 列叙先贤亚那克萨哥拉，德谟克里图的彗星论，以及毕达哥拉学派和希朴克拉底与埃斯契罗的彗星论。彗不常见的附加解释。彗亦诸行星之一之说，彗星出现，限于天空北区之说，彗星与彗尾为两个星体的联缀之说，皆不合事理，违于事实；从理论上，并举示希腊与埃及古时所见诸彗的实录，以证其谬误。

…………………………………………… —342ᵇ25—344ᵃ2

章七 亚氏自己的彗星论：两类彗星的成因，(1)地球干热嘘气之上升者，有时集成为一火烈气团。地球外层（远圈）被天球低层带动而旋转，在旋转中有时点燃了这火烈气团，这就成一个地嘘型（蓬发〔髮〕）彗。彗作长向延伸者，称“长须〔鬚〕彗”；（2）高层的星体偶也有自己嘘出火烈气团的，而点燃以成其彗尾者，这样就成为一个自立型彗。自立型彗的运动，当如其本星；地嘘气彗随顺于地球气圈的活动，故滞后于诸恒星的运行。彗性炽烈，出现时为大风大旱之征。某年冬季一颗大彗星现于雅典西天，是年干旱，海外狂吹南风，湾内大吹北风。另年一颗大彗星出现于天球赤道，哥林多当时遭遇剧烈风暴。

…………………………………………… —344ª3—345ª11

章八 天河（乳路）。陈述前贤的旧说，各予以评议：毕达哥拉拟天河为耀光星当初坠落所遗的径迹，或太阳古曾经行的轨道残踪。亚那克萨哥拉与德谟克里图拟天河的乳白色弥漫，为河内诸明星的光辉。又一说，乃谓天河是在夜空中，阳光的反射。権此三说，都是不确实的。亚氏自己的主张：天河类似彗星之所由形成，本于上达高层（火圈）的地球干嘘气；河内诸明星与诸散星的运动（发热），点着了这些易燃物料。那么，乳路中这些弥漫的散光，毋乃是河内群星的一个综合彗尾。 ………………………… —345ª12—346ᵇ15

章九 天球下层挨次为火圈、气圈、水圈。地表的水为太阳所蒸发，上升汽达于气圈以冷凝，则降雨而还复为水。云为冷凝了的蒸汽，雾是云的残余。水汽的蒸发与冷凝，随昼夜的日照之强弱，和太阳在黄道带内旅退旅进的行程而为增减；夏多蒸发，冬多降雨雪。毛毛雨与霖雨(豪雨)之别。 ………… —346ᵇ16—347ᵃ13

章十 昼间的蒸汽上升未及高处，夜寒奄至，骤使冷凝，乃着地而为露为霜。气候清和而露下，凄冷则霜降。山上无霜。 ………………………………… —347ᵃ14—ᵇ13

章十一 云的冷冻，所成者三：雨、雪、雹。空中的雨与雹相应，似地表之露与霜，或遇薄寒，或遇骤冷。云多而厚积，其凝为雨，若小量轻云、只会下露。
……………………………………………… —347ᵇ14—ᵇ33

章十二 关于雹的疑难：(1)雹实是冰，何乃常降于春夏暖季。(2)云既冷凝以成水，就该以雨滴下落，怎么留在空中以待寒冷的再度来临，一迨已成冰之后，才行落地？亚那克萨哥拉谓雹是寒云被驱逼到大气的高层而后成冰的。其说与事实不符。雪常从高空飘落，雹多自低空直下。雹珠颇为巨大，有些形态殊不圆整，此必在低空骤凝而直下的。若自高空，径行于长距离的大气之中，当渐以消融而成小小的圆珠。亚氏自己的理解：冷与热在云汽团作相互反应，若小热而遇大冷或稍热而值骤冷，则水湿可迅急地冻成冰粒(雹块)。阿拉伯与埃塞俄比亚夏季酷暑而多暴雨者，其理正与此类似。
…………………………………………… —347ᵇ33—349ᵃ11

章十三 挨次的论题为风、江河、泉源,与海。(一)风是气流。或谓风源起于一处,吹向四方;四方之风只是同一气团移动了位置。我们必须考明风的性状与其来源,各个区域的风不必出于同一气团。[以下相承的章节,不说“风”而说“江海”。直到卷二之章四,才重缀风这论题](二)或谓世界所有江河皆源于地下一个总体储漕,此说实误,地下不可能有如此巨大的空洞。所有溪流皆出山麓涧泉,所有江河各汇集其分支溪流,以纳于大海。故河源必依高山。高山高原内,存有储水构造。述诸大洲的山川,相并绵延,以归于诸海的概况。世上固然也有没入于地下的河川,可知地下恰也有些储水构造,但各不能有怎么大的容量。

…………………………………… —349ª12—351ª18

章十四 地球上同一区域不常水浸,也不常干旱;而是交互着时旱时涝的。水或进蚀海岸,或退而淀积成陆,居民因沧海田野之变迁,遂以颠沛流徙者,盖史乘所常见。至于民族之竟以覆亡者,率由三事:战争、疾疫、饥荒[三灾荐臻,其为祸患于生民,甚于地理的变迁]。埃及全境由尼罗河的淤泥冲积所成,四邻诸部落于是相率来止,辟草莱以为蕃孳之地。然历久岁纪,埃及全境恰已在旱化过程之中,希腊的亚尔咯与迈启那地区,也曾经相似的遭遇。利比亚的亚蒙洼地,梅奥底湖的滩涂,博斯普鲁海峡的亚细亚岸边(东岸)沙埂,也已久在旱化淀积过程之中。希腊杜陀那周围,古传有“洪水”的故事,今希腊氏族(希伦的后裔),正是“洪水”的孑遗。然希腊另些河川却又时或枯竭。小区域的地形变迁,昔年沧海,今为沃野,不必凭以推论全世界是否也在衰坏之中。准各个局部的旱涝之长远周期,未尝不可例之于寒暑更代的四季周期,这样,统可视为自然演化之常理。…… —$351^{a}19$—$353^{a}30$

卷(B)二

章一 关于海洋的原始,前贤三说:(1)[柏拉图]全地球的海洋依存于地下一个储水总漕。(2)德谟克里图谓地球古初全被水淹,现在的海洋是历久蒸发的剩余,海域在日渐缩小。(3)恩贝杜克里认为地球受太阳热烘而发汗,海洋就是这些汗水。亚氏的评议:现在的大海就是水元素的自然位置。地上的水体,或流动如江河涧泉,或渟瀦如湖海池沼,各在其本身位置。海洋不能别有本源。列述世界若干海洋的所在,而论其浅深,各有所受于其一一支流,这些支流各从其相应的崇山长岭,汇集众水而纳之于其所在的大海。从各地海峡观察海水的定向流通,可推知各海也各作有限的涨落。[串插]古天象家指称,世界(大地)北方隆高,太阳日日绕行于此降阜,当它在阜前,乃为昼明,转到阜后,我们这世界就入于暗夜。
……………………………………… —353a31—354a34

章二 海洋的局部岸线,时作断续的进退;这样的变迁不从今始;现在海域的水体是长期变迁的后果。昔贤或谓江河的水源,也全由大海经太阳的蒸发了其中的淡水而转到远空降下的雨潦,为之供给的。又或谓河海所蒸发的水汽是提供太阳的饲料(燃料)。这些陈说,都是荒诞的。太阳由自己的热量所蒸发海面上的水汽,其所凝雨,无论落在远地,或落在近处,终必还归于大海。海洋是如此广阔,故日日蒸发而不涸,容纳百川而不溢。 ………………………… —354b1—356b3

章三 柏拉图的寓言,谓地下有名为鞑靼罗河者,为全地球的储水总漕,因地球的簸动而或倾于一侧,以供应湖川之水,或倾另侧,以供应海洋之水。这是荒诞的。反乎此,主于地球水成之说者,又有人设想古初先未有海,海是地球所发的汗,故其味咸。后世或时至而海竟消失其存在。凡作海枯的预言者,实际只在他短短的一生,见过某些小地方原是水域而今成荒漠,由是而执一局部,遽作统概全世界的结论。列叙内陆诸盐海或盐湖。所有海内盐质的来源:(一)土地的干嘘气为海洋所吸收。(二)陆上诸水流,滤出了土或灰烬内含的可溶物质,汇归于海洋。这两项物质的混合,累积为海水如今的盐度。水有各不同的色味,由于其中涵溶了色味各不同的土性物质,甚或涵持了某些火性物质。西西里的雪加尼河，作醋味，林克有一酸泉，斯居泰则有苦泉。 …… —356^{b}4—359^{b}26

章四 大气之动，荡而成风。地球的水湿，嘘出为“汽”，其干性嘘出，则为“焰”。带着这些嘘出物（汽与焰），围绕地球而运动的风，因太阳在昼夜四季的或照或不照而作时寒时暖的气候，于是而热烘致旱，或冷凝成雨，于是——区域或风调雨顺，或旱涝交作。人类生活、依于气候；风与雨就是气候经常的季节演变和世代与地域的异常演变的要素。 ……… —359^{b}27—361^{b}13

章五 详述希腊（地中海，以及人类所卜居的世界）的风向，和与之相关合的四季气候变化。因大海波涛与气候（寒暖）的禁限，人类所居住的世界限于西自希拉克里砥柱，东至印度的一个条幅之间，南北禁限则在埃塞俄比亚与斯居泰之间；东西与南北，距离之比为5∶3。 ……………………………… —361^{b}14—363^{a}20

章六 沿承上章，详叙——风向，——名称，及其性状，并解释其来踪去迹，附风向图。对向风与并向风。狂风与清风。 ……………………………… —363^{a}21—365^{a}13

章七 亚那克萨哥拉认为，地震是窒闭于地下的气团爆发出来的。德谟克里图认为，地下原有定量的储水构造，一个地区遇到地上大雨与地下储水满溢，会同冲破了地层，这就肇致该地区的地震。亚那克雪米尼谓大地过度受湿，或过度干燥时，会得崩圻，地震就是这样的开裂。三说都不通情达理，不须多作辞费，

为之否定。 ………………………………… —365a14—b21

章八 于地震成因，亚氏主于地球的干湿嘘气（汽与焰），两者混合，逞刮着大风的时刻，或自地表冲入地内，或自地内冲出地外，这就迸开了地层。风是宇宙间，运动最速、动力最强、势能最大的事物。着录前时各地各样的强烈地震：潮涌引起了欧里浦的海滨地震；希腊斯滂湾、雅嘉亚，与西西里等地方，都曾有类此的严重地震。地震多发生于春季冬季，霖雨或大旱的时日。以人体痉挛而颤动，喻地震之海陆摇撼。希埃拉岛大地震喷出的石碴，淹没了利帕拉城。震前预兆：太阳黯淡，天空出现异常的云彩；又或大海潮涌，地下啸声。但也有时，天宇平静，忽然地动。强烈地震之后，常有经月经年的余震。海中岛屿间，也常发生地震，只因大海远澜，掩盖了强烈的颤抖，人们往往失察。地震冲击[波]或作横向延颤，或作纵向震动。 ………………………………… —365b21—369a9

章九 闪电、雷与雷击，以及旋风。恩贝杜克里与亚那克萨哥拉都设想天空上层火性物质或太阳的光热降落于下层的云腔之中，因而发光为电，轰声成雷。克赖第谟认为闪电只是云中的水湿，受到什么冲激而发作的亮光，雷声也是云中自发的音响。亚氏认为这些气象演变都由被包围于云层中的干嘘气（“焰”），因空中冷暖的激变而爆发的。当雷电之作，在地上的人们必先见闪光，后闻雷声。[“光”行速于传“声”。]

以行船划桨时，岸边人们所见所闻的先后，为此理的验证。综合而论，在大气层以成风，在地下以发震，在云中而打雷，都是这干嘘气的作用。

…………………………………… —369a10—370a34

卷(Γ)三

章一 云飙、台风、与火旋风的别异。它们各自的成因，略同于雷电，也是上述嘘气浓集于大风中而形成的。具有高潜能的湿嘘气为主体者，促成霖雨；具有高潜能干嘘气为主体者，促成云飙。大风吹过狭隘的地段或空间，或遭遇与之偏转的对风，这就成为旋风。湿嘘气(汽)为主体的阵风，若在空中骤冷，遂即下雪。浓集有干嘘气的旋风，如果着火，就被称为火旋风；以弗所大庙的焚毁就由这种火焰点燃起来的。上述浓集干嘘气，若被压逼而析出于云层者，这就打雷(雷击)。"亮雷"与"烟雷"之别。轰雷打击与之对抗的事物。据说，有一回雷击，打坏了一矛的铜刃，其木柄无恙。 ………………………… —370b3—371b17

章二 日晕、月晕、星晕的发生，与虹的成因相似。"日柱"与"假日"。晕与虹的形状和色彩，皆由日月光反射[折射与散射]于空气中的水湿镜面形成的。日虹常见，多示现于晨夕之际。月虹稀见。

…………………………………… —371b18—372b11

章三 晕作环绕其光源(日、月、星)的全圆;虹在相反于光源的那一端,作半圆形。附光学几何图解。 …………………………………… —372^b12—373^a31

章四 由云雾(水湿)镜面反映日光而构成的虹形与虹彩,须通过水与气这些介质,说明介质的[折射]影响,作光学[色谱]理论图解。衬色。重虹(二叠:外虹与副虹);三叠虹。引用海舶划桨时所见虹彩,与灯烛周围所见虹彩为验证;洒水(溅沫)于向阳的室内,也可在阴影处看到虹彩。 ………………… —373^a32—375^b15

章五 虹形限于半圆,观察太阳在晨夕之际,以至午间,所投虹影,自半圆形逐渐缩小其弧段,作光学几何图解。 …………………………………… —375^b16—377^a28

章六 "日柱"与"假日"皆于日出没时示现于日旁,色白,偶亦作红色。两者的示像,是由于我们的视觉通过了水湿介质,所得反映[折射作用]引起的。

大地嘘气(汽与焰)之窒闭于地层之内,而竟未迸出者,肇成两类事物(矿产):(一)不为火熔的石质矿,如雄黄、赭石之类,(二)可以火熔的金属矿,如金、银、铜、铁之类。 …………………… —377^a29—378^b7

卷(Δ)四

章一 物质四性能分为两个对成,冷·热为主动(阳性)性能,干·湿为被动,即容受(阴性)性能。自然万物的创生率由于四性能的作用。相反于创生(成物)作用的,是破坏或腐朽的衰死过程。研究朽坏作用。……………………………………… —378ᵇ8—379ᵇ9

章二 主动(阳性)功能以调炼成物,凭火属热性效应;若取气属冷性为用,这便有失调炼,或调炼不足。综述调炼。……………………………… —379ᵇ10—380ᵃ10

章三 调炼三法:熟成、沸煎(溶煮)、焙烤(熔化)。相反(相对)过程,为失于调炼的三法:糙胚(鲜嫩)、淋烫、干炙。……………………………… —380ᵃ11—381ᵇ22

章四 土属干性,水属湿性。万物必须有土与水为之组成;土多者硬,水多者软。干性与湿性底材之具被动(阴性)功能者,接受主动(阳性)功能之操作,以成种种组合或混杂物品。如此成品,以我们的感觉为准,凡较坚利者为硬,较柔钝者为软。……… —381ᵇ23—382ᵃ21

章五 物之具有确定的外限(界面)者为固体。物必成为固体,而后可得独立存在为一"物"。加压于其物之界面,界面不退缩者为硬,有所退缩(凹陷)者为软。凡施行固体化过程,以干(土)湿(水)为物因,以冷(气)热(火)为效因。固体化过程同于干燥过程,当须火热之主;然冷与热既为相互反应,物之内热与外热为又一相互反应,故有时而寒冷亦能致干燥固凝作用。……………………………………………… —382ᵃ22—ᵇ28

章六 液体化过程两式:(一)自气体凝结为水样物,(二)把固体熔融成液态。物之土·水组合比例的差别,对于加热与冷凝的功能，固化与液化的作用，各为差别反应。固凝影响物体的密度与硬度。火热于制陶与炼铁的应用。固体或可水溶，如碱与盐等，或不可水溶，如磨盘石，焙过的陶坯等。 ……… —382^{b}29—383^{b}17

章七 记油、酒、蜜、奶等，含水较多的物类，与土坯、陶瓷、木材等，含土较多的物类，于冷热所加而作浓稠·稀释，固化·液化，软·硬等，相应的物理性状的演变。…………………………………………… —383^{b}18—384^{b}23

章八 组成物各具有十九种，如可拉伸、可耐压、可燃烧等物理正性状，与相应的十九种负性状。物之不能凝固者，与物之不能熔融者。 …………… —384^{b}24—385^{b}5

章九 续论各种物理性状，列举各种有机物与无机物为例示。 ……………………………………… —385^{b}6—388^{a}9

章十 由基本元素为材料，所作(一)相同微分合成体，举示:(甲)铜、金、锡、银、铅、铁等无机物质，(乙)肌肉、骨、发〔鬓〕，血等有机物质，(二)这些相同微分为材料构成:(子)有如动物的脸、手、脚等，(丑)植物的根、干、叶等，不相同微分的部件。重提前已论述了的有机物如油、酒之类;无机物如冰雪之类，和前未提到过的，如琥珀、钟乳石之类，分析这两级物类的[化学]组成与物理性状间的关系。 … —388^{a}10—389^{a}24

章十一 (1)水组成的物体属于冷性，(2)土组成的物体是凭热制作的自属热性。两元素之一另有外来热源的事物就从中获有了热性，(3)凡经过燃烧的事物或混合物都含有内热。腐朽是由于内热破坏了物料本有的自然热。当它们保持自然状态时它们是暖热的,一旦破坏失其自然本态,便失其暖热,保留物质因素即土与水。失热之后即凝固。凡遇有大量外热的影响过度冷的事物会变得过度的热,凡坚固的刚性物体,如失其热就是最冷的。

……………………………………… —389ᵃ25—389ᵇ23

章十二 不相同微分的组合体的效用与目的,比之相同微分合成体的,为较显著,相同微分合成体的作用与目的,比之诸元素单体的,为较显著。自然事物,如一石块,须有雕刻家施其工艺而成一石像,一块铁,须有铁匠施其冶炼技术而后成一斧。材料(物因)之达于成像成器的目的(极因),有赖于作者的工艺(技术)为之作用(效因)。一把以木材制成的锯,虽其形态真同一锯,而实无断截之用,只是一虚假的"锯"。如是伪误的底层材料(物因),既无以昭示其本因(形式),终亦违失其目的(极因)。

迨不相同微分,如脸、手、脚等,如根、干、叶等,构成为(三):一兽、一人或一树,而备为三级组成,作为一个独立自在的个体,于是"四因"具足,乃得尽善尽美地,全成它在宇宙间创生与灭坏的过程。 ……………………………… —389ᵇ24—390ᵇ24

天象论

卷(A)一

章一 338a

我们已经讲过自然的原因(本因)①和一切自然运动(物理活动);②我们也讲过了天穹群星的整秩有序的运动③,以及物体四元素之为别与互变,及其生成和衰灭④的一般情况。这里,我们还得 338b
研究这门学术的一个分支,即前贤(先哲)们所称“天象学”。这一分支的范围比之物质先天元素⑤稍欠规律,而是与之正相邻接的“星辰运动层天”所在的一切自然事物的现象,例如银河⑥、彗星、⑦

---

① 见于亚氏《物理学》。

② 见于《物理学》卷五至八。

③ 《说天》章一章二。

④ 《说天》章三章四;《生灭》。《天象论》卷一首章,上节,亚氏叙述了自己著录了的自己的讲稿(338^a20—26)有:(1)τῆs φύσεωs *Physica*,《物理学》,阐明物学原理(原因)与物理运动。(2)τὴν ἄνω φοράν,*de Caelo*,《说天》(卷一卷二),论天宇群星的运行。(3)《说天》(卷三卷四),与 περὶ γενέ σεωs καὶ φθορᾶs,*de Gen. et Corr.*《生灭论》,论涉四元素与其变化,并由此而演为生灭兴衰之通则。

⑤ 第五元素,即诸天体与诸层天(球圈),所由造成的超四元素。参看卷二章一注,释“天象学家”译名。

⑥ 本书,卷一章八。

⑦ 本书,卷一章六章七。

流星与陨星，[1]所有这些现象，可以认为是通于水与气[2]与土的诸
339a 性状，也和它们各个部分，与各个种类相通。[3] 其次，我们就得研究风[4]与地震[5]的原因，以及与这些运动相应而起的一切现象。于所有这种种现象，有些我们无法解释，有些能作某种程度的解释。我们也将注意到雷击、[6]旋风、[7]火(旋)风，[8]以及由于这些物体的凝结(密集)而时时发生的其它一切现象[9](事物)。

我们讲过所有这些题目之后，我们拟可进及前所预订的有关动物[10]与植物[11]，普遍的和个别的论述了。待上述诸题目一一讲到了，整个对于自然的研究就可算是完成了。

既序引之如此，我们就挨次开始这一课程。

章二

我们前曾论定，在[上穹]圆轨道上运行的自然物体(诸天体)

---

① 卷一章四。

② 卷一章九到十二；卷三章二到六。

③ 卷一章十三；卷二章三。

④ 卷二章四到六。

⑤ 卷二章七到八。

⑥ 卷二章九；卷三章一。

⑦ 卷三章一。

⑧ 卷三章一。

⑨ τῶν αὐτῶν σωμάτων“这些物体”，不当是指雷击等，拟指上举的气与水，由“冷凝”(πῆξις)，结成的事物，有雨、雹等，见于卷一章九到十二。卷三章二至六 378a14，所说虹霓、晕等，或也包括在这一句内所举的凝结物中。

⑩ 当即《动物志》与《动物四篇》，也该包括《灵魂论》。

⑪ 亚里士多德，《植物志》，今已失传，现行《亚氏全集》收录了残余卷章。参看鲍尼兹《索引》104b38。

是由一个[超四]元素形成的，由四本性(四性能)演化而成的四元素[四物质]则是[地层诸物体]所由运动之本原，它们的运动具有两向，或向心，或离心。① 四物质就是火、气、水、土(地)②：火常上冲向天，土常下沉至于地底；另两物质则气近乎火，水近乎土，其动态之于火于土，亦各相似。于是，宇宙间的全地③ 就由这四物组合起来，如上节所述，我们这个研究就讨论这些物质在各种遭遇中，所发生的演变。诸天④ 的功能(动能)延续(施其影响)于全地，⑤ 作为第一动因的天层元素，那么，也当是地层一切动变的第一原因。[还有，天上元素(物体)统属永恒(常在)物体，运行于无尽头的完全的[圆]轨道，而地层元素(物体)则各有它们分别的位置与有限的区域。]⑥ 由兹，我们应须把火，土，与各种元素作为月层天以

---

① 四性能形成四元素，具见于《生灭论》卷二章三，亦见于本书卷四章一：冷干成土，热湿成气，热干成火，冷湿成水。

② 古希腊的“四元素”与印度的“四大”，物理化学思想，当同出一源，为宇宙万物离析或合成的基本物质。中国旧译婆罗门的《吠陀经》，与佛藏群经，举四大为“地水风火”。希腊语 γῆ“地”，实指“土”。ἀήρ 指空中之气，有时亦称 πνεῦμα，指“气”，亦以言“风”ἄνεμος(“嘘气成风”)。

③ περὶ τὴν γῆν ὅλος κόσμος“宇宙间的全地”实谓月层天以下四元素层天，直到大地，现代地球物理学，所分别的气圈(气层)atmosphere，与水圈(海洋)hydrosphere，直下到石层 lithosphere。

④ 诸天，谓月层天以上的行星与恒星天，参看《形而上学》卷十二章八，吴寿彭汉文译本，1074ª31 行注①(252 页)。ταῖς ἄνω φοραῖς“[日月星辰]运行所在的上层”，兹译“诸天”(天，谓天球高层环圈)。

⑤ δύναμις“功能”或“潜能”，于诸天而言，亚氏谓使物运动与变化的能力。

⑥ 339ª24—27，这句，英译者李(H. D. P. Lee)校，加括弧，是后世诠家添入，为上句的解释。行文不甚明晰；大意谓诸天体各做圆运动，为完全而且是无尽的运动。地层诸物体都做直线(上下)运动。若作上下运动，则月下与地上之间大圈层中，火必上升，而自停于最上的一层，其次为气，又次为水，末为土。今四元素不见分层静摄现象，乃由于诸天力能施其影响于在下诸元素而扰乱之，故各表现为变动不居的种种情况。

下一切事情的物因；[我们称一切事物的被动而为变化者，为由于物因。]至于那些做永恒运行的诸物体(天体)的主动能力则必然受之于一个总体原动者(第一动因)。

章三

这里，我们先回顾早前曾已言明的一些基本假设和定义，[①]接着就对银河、彗星，与其它相似现象进行讨论。

339b 我们主张火、气、水与土是可互变的；各能相互地一个潜存于另一个，这(四元素)和其它万物一样，凡具有同一底层者，都可互变而最后乃揭橥于那一共通的底极。[②]

这个研究有些难题，首先是关于我们所谓"气"的性质。在地层区域(大地)内，试想，气是怎样的性状？在自然事物中，气与其它诸元素处于怎样的相对位置？[这是无疑的，地(地球)与围绕地外的物体相比，地是较小的，虽是有些星也比地(球)大得多，[③]于此，天文家的研究已为之说明了。关于"水"，我们向来就没见过它离立于其整体，别作一个自然物体而存在，水的整体，照我们所实见，是周匝于地表的，例如海洋与江河以及任何潜隐于深处的(泉)。]转回来说——我们是否该讲明，占着大地与最远的星辰两间的空虚处，那一个或不止一个自然物体？倘说不止一个，那么有几个，它们在那个区域之内，又将怎样分界呢？

---

① 见于《说天》与《生灭》。

② 见于《生灭》卷二章一章四；《说天》卷三章六章七。

③ 参看《说天》卷二章十四，$297^{b}30$ 行以下，参看希司，《亚里士太沽》(Heath, *Aristarchus*)236 页。

现在,我们已说到那个元素(原始物质)与其诸性能,并说明了诸天体运行着的全区域是充满了这物体的。① 这种观念实际不是我们独创的,这既出于古传,先贤们早有所陈述了。所谓 αἰθήρ(以太)这个名称,古已有之。昔人认为充塞于天界上层的就是“以太”这个物体,而亚那克萨哥拉推想到这一名称的涵义,似乎就是“火”。(与火同一的,)因为他考虑到天界上层是充塞着火的。如此信念,他并无失误。人们一般认为充塞于“永恒”运行轨迹所在区域(界层)的自然物体,总得“带有些神性”(θεῖόν τι)于是决意称这个永恒而又神样的物体为“以太”αἰθέρος(“永神”或“神常在”),以别于地上一切物体。② 我们也主张[天界]事物之无尽循环,永世常然者为具有神性,应必异乎其它万物的或只一现,或再现,或只是偶尔出现于[地上]人间者。③

另有些人,④主张那些在运行着的诸物体(天体),不但本身是由“净火”组成,其周遭也绕附有净火,他们又主张地与群星之间,充塞着的是气。他们又认为那些运行着的诸物体,各都是小小的,

---

① 《说天》卷一章二章三。

② ἡ αἰθήρ 或 ὁ αἰθήρος 古诗如荷马,希萧特等作品中,多有此字。其字盖源于 ἀήρ 或 ἀέρος“气”,故前人辄解为上天“净气”或径作“诸神所居上天的净气”。亚氏于此乃别寻其字为源于 ἀεί“永恒”与 θεῖον“神性”的拼合,则此高空物体取义为“神所常在”。参看亚里士多德《宇宙论》,章二 392a5,柏拉图对话,《克拉底罗》(*Cratylus*),410B。中国理化课本从英文本 ether 译作“以太”。

③ 对于宇宙观念或世事思想,古代的旧说时或复现于后世,见于亚里士多德《形而上学》,Λ 卷,章八,1074b1—14;参看亚氏《政治学》卷七章九,1329b25。参看耶格尔《亚里士多德》(Jaeger, *Aristotle*),128 页以下。

④ 这里未指明的“另些人”,在下文 355a14 中,指名为赫拉克里特(Heraclitus)。

因为从地上看来，它们每一个的量度真不大。① 数学家们实际已充分地阐明了这问题，他们如果研究到了这些，该可放弃他们原先幼稚的想法。凭地上的视象来断定在高远处运行着的每一物体的尺度真是那么的小，这可太简率了。这些论题，我们在研究天界上层时，已经探讨过了，②但在这里，让我们来重论这一问题。如果诸物体（天体）间，充塞着的全然是火，而他们自身又都是火，那么其它物质诸元素该早已被烧光了。可是，物体（星辰）与物体（星辰）之间也不能全然是"气"；若然如此，较之于其它的元素，气真太多，多到大失平衡。倘说天与地间充塞着的是火与气两元素，有如大地（地球）便是土与水两元素的构合；那么，以地［球］之小，衡之天宇之大，这仍然是失调的。这样，水与土之为量，衡以气与火之为量真且是渺不足道的了。事实上，我未见有这种诸物体间之失调，我们见到气从水分离出来，或火从气分离出来，两者从总量来比数，常不是失调的；任何小定量的水，若是从以取气（化气），所得的气，也必符合于在总体内水气比例的定量。即便你否认诸元素可以互变，只承认它们各各有相等的活动潜能；那么若发生任可变化，他们之间的潜能，仍必以与其定量相同的比例表现出来。③这可明白了，两间（自地表直到天穹尽处）所充塞的，既不是气，也不

---

① 在地上看太阳，只有"约一尺的直径"：参看第尔士《先苏格拉底诸哲残片》(Diels, H. *Die Fragm ente der Vorsokratiker*)，22A(141,12)，22B,3。

② 《说天》，卷二章七，说星与其周遭的元素，不是火；《说天》，卷二章十四，297b30以下，说地球是小的。

③ 《生灭》卷二章六，333a16－27，亚氏辩说诸元素若说可互比其分量，需得有一个共通的计量方式，这样，就在这一方式上，它们应可互变。关于恩贝杜克里(Empedocles)对于这方面的观念，可参看第尔士《先苏格拉底诸哲残片》，31B17；1.27。

是火。

这里,可还遗留有两个问题,待我们来解答:气与火这两元素对于那个第一物体(元素),应处于什么一个相关的位置?这该凭什么缘由,高穹群星的热度能达到(温暖)地表的近处。[1] 让我们先研究气,然后更及其它。

若说水生于气,而气又生于水,何以上天(高空)界内无云?离地愈远(愈高)的空中,温度愈低应较易于凝结成云。在这上空界内,既不接近星层天的热度,也不传受地球表面的辐射热,那里温度就该较低。地热的辐射会得驱散凝云,使之消失于虚空。

人们试解释这个疑难,那么,该不是一切气皆能生水,若说一切气皆能生水,那么,接近地表周遭的这一层圈不当是气而只是一些蒸汽,蒸汽在发散之后,又能凝结为水。[2] 但,若说所有气圈界内,全都充塞着蒸汽,则气与水的总量将异乎寻常地太大(太多)。诸星天的界内既必需有物质充塞其间,而这些物质又不能是火[如上所言,若全是火,则一切将被烧光],那么气圈界内就得是气,而地球周遭的水层之上,乃为蒸汽,原本是蒸发了的水。

这里所举的疑难是够重大的——让我们回顾先前已讲过的一些事理,来为此索解,并由以引申我们后随的讨论。我们主张,自

---

① 群星包括太阳与诸行星而言。上文既认为群星不由火为构成,应无热度,而地上在白天又感到上天来的热度,这就成了一个症结。

② 对于这疑难的两个解释,说得明白一些:①气圈有两层,下层的气能自凝结成云,上层气不会凝结成云。②所有这圈内的气都是能凝结的,但挨近地表的这层内,杂含有水蒸气,因此较易成云。参看亚芙罗蒂人,亚历山大《天象诠疏》11.31。

天界尽头，直下到月层圈，①充塞着异于气，异于火的另一种物体，这种物体净而不杂，但在各不同的区域，可有不同的品质（浓度），当它邻接到气圈，即地界的上层，变化尤大。这个本始（第一）元素（以太），带着在它层圈内的诸物体做旋转（圆轨）运动时，触及它的下层，即紧挨它的[气]圈，它便发热，并点燃那一下层中的某些部分。我们也可倒着来作推想天界以下[地界以上]的诸物体，各潜蕴有寒热干湿的性质，以及与此相关联的其它情状，②但这些性质必经动静为之作用，而后才能实现。关于运动所由创始的原因（缘起），我们先已讲过了。③ 这样，经这运动以促进的一番动静，凡重而冷的，如土与水，便分离开来，沉向地（球）中心，积于地球的周遭。环绕而紧接着水土层的是气和所谓“火”。实际上这不是真火。火是热的超象，类乎水的沸腾。我们还该懂得所谓“气”，凡环绕而紧接于地表这部分是蒸汽样的，内涵有地的嘘出物，这也得是湿而热的；至于其上层部分，那是干而热的。蒸汽，自然地是湿而冷的，④其嘘出物则自然地是干而热的；蒸汽，潜隐着似水，嘘出物

---

① 这里按照李氏英语译本索解，李氏是按照亚历山大、奥令比特，和菲洛庞尼，三种古诠疏来阐明这句的。牛津英译本（韦伯斯特 E. W. Webster），解作气圈与月层天之间。

② 参看《生灭》卷二，章二章三。

③ 《生灭》卷二，章十，谓地上诸物体（元素）的变化，由太阳黄道的年周期运转为之动因。参看本书下文，$341^{a}19$。

④ 依福培斯（F. H. Forbes）《天象》校本，这里是 θερμόν“热”。本书 $360^{a}23$，$367^{a}34$ 都说蒸汽（ἀτμίs）之性“寒”（ψυχρόν）“湿”（ὑγρόs）。从牛津英译本，与路白经典丛书，李（Lee）译本，校作（ψυχρόν）“冷”（寒）。“嘘出物”（呼气 ἀναθυμίασιs）之性干热。挨紧于地表的气，内混有嘘出物与蒸汽，故为热湿。参看罗斯，《亚里士多德》（W. D. Ross，*Aristotle*），109－110 页。

则有类乎火。我们于是必须设想;高处所以不能成云的原因,在于那里不仅有气,而另还有些似火的物体。同时,绕地周遭诸物体各做旋转运动,也是阻止高处成云的缘故。整个围绕于地球的气圈,必须是自行旋转的,只有那一部分容持于地球大圈层以内的那些部分才是不自行旋转的。地球的这个大外圈,是一个形状圆整的 341a
球面。[1] [事实上,我们看到风从地表的泽薮低区发起,都不能吹过最高的山岭。]天界下层紧挨着火元素这层,火层则紧挨着气层;他们凭天界的圆轨运行,挨次带动着下一层的圆转运行。这样的运动,阻止任何凝结。在运动中的物体凡分离出来,变成了较重粒子(小部分)的,必然下沉,在下一层圈中,它的热量就被驱散,而升入上层。自下层向上而言,猛烈的嘘出物又必带着分离出来的较轻粒子(小部分),升入上层。因此一层必不断地充气,另一则不断地增火,而它们又不断地在互为变化。[2]

这些就是气圈中,气不凝水、也不成云的缘由。充塞于星天与地表之间的物体,说来就是这样。

关于太阳的活动能发生热度,我们将在论涉《感觉》时,另作一确实的说明;(因为热是可以身感的事物,)编入那一讲章中,较为合宜。[3] 这里,我先解释诸天体自体不热而能使它物发热的缘由。

---

① 地球表面有山川,高低不平,不是完整的圆圈。亚里士多德这里所说"形状圆整的球面",是指,以地球中心为起点,直到地面上最高山的峰顶为半径,画成的外圆圈。这样,山谷间或薮泽中,时见云起,这些云就不会升高到超过顶峰。人们早晨在高山看"云海",都在脚下(海拔一二千公尺以下),待太阳升起这些云就逐渐消失。

② μόριον"部分",姑译为"粒子"(particle,微小的部分)。这一节的命意,盖谓:试以高山峰顶线圈为准,上层气圈中有火,故无云;下层气圈中无火,而有蒸汽,故有云。

③ 今所传亚氏《灵魂》,以及《感觉》中,皆不见如此论题。

我们看到运动可使气稀散，而且可予点燃，所以，凡在运动中的事物，常被发现为在熔态，太阳的运动该是足够温暖而发生热度的：发热的运动必须速而不远离[于它物]。群星的运动虽速而离远，月运虽近而其行实慢；至于太阳的运动就足够了这两个条件[既速又近]。凭我们亲身的经验，感觉到凡被太阳照着的事物，热度就增加，比拟言之，贴紧于一个抛掷物的空气便是最热的。一个固体(硬物)，在运动中最易分解，这是可以懂得的。这就是[上界层天的]热怎么能传到地表的缘由。① 另一缘由是围绕气圈之上的火，常因天体的运动播散而被强烈地传入下层。

[流星该可举为一个例证，说明上界层天是不热不烈的。流星不是发生于上界层天中的，它们只在地上气圈内出现。运动中的物体，必其程愈长，其行愈速，而后最易于着火。② 还有，太阳看来像是诸天体中最热的，实际不然，它只是光明的，不是一团烈火。]

亚里士多德宇宙圈内的分层说明

亚里士多德的宇宙模型见于《说天》、《天象》、《物理》、《形上(超物学)》、《宇宙(世界)》、《生灭》等篇，综合言之，他于天地间诸

---

① 关于这一情况，参看《说天》卷二章七，$289^{a}29$ 行以下。“气”受到日星运动的影响而着火，已见于上文 $340^{b}22$ 行以下；他称气圈的上层为“烈气层”。在下文章四，$341^{b}14$ 行以下，他称这一层的物体为“易燃(可燃)物体”(ὑπέκκαυμα)也称之为“火”(πύρος)。按照亚氏的设想，上界天层与地球的气圈，虽有接触，不相流通。火怎样入于气圈，不全明了。

② 这一句照原文来解释，天球圈内能着火，只是由于运动捷速之故。其义与上下文皆不联贯。前人校勘，都加括弧于这一节，认为是后世读者或诠疏者添附的。

元素的安排有如下述：

(一) 天地间有五元素。第五元素充塞于宇宙间的外圈，为造成诸星体(恒星与行星)的材料。这一外圈的底层为月球运行的一个层天(轮天)。最外层为恒星天，日行的黄道轨迹。在月层与恒星层之间。月层球面(轮天)以上为水星、金星、太阳、木星、土星，六层而叠至恒星层天(球面)，即“天球[圈]”(celestial sphere)。月层天球下，直到地球中心为“地球[圈]”(terrestial sphere)也可称为“月下圈”(sub-lunar sphere)。天圈与地圈之相邻接，只是挨着，不是黏合的。天球圈各层(轮天)为主动运行，促发地球圈做被动运行。

(二) 地圈内有四元素：地、水、气(风)、火，挨次作同心圈，累叠至火层而接于月层。四元素之分层，没有严格的划界。地之耸起者，高出于水层，以为山为岭。火也是可在地表上燃烧的。若是者，四元素在其动态言之，则时为上下浮沉，且时在互变。故其挨次层列，只是就其静态而言。

(三) 在静态中，各本层(圈)内的一一元素，大部分各守在自己居停的界内；小部分则常行越界的活动。(图1)

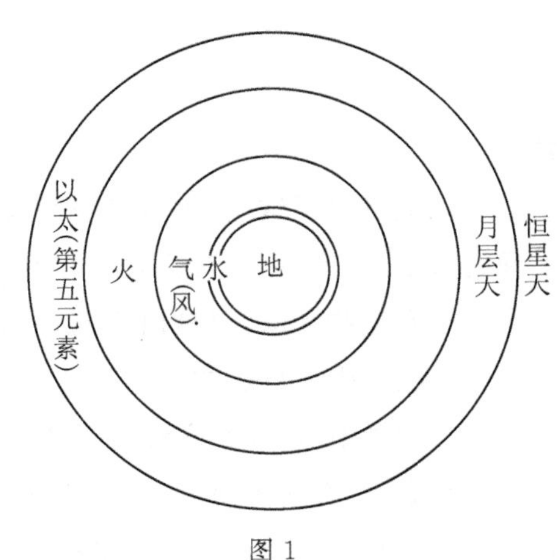

图1

(四) 按照亚氏的气象学，气与火尤为多变。地受太阳热烘后，有两种

"嘘出物"(ἀναθυμίασις)其一,热而干者为"风气"(πνευμα τώδηs),亦称"烟气"(καπν ώδηs),另一冷而湿者为蒸汽(ἀτμίs)与气(ἀήρ)。江海行于地面与地之洼处,水层贴于地表。蒸汽自地面水面呼出者,上升于气圈。其初为地热或地表反射开来的天热所烘,蒸汽不能凝云。迨其稍高而冷凝,则成云雾,旋转为雨云而复下降,故云无超于世界上最高峰的高度者(图 2)。气圈与火圈,在那高度划
341b 界不明。呼出的烟气,透过气圈,上升入于火圈内者,是可点燃物,成为制造流星等这类物体的材料。火圈为地球圈之高层,抵于天球圈的底层,即月层天。天球运行而生热,自月层下传入于火圈,点燃其中之易燃物质,乃为雷电,以震耀地表。

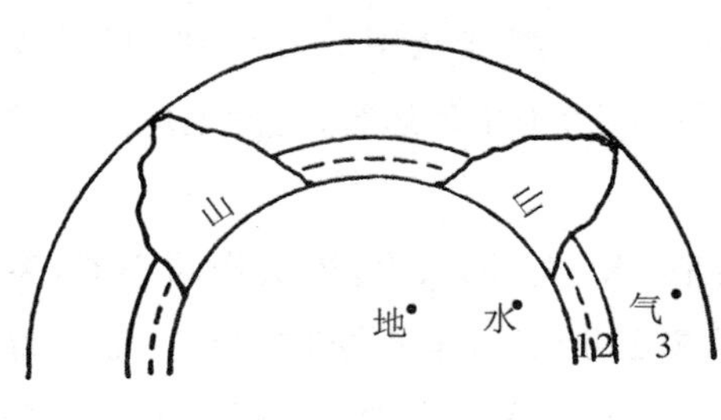

图 2　气圈三层

1. 水层　2. 无云层　3. 云雨层

章四

我们既设定了这些[宇宙]要理,现在就可以进而解释天穹所示现的火焰、流星,以及有些人称之为"火把"与"山羊"诸天象的缘由了。所有这些天象,都是出于同一原因的同类事物。只是各有大小(轻重、多少、快慢)的等差而已。

它们的缘由,以及其它许多现象的缘由,是这样的:当地表为太阳所热烘了,有所呼出时,其嘘出物应有两种,有些人说只有一种,是错误的;其一的内涵较富于蒸汽,另一较多风性,蒸汽出于地

表和地里的水，至于地(土)本身呼出的，则是干物质而类似于烟。由于风性嘘出物是热的，直向上升，较富于水质的嘘出物由于是重的，直向下沉。这样，围绕地球周遭区域就得如此安排；紧接着天球底层的这一圈是干而热的物体，我们称之为火。① ［这里的物质是最易于点燃(着火)的，可是，我们于烟样嘘出物的一些亚种别无通用的分析名称，所以只能混称之为火了。］火圈以下，是"气(空气)"。现在，我们该可以想象环绕于地球外圈的是一类易燃材料，使之发火生焰，就只需有小小的一点子运动："火焰"就只是一缕干气的沸煮现象。② 于是，当天球的圆规旋运施展其影响而促动其下的火圈时，其中任何一处，凡涵有这种最易燃成分的，就可被点着而爆发火焰。

这爆发的结果是因易燃材料(物质)的位置与度量而为异的。如果这物料既长又阔，我们所见到的这一种"火焰"，就像刈获以后的麦田里一片剩茬的野烧；倘若这燃料只是长(狭长)的，③那么，我们所见的就将是所谓火把、山羊，与流星了。如果它正当燃烧时，迸出火花(火点)［有时小块物料，联在大块边，着了火，就会发生这种现象］，④这被称为一只"山羊"；倘无此征象，这就叫一支"火把"；倘这嘘出物破碎为小块而散落于许多方向，或竖向，或横

---

① 参看上文 340^{b}25—27。

② 参看上文 340^{b}23。

③ κατὰ μῆκος μόνον"只是长的"，照亚历山大(Alex. 21，16)解释，意指其形状为"长度大于宽度"即"狭长"形。

④ ［ ］内句，盖为后世的一个脚注或边注，被更后的人誊录入于正文。从李氏校译本，删存。依旧诠新释，这句的实义当谓一大块燃料，一点一点地燃烧，直到全块烧尽。

出，于此，大家就想到，这降落了一阵流星。

为天体运动所点燃了的，嘘出物，有时就发生这些现象。另有
342a
时气因冷缩而被内压力挤出了其中的热物体，它们取径类乎一个抛物线，不作火样的行程。一盏灯，如果置于另一盏灯之下，下灯冒出的烟气，可为上灯的火焰所点燃[这样引燃的速度很大，直像是一个抛物线行程，不像是一连串灯火的挨次点燃][①]，人们把一个果核夹在指间，用压力使之弹射出去，这果核就循一抛物线落下。嘘出物在气圈中的运动，究属从上述行径中的那一样呢？或兼循两者，有些按照灯焰引火，有些则似弹射抛物？我们昼夜见到，火焰自暗净的天空，落下大海，落到地上。它们向下弹射，当是由于凝结（密集）；凝结（密集）促成物体向下沉降。由此原因，雷击向下：所有这些现象，不由燃烧，而是由加压的弹射造成的。一切热（受热体）是自然地向上升起的。

总而言之，凡地表嘘出物在上层[②]气圈内所示诸现象，是由燃烧发生的；凡在下层气圈发生的诸现象是由较润湿的嘘出物，冷凝（集结）而抛出的：这些凝集物已经赶出了热而冷缩，这就得向下射出。若说这些物体的实际向上，向下或横出，是按照那些嘘出物当初的所在位置，或为垂直或为横亘而为异的。实际运动常是横向散出的，一个自然的向上运动和另一被加压的下向运动相值，物体

① 依福培斯校本，以下（15 行）有 τοῦ πυρός ἄνω φερομένου κατὰ φύσιν“火是自然地向上升起的”。兹予删去，这分句在这里语意不合。

② 照福培斯校本，这里有 μᾶλλον 一字，译文应作“更上层”，或如旧诠，解作“较上层”或“最上层”。照本节这句全文推勘，这实为一赘字。

就必然斜行了。[1] 于是，流星的轨迹便常出横斜。

于是，所有这些现象的物因（底因）是地表嘘出物，其动因（效因）则有些是由于天球运行，另些由于气的凝缩（密集）。所有这些物象全都是在月层天以下发生的：这就是一个证据：这些天空物体行动的速度略相当于我们抛掷什么[地上]物件的速度，看来它们比日月星辰的行度快得多，只因为它们都是靠我们很近的。

章五

有时，在一个淳净的夜间，天穹一时而示有许多现象，成形为“坼裂”、“壕沟”以及血红似的彩霞。这些，也由于相同的原因。我 342b
们先已揭示，[气圈]上层内的气在凝结（密集）[2]时，全得着火而燃烧起来，燃烧中会得发生燃烧诸现象，有时形成为流动的“火把”或流动的星；这就可以期待，这些同样的气，在凝结（密集）过程中，也该绚发种种色彩。[3] 光透过一个较浓厚的介体，就得减弱其亮度；

---

① 修洛（Thurot, F. C. E.），《关于亚里士多德的天象观察评议》89 页，指明：亚里士多德在这里的力学解释是错误的。

② συνίστασθαι 译“凝结”（condensare），其义为物质的密集，或浓缩或压实而贴紧的命意，这里，不是说蒸汽的冷凝。

③ 埃第勒，《天象诠》（Ideler, L.，“Arist. Meteorol.”）认为 347a34—b24，所言天空中示现的 πανδαπὰs χρόαs“绚发的色彩”，即希腊人所见及的“北极曙光”（aurora borealis）。希司，《亚里士太沽》，243 页，也作如此设想。《天象》的牛津英译本（Oxf. trans.）认为北极曙光，在北极圈及高纬五六十度居民常可见到，希腊地区则殊难示现，所以，这里所说只是夜间或曙时所见云彩（彩霞）。近代气象学解释极光（北极光，aur. bor. 与南极光 aur. australis）为大气稀薄的高空中所作的放电现象。曙光彩霞作弧光扇状放射，色略带黄，或淡黄绿色，间呈红紫黝色。当其出现，下部天空较其周围为暗黑；有时，数弧并出，其高者可及天顶。古人喜见如此奇景（曙彩），或呼彼绚烂的弧光，为“欢乐的舞女”。

气如果允许光的反射，就会挥发出种种颜色，特别是红与紫：火光耀于白色衬底而为混杂色，便常发红紫，当气候炎热的日子，星辰之晓见或夕现者，透过烟似的介质就作红色，这正可举以为例。如果气作为光的反射介质，只显示相应的颜色，而不管其形状为如何，则气也将产生相同的效应。这些天象常是为时短促，稍纵即逝，就因为气的凝集过程，总是短促的。

由于光照在一个深蓝或暗黑的背景上破除，这就发生“坼裂（天罅）”，坼裂看来像天上的深渊如果凝集过甚，相似的情况也常肇致“火把”的坠落：可是当凝集过程正在进行之中，出现一个坼裂，也会[拉长而]形成〈为一“壕沟”〉。① 一般说来，白色入黑会产生若干变色，有如火焰发于烟气就起种种色彩。白天，阳光耀目，人就看不见这些现象，夜里，在黝黑的底背上，除了红光外，也是不能分辨的。这些就当是流星，与流火（天火）等这类瞬息出现的天象，发生的原因。②

章六

我们挨次来讲述彗星，以及世所谓银河。关于这些论题，让我们先考查诸家（前贤）之所持说。

亚那克萨哥拉①和德谟克里图②说彗星是若干游荡星体的会

---

① 修洛《天象观察评议》，第 90 页，认为 342^b18，συνιὸν δ'ἔτι Χάσμα δοκεῖ“当凝集在进行中，出现一个坼裂”句，与上下文不能贯串。他建议于句中添〈 〉内三字而成为 συνιὸν δὲ τι 〈βόθυνος εἶναι τὸ〉 Χάσμα δοκεῖ 我们照校订翻译如上，上下文可得联贯，而 342^a36 行，所提出的 βόθυνοι“壕沟”也有了着落。

② 末句总结章四与章五所举的诸天象。

合，当它们行到靠近处，看来似乎是相互接触了的。

于意大利诸学派，有些称为毕达哥拉学派[3]的主张：彗星是诸行星中的一个，只是它不在高空运行[较近乎地球]，所以，这要等候一个长时期才[向我们]出现。水星(赫尔梅)就是这样的：它要间隔一长时期才能出现。它的许多现象，于我们是看不到的，它在天穹，总升不到我们可见的高度。

季奥人，希朴克拉底[4]和他的门人，埃斯契卢，[5]持有相似的观 343ª
念。但他们认为彗星的"尾"不属星体，当它在天空作向日运行时，曳附了些湿气，这些湿气反射着阳光，进入我们的视界，[6]就这样，

---

① 第尔士《先苏格拉底诸哲残篇》(H. Diels, *Die Fragmentes der Vorsokratiker*),59A81：A1(ii. 6,3)。

② 同上,68A92。

③ 同上,42,5。

④ 数学家,希朴克拉底,参看希司,《希腊数学家》(T. L. Heath, *Gr. Maths.*,i,182页以下)。

⑤ 同上。

⑥ 图3,ὄψις视象,ἀνακλωμένης反射。一般所谓反射(反映)是指眼睛与镜片间光线,亚里士多德此节乃以说,镜片与光源间的投射。依照亚历山大《天象诠疏》27,与菲洛庞尼(J. Philoponi)《天象首卷诠疏》77,作"图一"。

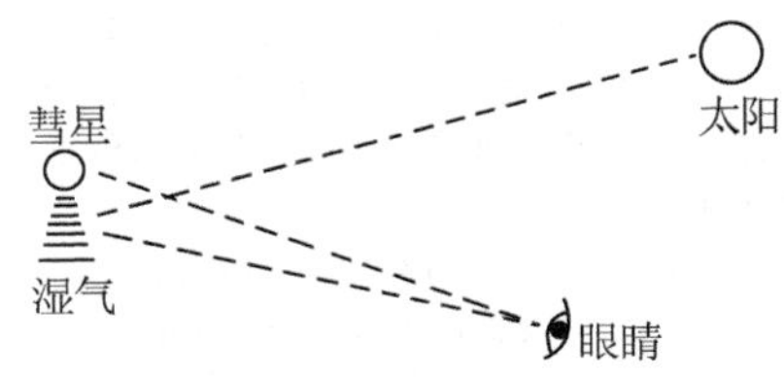

图3　彗星尾是由湿气反映阳光而成的

343ª3—5,把彗尾解释为吸附了一些湿气的物体当然是错误的。343ᵇ9,说彗星是两个行星的联缀,也是错误的:这当是古天文(天象)学家看到变光双星(binary variables)的记录。依近代天文学确知彗孛皆太阳系中的一员,在运行周期中当其处于近日点时,反射太阳而示现的光芒。

我们见到那个尾。它们出现与隐没的时间较其它任何星为长,因为它落后于太阳的运行是最慢的,当它在同一天穹位置再现时,它才完成了退行的轨道。① 它在北天和在南天,两都落后(退行)。它在[冬夏两至的]南北回归线间,这区域以内,是没有什么水汽可吸引的,因为太阳在这里正值当令,水汽全被烘干了。在南运的轨迹,它是可以充分获致所需的湿气的,可是,它在这里的运轨,只有一小段短弧是在地平线上,我们可得见到;大部分运轨是在地平线下,当太阳渐近纬度的南限,或抵于夏至的日子,它就不能反映入人类的视界。所以,在这些区域内,它就不成为一颗彗星。但当它向北落后(退行)时,它就有了尾,因为它运行轨迹,在地平线上,恰有长长的一个弧段,反之,它在地平线下的行程却是短短的。这样,人类的视界,就可凭太阳的反映,以见彗星。

所有这些议论,或统说概况,或单指某事,都不能阐明其真相。

让我们先研究有些人所执持的"彗亦诸行星之一"之说。(一)诸行星的退行全都限于黄道带(圈)内,② 但许多彗星却出现在黄

---

① ὑπολείπεσθαι"落后于星辰运动而言,谓退行"(retrogradation)主于地球中心体系,而从地上观察诸行星在恒星天穹上的行度[地球外诸行星],有时在前进,有时在退行。内行星,金星与水星,晨夕间或在东天出现,或在西天出现,这里所谓"落后"(退行)旧诠家或解作到了太阳的背面,所以不见。又如水星靠近太阳,在白天太阳光强,行星与恒星,虽在我们上空也是看不见的。毕达哥拉学派举称水星行度,示现日少,不见日多,以证彗亦行星,是较为合理的。人在地上每夜观察诸行星在恒星间的位置,自西向东移者为进行,自东向西移者为退行(倒行)。

② 343^{a}24ὁ τῶν ζωδίων κύκλος"动物星辰圈",中国称"黄道带"。天球黄道(太阳运行轨道)两侧各八度,共十六度,为"黄道带(圈)",日月及诸行星运转皆限在带内。中国古天文家分带内恒星为十二星次,每次三十度配于四季十二月支。西方古天文(星象)家,区划黄道带内周天三百六十度之星座为十二宫,各想象之为动物形象而题曰白羊、金牛、双子、巨蟹、狮子、处女、天秤、天蝎、人马、摩羯、宝瓶、双鱼。每宫各三十度,谓日

道带(圈)外。(二)又,常见有不止一个彗星,同时出现。(三)按照埃斯契卢与希朴克拉底之说,星体在天穹某些区域落入退行的程序时,便应失去其尾,但不是在所有区域内都没有一尾的。[①] 事实上,可是,我们所见的行星从不曾超过五颗;五星在地平线上的天穹中,是常可同见的,有些行星,因为靠近太阳却是时隐时现的。在诸行星同现时,或有现有不现时,彗星也是同样常现的[是有尾的]。(四)说彗星只在天空的北区出现,当太阳在夏至线时出现,[②] 这也是不确实的。约略在雅嘉亚地震[③] 和发生大潮的时候,那颗"大彗星"是在西方[④] 升起的。而且,有许多彗星是出现在南方的。当谟隆的儿子,欧克里在雅典为执政长老的年头,[⑤] 在嘉美

行周天之每月宿处(中国古天文家分后又分十二次带内星辰为二十八宿)。黄道与赤道斜交。太阳行至(直射)赤道南纬二十三度二十七分之日,昼最短,是日冬至;自此而返还,故称之为南回归线(Tropic of Capricorn 摩羯座回归线)亦称冬至线。太阳行至(直射)北纬二十三度二十七分之日,昼最长,是日夏至,为北回归线(Tropic of Cancer 巨蟹座回归线)343^a9,343^b2(θερίνας τροπαῖς 夏至线)。343^a9 两回归线(τῶν τροπίκων)与两至各差九十度,两至间为两分:春分与秋分;昼夜同长,正在黄道与赤道零度线交会处。中西古天文皆主于"地球中心体系"(Geocentric system),于两至两分的两限与交会的观察与计算,和现行的,以"太阳中心"(Helio-centric system)者相符。故古今历律,中西咸得相承接。以春分点为岁始,太阳在白羊宫的起点。历九十度挨次为夏至,在巨蟹宫之起点。又九十度为秋分,在天秤宫之起点;又九十度为冬至,在摩羯宫之起点。参看本书卷二,章四,361^a13 注。

① 见于上文 343^a6 行以下。

② 见于上文 343^a17—20。

③ ἐν 'Αχαίᾳ σεισμόν"雅嘉亚地震",考见在公元前 373/372 年。这一"大彗星"(ὅ μέγας κομήτης),在下文 343^b18,344^b34;卷二,368^b6,又三次讲到。'Αχαιός"雅嘉亚"或泛指希腊半岛全地区,或狭指伯罗奔尼撒的北部。此处实指伯罗奔尼撒北部。

④ ἀπὸ δυσμῶν τῶν ἰσημερινῶν 原文直译为"春分点日落时方位",兹简明之为"西方"。

⑤ 旧诠,考定为公元前 427/426 年。

里翁月，[①]约略在冬至日以后，有一颗彗星，向北方升起：虽执持此说的人们，于这一彗星也不能不感到困惑，在这一距离(高度)，阳光是不可能反映到这里的。

对于执持上说的人们，也对于那些认为彗星是两个行星的联缀的人们，下列事由否定了他们的主张：(一)有些恒星(不游动的星)也是有尾的。关于这些，我们不必征信于埃及人的天象观察了，我们自己也已看到而且著录了。在大犬座的股(髋关节)上数星中的一星，也是有尾的，虽只是一个黯淡不明的尾：你若极目盯住它，它的光度就转入黯淡，但你如不作意盯着它看，它又在瞬间较前发亮。(二)又，在我们当代所见的各彗，全都在(地平线上)天际逐渐淡消，不留下一个星或多个星[样的天体]，它们全都不是由没落到地平线下而我们才看不见的。举例言之，我们先已提到的那个大彗星，[②]那是在阿斯底长老执政期，那个冬季的清霜时节，在西方出现的：第一个夕间，它在太阳西落时已没于地平线下，未能见到，第二个夕间大家就见到了，它跟在太阳之后，挨得很近，匆促间它也没落了。它的光芒像一跃而起的，[③]扫射了三分之一的天穹，就是这样，昔人称之谓一个彗径(彗迹)。这个彗径(彗芒)高升

① Γαμηλιών，ὁ“嘉美里翁”，雅典岁纪，月建之第七，相当于现行历法，正月下半至二月上半。嘉美里翁取义于 γαμέω 婚嫁(嘉美乌)；雅典习俗于正二月间行婚嫁，故称是月为“婚嫁之月”。

② 即上文 343^b1，公元前 373—前 372 年间的一个大彗星。

③ οἷον ἅλμα“像一个跃起”，用语牵强。E_1、F_1，校本作 οἷον ἅμμα 像一束(或一带)。

直抵“猎户座”[①]的“腰带”，于是，就在那里消散了。

可是德谟克里图曾着力于辩护他的主张，坚持说，在有些彗[的光芒]消散之后，曾见到留有星体。(一)但循依他的主张，这样的现象应常见，不应或见[或不见]。(二)又，埃及人说，曾见到有行星与行星的交会，和行星与恒星的交会；我们[希腊人]自己也曾见到木星(宙司)和双子座兄弟两星之一的交会，木星全遮掩了那个恒星，没有形成什么彗。(三)又，这样的主张(假设)，在逻辑上也是讲不通的。这些星虽则看来有些似乎较大，有些较小，它们却各是一些不可分割(独自存在)的点(个体)。那么，它们既各不可分割(而独自存在)，其一与另一的交会(会合)就不能增并而加大体积。若说他们只是似乎不可分割，而实际不是不可分割的，他们交会(会合)的现象，也得看来不可增加体积。[②] 344a

虽然我们还可另提出些辩难，这些实已足够证明那些流行的关于说明彗星缘由的理论，是虚讹的了。

章七

于事物之非我们感官所能观察到的，我们倘能撰造一个假设的而是可能的理论，那么我们也就足以为这些事物作成合理的解释：于现在涉及的一些天象，我们可提出以下一些论证。

① 参看卷二章五，$361^{b}23$“猎户座”注。

② 李氏(H. D. P. Lee)英译本，注 $343^{b}3-344^{a}2$，句中 ἀδιαίρετον(indivisible point 不可分割点)，引亚里士多德《物理学》，卷六章一章二，为几何上的“点”，没有长、阔，不能积成“线”，这样若干点既不能成“线”，更不能于“面”有所扩增。他译 συνόδον 为 conjunction“会合”，作算术上的“加法”解。汉文译本取天文学名词，译作“交会”synodon。

我们曾已讲过地球外层部分，即紧挨在天体运转的下层（底圈）这部分，是干热嘘气组成的。这些嘘气以及在下层与之相延接的大部分空气，是循依天球圆轨，被带动着，绕地球旋转的：在它被带着旋转中，这种运动时时使它，在任何具备了适当组成的部位，着火；我们认为这就是散射于天空的那些流星的由来。① 由上层璇运所发生的一个冲激，若中于一个适度地凝结了的，够强，也够广的，烈性原质，这一原质既不过于炽烈，肇致骤然而且广播的大火，也不那么萎弱，以致瞬即熄灭，而且适逢其会，下层向上的嘘气又正有与之相应的组成：于是这就生成了一个"彗星"（κομητής）。彗的形状因嘘气的形状而为异；倘这是全面向外延展的，这就恰是一颗"κομητής"（"蓬发〔髮〕彗"）②了，倘只是长向延伸，那么这颗彗就被称为一颗"长须〔鬚〕星"（πωγωνίας）。恰正是这种星体的另一现象，当它在运动时，就像似一颗流星，当它停留着时，就像似一颗恒星。用一个譬喻（举一个相似的形象）来为之说明，人或投一个燃烧着的火炬入于大量的干草堆，③或是它遗落了一个火种在那

---

① 参看本卷章三，340^{b}14 行以下；章四，341^{b}5 行以下。

② 中国古代，《天文志》中"彗"为妖星，有发〔髮〕有尾，俗称"扫帚星"（"彗"的本义就是扫帚）。彗，又名孛星、长星、欃枪（chánchēng，亦作搀枪）。《春秋》，昭十七年（公元前 528 年）"冬，有星孛于大辰。"《公羊传》，"孛者何，彗星也。"《汉书·文帝纪》八年，（公元前 172 年）"有长星出于东方，"注：孛星光芒短，四出。彗星，光芒长，参参如埽彗。"长星有一直指，或竟天；或二、三丈，或十丈，无常度"。

③ ἀχύρον（或 αχυρομία）"干草堆"：农民收获谷物，砻碾余下的皮壳以及麦秆之类，遗弃（或撒开，或成堆地）在田畦者，称 ἀχύρον（chaff）。刈收饲草，先在刈处干晒，以后收集为堆垛，也称 ἀχύρον。干草堆易于着火，且燃烧旺盛，故取以喻彗星。

里：若其燃料是适合于延烧的，它就迅速地曳燃，这么就成为一颗流星的径迹。有时这火种(火炬)在还未烧穿这燃料堆而自己熄灭了，或则这火种就停留在草堆积得最厚的一处，燃烧亦于此停留着，这就开始了一个彗星的运轨。[①] 这样，我们就可以解释彗这星体，有如一颗流星，其开始和结束它自己的流程是局限于一处的。

于是，若说燃料(原质)是在较下的一层(圈)集起来的，彗当是自己成立的一个现象，可是，如果其嘘气实出于群星之一——或为
一行星，或为一恒星——嘘出的，那样的彗该就是那一颗星变成 344b
的。这类彗的须发〔鬚髮〕(彗尾)，不系属于星体本身，有如在运动中的太阳出现日晕，月亮出现月晕，[②]这只是一式星晕。当太阳的运轨之下发生大气作出如式的凝结，这就形成如式的现象。星晕如彗，与日晕的差异是这样的：日晕成彩，由于色(光)的反射，彗尾的色(光)乃是本色。

原属星体因故而变成的(由它式)彗，其运行必依循于那星体的常轨；至于独立自成(由己式)的彗，运动随从于地球附圈(世

① 这里的譬喻(比拟)大意如此：你如点燃大量的易燃物(例如干草)，倘这是撒在一个相当的区域，火一线地燎着而过，这就像流星。倘这些燃料是堆垛的，火就得在原处尽烧。这就像彗。(参看亚历山大《天象诠疏》Alex.，34，24 以下，菲洛庞尼，《天象首卷诠疏》，Phil.，93，28。)

② ἅλως(圆盘)，日晕或月晕。日光或月光透过轻云薄雾，经反射，折射与散射而成日晕或月晕，外围于日或月，作白色或彩色，杂彩圈之内边多作红色。云高，晕圈小；云低，晕圈大。《晋书·天文志》，"白虹贯日，日晕五重"，五重盖谓其彩五色。"晕"之成因如虹，细辨之，有时各见七色。《晋书·天文志》，又有："月晕北斗"。庾信诗："星芒一丈焰，月晕七重轮"：上句正谓彗(扫帚)星，下句谓月晕七色。中国古占象家，以日晕月晕为将有风雨之兆。道家书中称"日华"、"月华"。

界)①的璇运。

[天象学的希朴克拉底派,主张彗的光芒不由太阳的反射,而发自这星体的自身——是这星体在易燃净料②中引起的彩晕。他们所执的论据是常见彗都显示为独立自在的,星变而为环芒的彗是稀见的。③ 关于彩晕的缘因,我们将随后为之说明。]④

彗的出现,不论其数多少,总是风暴与大旱的预兆,我们认为这征见彗性暴烈(似烈火)。这是明显的,它们既原由这种烈性原质的大量嘘出而形成,大气当然较为干燥,而且湿蒸气又得被这热嘘所烘炙而消散,这就不能凝水兴云了。等以后讲到"风"的时候,我们当于此事作更明白的解释。⑤

这样,凡彗若屡见,为数相当多时,如上所云,这些岁纪,就大旱而多风暴。⑥ 如彗不常见,迨其一现,又为光黯淡,形状较小,则风与旱的效应就不怎么的显著,但,这年的风期,总较常年为长,风力也得较强。举一实例,从大气中陨落到羊河岸边的一石块(陨

① ὁ κόσμος,拉丁,mundus,汉译"世界"或"宇宙"。在古希腊"八重天"的观念中,月层天以上为天穹(上界);以下,火、气、水、地为下界(世界)。"世界",即地球上达火层而止的下四层,不包括全宇宙。

② ὑπεκκαύματι καθαρῷ"易燃净料",似谓"以太"(αἰθήρ);参看上文卷一章三,$339^{b}32$。

③ 希朴克拉底学派论彗星见于本卷章六,$342^{b}36$。这一节论旨不明,拟为后人边注,被误抄入正文者,故加括弧。

④ 见于卷三,章二。

⑤ 见于卷二,章三以下。

⑥ 上引《汉书·文帝纪》注:彗与孛主于世事变革,长星主于兵戈(战争)。《尔雅·释天》,"彗星为欃枪"。《史记·天官书》,"欃枪"主于刀兵。

石)[①]曾被狂风扬起,正当白天下坠;方其陨落,适逢一颗彗星在西方出现。又,当那个大彗星[②]出现的那一冬季,是干旱的,北风狂吹,由于海湾之内吹着北风,而外海则南飙大作,于是陡然涨起高潮。又在尼哥马沽长老执政时期,[③]一颗彗星见于两分圈(天球赤道)上,历时数日(这一彗星不在西方升起),这期间恰符合于哥林多遭遇大风暴的日子。

彗星何以为数少而不常见的原因,以及它们为何出现于回归线(两至线)外,较多于回归线内的原因,是由于太阳与群星的璇运,不仅经常在隔离热烈元质而且也在它们聚合间随处使之解散。但主要的原因还在于这些原质,大部分聚集于银河区域内之故。[④]

章八

让我们现在来说明天河(银河)[⑤]是怎样形成的,由何原因,其

① 第尔士《先苏格拉底诸哲残篇》,59A11,12,这一陨石的下坠,亚那克萨哥拉(Anaxagoras)是见到的,并认真地加以研究的。第尔士,此书中,59A1 ii,6,9竟说他曾预言及此陨星。

② 参看本卷章六,$343^{b}1$。

③ 公元前341/前340年。

④ 参看本章$346^{b}7$一节。

⑤ 天河,中国多异名,曰银河、天汉、银潢、明河,皆取意于"河"。天空白雾状狭长带,秋夜最显,又名秋河。希腊 γαλαξίας 取意于"乳"τὸ γάλα 故名"乳路"(circulus lacteus"乳圈",milky way"乳路")。雅典习俗,古有"乳路(天河)"节庆,奉祀 Κυβέλη 居培莉,培育人类及世界众生的地上女神。节日,各进加乳麦糊。以耀光失轨为银河("乳路")成因之神话与居培莉神话,当出两不同来源。居培莉为地上神,希腊各地节日,述其缘起多异说,或奉为太阳之母,或为酒神之母,或作地母,或奉敬之为一城市或一民族之祖。居培莉节日,雅典人游行,饰女神驾狮车,侍女盛装,执火炬群从,自城市行入林坰,载歌载舞。

性质又是怎样的。

称为毕达哥拉学派的人们持有两说。有些人说,天河(乳路)是古传耀光星(日神的一个儿子)费崇 Φαέθων,[①]自天上陨落时的遗迹;另些人则说,古先,太阳曾一度在此运行。[②] 他们认为这一区域总是曾被焦灼了的,或是太阳,或是一颗恒星,或是类此的某些天体,曾经行过而留兹残痕。

但这是荒谬的,他们睁着眼不见这么一个实况,若据为天河的成因,那么,"动物星辰圈"τῶν ζωδίων κύκλον(黄道带)同样受有这么的影响,就也该有,或原该显现,天河的状态:所有的行星,以及太阳统在这一圈内运转。可是,整个黄道带我们是能看到的(我们在每夜间任何时刻,可见到黄道带半个圈),我们只见到这圈与天河错合的一段[③]有此现象,其它部分都不见所谓日星经行的残迹。

亚那克萨哥拉学派[④]与德谟克里图[⑤]主张,天河(乳路)是某些恒星的光辉。他们说,太阳运行到地球下面时,有些星不复为阳光

---

① Φαεθῶν(动词 φαίθειν,义为光明照耀),费崇,太阳神的儿子(耀光),恳求父亲,让他驾驶运行太阳的驷车,做一天的奔驰。太阳神为所惑误,而许可了。耀光(费崇)揽辔失措,车驰越轨,所过着火。宙斯大神急忙发出一个雷霆,把他震死,坠落下地。如果迟了这一击,全世界便成灰烬。费崇是太阳神与下界一凡女(克吕米尼,Clymene,见于荷马史诗)所生子。

② 参看第尔士,《先苏残片》58,B37C。第二说,即"另些人"所说,亦见于奥诺比特(Oenopides)残片(第尔士,41,10)。

③ 黄道带十二星座都取动物名,见于 343ª25 行译文脚注。银河横亘天穹,幅宽自十度至三十度不齐。北端入后发〔鬘〕座,南端入鲸鱼座;与黄道带约成六十度之斜交。两交点去夏至与冬至点不远。黄道带中之天蝎座与天鹅座一段,合于银河(天河)分叉的一段,东叉为本流,西叉为一支流。

④ 第尔士,59A1(ii6,2);42(ii16,3i;80)。

⑤ 第尔士,68A 91。

所炫,我们就能[在夜间]见到,凡为太阳光所炫的星我们是见不到的,天河(乳路)应是其中一些星星,虽阳光为地球所掩,乃能自行发亮。[①] 这一设想也显然是不合的。天河(乳路)显然是一个最大的圈,[②]常留在那几个黄道星座(宿宫)之间,不移动的:那里的星体若说是太阳照不到的,却逐日地按太阳的运行更换其处于天穹中的位置。事实上,大家的观察不发现阳光于此有时照到,有时照 345b
不到的变化。又,天象研究,现在已经证明了太阳的本体较地球为大,恰如太阳离地球的距离比月球离地为远,群星之离地球又较太阳与地球间的距离为远。这样,由于阳光照射于地球[而在地球背面]所投的圆锥阴影的顶尖,距离地球就不怎么远,在我们所谓"夜间",地球阴影是不能及于群星的。那么,太阳[在地球的那一面]实际照到了[夜间这一面]所有的群星,地球不能遮蔽任何一个星的阳光。

关于天河(乳路),还有第三个设想。有些人说,天河(乳路)是我们眼睛对于阳光在这里反照的一个视象,恰如一颗彗星所示现

① 希司《到亚里士太沾为止的希腊天文学》78页、83页,亚那克萨哥拉是说明月光由于日光反射的第一人。他似乎认为天河外群星也是得日光反射以为明的,而天河本区,则阳光全为地球所蔽,白色弱光乃由自发。亚那克萨哥拉与当时天象家一样,认为太阳较地球小,它转到地下,地球的阴影就得遮蔽全天。这节原文词义不易作明确解释,亚历山大《天象诠疏》(Alex.,37,24—27)解释此节应谓天河(乳路)星光得之于阳光的反射。

② 这里 μέγιστος κύκλος"最大的圈"词义是疑惑的;κύκλος"圆圈"亚里士多德以称赤道"圆周",黄道"带"亦以称月"轮天(层天)",日"轮天"。这里大概应谓天河在恒星轮天,即外于日轮天的最高(最远)轮天(层天)。

于我们而成的视象。[①]

但，这也是不可能的。眼睛与镜面和镜中所反映的一切事物倘是静止的，则这些映影当常留在镜中同一位置。但是，倘镜与镜中所映事物正在运动中，我们的眼睛则保持于静止的固定位置；他们镜面的旋运虽和我们的眼睛保持相同距离，而事物乃有各不同的运动速度，于是相互间就不保持相同距离，那么它们的映象（形影）就不能常留在镜中的同一部分。可是横亘于天河（乳路）圈内的群星是在运动，为之反射的光源，太阳也是在运动。虽然我们是静止的，它们与我们之间距离保持相等而不变，它们相互间的距离却是在变更：海豚星座，[②]有时在中宵（夜半）升起，有时却在朝曙时升起。但天河（乳路）的成形（组体），在夜半或曙时，恰保持着原样。若说它只是一个反映形影，而不是在这区域的天穹中，天河具有自在的性质，这种原样就不可能保持了。

又，我们在夜间可以在水中或在其它相类似的反光面中映见天河的印象：在它们所设想的境况中，我们的视觉怎能[复]见太阳的反映[的反映]？[③]

这些显明地证见，天河（乳路）不是一个行星的径迹，也不是阳光所不照的星辰的光辉，也不是返照：关于天河的所有前贤这些或

① 第尔士《先苏格拉底诸哲残片》，42，6，于此第三说属之于希朴克拉底与亚斯契卢。参看本卷章六，343ª1 行以下，希氏与亚氏关于彗尾（须发〔鬚髮〕）之说，与本章此节末一分句，似有关联。

② ὁ δελφίνος 海豚星座，紧邻于天河北端。

③ 依亚历山大《天象诠疏》，40，16，与菲洛庞尼《天象首卷诠疏》，108，解释此句：地上人眼，去天河的距离甚远，复镜反映倍加如此远的距离，是不能看到的。

详或略的旧说,都是不合的。

让我们现在回述前拟的原理,然后进而陈说我们对天河的解释。我们先曾讲到,[1]常俗所说外层气圈中内涵有火质,由于运动而空气分解,析出有一种混合物,我们认为彗星就由此物形成。[2]我们该当这样设想:凡彗星之形成,不仅须有那种燃料的存在,还 346a
得有群星中之某一颗——或是一颗恒星,或是一颗行星——为之点燃。相似于星体运动中彗尾的形成,我们又曾主张日晕现象是由于太阳运动遭逢了适宜成分的空气之反射。我们还须假设,天象之见于群星之一,全天宇的较上层,方其旋运中也是随处可以发生的。那么,这可说是合理的了:由于璇轨(运圈)的巨大,[3]单独一星的运动就够可点气着火而使之离解,则所有群星的运动都可能发生类此效应;在诸星密集,为数既繁而又多大星的区域,这种现象正该特别旺盛了。在动物圈(黄道带)中,由于太阳与诸行星的运行,任何这种混合物就得归于消解,所以大多数的彗星都出没于回归线外。[4] 又,日月周遭,一向不生"须发〔鬚髮〕"(彗尾),就因为这些易燃气体,不及聚集,已被日月所消解了。可是天河这圈,凭我们的眼睛看来是最大的圈(远外层),[5]其位置正远离于回归线外。又,这一区域,尽有最大最亮的星星,而且还充塞着所谓"散星"[你若极目注视,就能显见到那些散星]。凭这些原因,所有

① 本卷 340^b4 以下;341^b6 以下。

② 344^a7 以下。

③ 运动圈直径巨大,旋转速度在运动圈的外边就很大,这样就炽烈地发热而着物点燃。

④ 参看本卷章七,345^a7。

⑤ "最大的圈"先已见于本章上文 345^a34;参看译文脚注。

这种合成物(易燃物质)常继续不断地聚集在那里。作为证明,我们可举示这一实况:在天河(乳路)的半中,正当河路分支的一段,光辉是较强的,正在这半段内,星群就较繁密,为数也多于它段,这个情况正可表示光原实由群星的运动而不由其它缘故。这样,天河横亘于星群最繁密的环圈上,而这较明亮的一段恰就是星体较大,星聚较密的这段:那么,主于以星体运动为明河(乳路光辉)所由形成的原因,该是最为合理的了。①

河圈(乳路)与圈内的群星,大家可从图解上看到。② 在天球上,所谓“散星”区(τοὺς σποράδας),未能为之标志,因为各各散星难于指明其常在位置:但,任何人仰观天穹,他总是可以清楚地见
346b 到那些散星的。散星就弥漫在河圈与黄道带交涉的一段;它段不见有散星。所以,大家如果接受我们上述的彗星成因设想为合理,那么,关于天河(乳路)的成因,也当相应地是合理的了:总而言之,若说单一颗星可发生彗尾,同样的缘由该适用于全圈。这样,我们就可以解释(定义):天河(乳路)为这最大环圈的尾巴(须发〔鬚髮〕κόμη),其形成则由于那里存在,如上所述的原质(易燃材料)。

---

① τὸ γάλα(galaxy):我们所习称的“银河”或“天河”,古希腊人称为天上的“乳路”,欧洲人沿习到如今,天文学上仍作“The Milky Way”。这里需要注意的是,现代天文学望远镜中观察到的是许多星体和星云组成了这乳白色的天路(天河)。在亚里士多德这讲稿中,他的银河,只指秋空夜间所见那弥漫着乳白色河漕。于漕中所有群星,在他是除外了的。那些星,在他看来,当在乳路层天的外层。

② 传存于今的亚里士多德遗作,都是他生前在吕克昂学院的讲稿。在讲“天象”这一门课程时,讲堂的墙壁上该是有一幅天河群星挂图的。从下句 εἰς τὴν σφαῖραν“在天球上……”讲台上应还有一个天球模型。

我们前曾讲到,[①]彗不常见,为数是不多的,因为它所需材料随处继续不绝地被解离,在每昼夜诸轮天(层天)的一次周转(旋运)中,都被聚集到了[天河内]这个区域。

我们就此结束关于地球世界(下界)这部分现象的议论,这部分是紧挨着上界的天体运转的;总之,流星,与悬烧火焰,彗星,以及所谓乳路(γαλάκτος 天河),实际是这个区域的特有现象。

章九

按照顺序,让我们以下讲述天界下第二(层)圈,与地界上的第一(层)圈之间,这部分的情况。这部分是水与气相接合的境界,也是水[②]的种种形态在地面以上,作种种表现的区域。我们也应该研究这些现象的原理与原因。

作为这里的动因(效因)、主管,以及第一原理,是太阳的旋转。[③] 在太阳的昼夜运行中,于宇内事物或向日接近或背日离去,这就产生合成与解散的作用,这恰是一切生灭(兴衰)的原因。大地是静止的,地上的水湿为太阳光线(光照)所蒸发,在空中又被加热而上升:其后,使之上升的热质离去了,有些蒸汽播散在上空,有些升起离地而到了这么的高度,它就被冷却,由于在高空失热而冷

① 回顾到 345^a8 行以下这一节。

② 346^b19 行 αὐτοῦ 承上文,应兼代"水与气"两名词,照下文这里只是"水"的代词。参看埃第勒《天象》,423 页,《亚里士多德全集》牛津英译本卷三,E. W. 韦伯斯特译文。亚里士多德的世界(地球诸圈)构造,天界最底层,月圈之下为火圈,又下为气圈,地上第一圈为水圈。这里当是混合着水圈与气圈说的。

③ 参看本卷章二;亚里士多德《生灭论》(*De Gen. et Corr.*)卷二,章十。

凝的蒸汽，复从空气中析出而成了水：既已成水(雨)，就降落于地上。① 水的嘘出物是蒸汽；从空气中析出的水就成云。雾是蒸汽凝结过程的残余，所以雾是晴天的征兆，不是将雨的预报；照实说来，成不了云，这才成雾。②

347ª 这种变化循环实际是太阳年循环的缩影。太阳全年循环运转于两至之间(黄道带内)，③水湿也类兹而为升降。可以这样设想：环绕地球有这么一条河，漕中流体是水与气的混合物，漕流是时涨时落的：当太阳行近时，漕中的蒸汽流便上涨；太阳退离时，这便下落。循环，就这样无限期地、继续不息地进行着。古人有云，“海洋的长河”τὸν ὠκεανὸν... τὸν ποταμὸν，这像是一个隐语，也许这绕地的水汽漕流，正是这隐语的谜底(内涵)。

这样，湿气常日常年地，因热而上升，着冷便还下于大地；对于这种顺序(过程)以及由此产生的物品的不同种属，是各有名称的，例如水之以微点下降的名曰“濛濛(ψακαδες 毛毛雨)”以大滴倾泻的名曰“豪雨(ὑετός 淋雨)”。

章十

由于火(热)量比之水量太少，白天所蒸发的那么些湿气就不能上升得怎么高，在夜间，一被冷冻，便降落下来，这些事物称为露

---

① 参看本书卷二章四，359ᵇ39 行以下。

② οἷον γὰρ ἔστιν ἡ ὁμίχλη νεφέλη ἄγονος 直译“实际雾为没有生育能力的云”(云所生育的就是雨)。

③ εἰς τὰ πλάγια 直译“两侧之间”，实谓天球赤道两侧南北各约 23°½ 的夏至与冬至之间。

与霜(重霜)。蒸汽倘在冷凝成水以前,被冰冻,这就成霜(重霜),这在冬季是常遇的,这在寒冷地带较之它处为多见。在温和季节或温和(温暖)的地区,当蒸汽既冷凝而成水,那里的热度不够把水湿烘干,其冷感也未足以使蒸汽冰冻,这就成露。露辄下于温和地区与晴朗的日子,至于霜(重霜)则见于相反的情况。这是明显的,蒸汽较热于水,其中还有那使之上升的火,这样,如果要使冰冻,还待注入较多的冷性。露与霜两皆在静明的天候中形成:湿气只在明朗的天候中上升,而在风里就不可能为之凝结。

山上不见重霜,这可证明:霜的形成,由于蒸汽上升只在低处。其理有二:第一,蒸汽起于空谷与薮泽,那里的热虽能使之蒸发,但[热少水多]蒸汽太重,热的能力不足以把它举到高处,只得在紧靠地面处,就放落它的负荷。第二,高处(高山或高原)空气流动特别强劲。这类事物在他们凝合过程中,都得全被吹散。[①]

露是由南风形成的,不由北风,这是处处相同的,惟在滂都[②]为例外。这里,情况恰正相反,北风吹着才有露,不由南风成露。研究下露的原因,这里实际和它处相同,成露须有温和的气候,寒冷的日子不下露;南风吹来,天候就转暖,时值冬令,刮起北风,嘘气的热度,随即为寒冷所浇熄。但在滂都,南风来时的天候还不够温暖到发生蒸汽;迨北风的冷汛包围[③]而压紧了南来的热度,这才

① 参看本书本卷章三,340^{b}33 以下。

② πόντος 滂都国在滂都海南岸,小亚细亚北边古国。滂都海今之黑海。参看亚里士多德《动物志》卷五,554^{b}10,及汉文译本注(240 页)。

③ ἀντιπεριιστάναι 依照里特尔与斯高特,《希腊字典》(Liddel and Scott, *Gr. Lexicon*)的第一释义为"围住并压紧",在这里似不通顺。参看下文卷四章四 382^{a}14 行脚注。

加强了蒸发的功能。这种情况,在滂都以外,也偶或有些地方,可以观察到的,例如水井,我们看到它在北风中冒出蒸汽,南风中却不见它冒汽;可是,这么少量的热,才行汇聚,便为北风浇熄了,至于南风就容许这些嘘气积集起来。[①]

蒸汽在地面冷凝为水而不冰冻,这可类比之于云里所发生的情况。[②]

章十一

从云里,由于冷凝作用形成的,有三个下坠物体,水、雪,与雹。其中两者的成因是和地面上的露与霜相同的,差异只在级(等比)与量(多少)。雪同于霜,雨同于露,其间只有一些量性差别。雨是大容积蒸汽冷却的成果,这么的容积是在相当大的空间,经相当长的时间集合起来的。另一方面,露是少量蒸汽产生的,这个量是在一个小面积间,经一天工夫聚集起来的,凭它的形成速度而论,这就可知其为量之少了。霜与雪的成因也确乎相同:云被冰冻而雪生,[地面]蒸汽被冰冻则霜降。所以,雪是寒季或寒地之一征。云层中犹保持着大量的热,若不有多冷,足以克热,这就不可能冰冻:蒸发地上的水湿[并使之上升]的热,必需是为量甚大的,既成为云,其中所涵余热还是相当大的。

---

① 补足这句的涵义:"在滂都以外的地区,所以南风成露,北风无露。"

② 这句的命意当谓地面上的霜露类乎云中的雪与雨,至于云或下雹,则地面上没有可与相类的事物。这些正在下章为之申说。所以埃第勒(Ideler),《天象》,认为这句应属下一章的首句。

雹是在云层里形成的，但它和地面蒸发所形成的诸物，没有一个可与之相比拟：我们先已说到，上空的雪，类符于地面的霜，雨符于露：但在地面不见有可以类比于上空之雹那样的物体。待我们专说到雹的时候，当讲明这个缘由。

章十二

研究雹的产生过程，我们应该顾到两方面的实况，一个方面是一些显而易明（不难解）的现象，另一方面，若干现象是迷惑而难解的。

雹是冰，水在冬季，冻结成冰：可是雹阵最常见于春与秋季，于夏季的末节，①就比较少见，到冬季，雹是稀罕的，偶或有冬雹，也 348a
得在不很冷的日子。一般说来，雹阵多落在较温和的地区，大雪则降于较寒冷的地区。

这也是奇怪的；水该在高空中冷冻成冰；云汽应先变成了水，然后结冰，但既已成水，它就不能再在空气中怎么长时间的留滞。有如尘土或金属的微粒，常悬浮于水面那样，水滴若属微粒，也可悬空静止；可是，我们也不能以此例雹，说雹由这些浮空的小水滴结成了大水滴后，冻凝而下落的，因为微细的冰屑不能像水的小滴那样融合。显然，如果要作成雹块，这须有足够大的小滴悬浮在空中，否则冻结的雹块就不能有常见的那么大。

---

① ὀπώρα“夏末的末节”：秋夜明星“闪流”(sirius)与“大角”(Arctarus)于夏末升空以后，希腊节令“自夏转秋”(ὀπώρα)，入于雨季。这时节，果树结实，亦称“果季”。

有些人，[①]于是，推想雹的由来是这样的：一朵云被迫上升于高空，那里由于阳光从地面的反射所不及，气温较低（是较寒冷的），[②]水分一到那里，随即冰冻，雹阵所以常在夏季、常在温和地区降落，就因为那里的热能逼使云层离地上升到更高的空中。但(1)雹在高空中向下落，是很少见的，照他们的推理，这应常见；可是，我们所见从高处下落的却多是雪。(2)人们常见到靠近地面的云疾驰而过，发出巨大噪声，这些常引起听到与见到的人们惊恐，好像行将闯起什么大祸。可是，有时见到静静地飘去的云层中降落很多的雹，而且冰块特异地大，形状是不整齐的；由此可知，这些雹块不曾经历长长的[空降]行程，它们就在靠近地面不高处冻成冰的。这不符合于我们在先评论所及的推理。(3)又，雹，大家看来，显然就是冰，大雹块必须经过一个强烈的凝结过程。雹块的不作浑圆而为形巨大，实证它们是靠近地面寒凝以成的：如果这些雹块从高空降落，必然它们行程中被消磨，这样到它们抵达地面，就得是浑圆形的小块（粒）了。

于是，这已说清楚了，发生（造成）冰冻的原因，不由于云层被逼上了高寒的区域。[③]

---

① 依本章下文 $348^{b}12$ 行以下句，这里所说，当为亚那克萨哥拉（Anaxagoras）。参看第尔士，《先苏格拉底残片》，59A85。

② 参看上文，本卷章三，$340^{a}27$ 行以下。

③ 这译文把诽难亚那克萨哥拉的推论，析作三条，这么的三条，也可合说为一条，
348^{b} 而第三项才真具有物理学根据。

现在我们知道热和冷的际遇是一个相互反应[①] ἀντιπερίστασις ἀλλήλοις（这正是在地面下层何以热天发冷，霜季转暖的缘由）。于较暖的季节，在较高的空间，我们必须这样设想：外圈的热素束使先在的冷素，作内向的集中。这样，有时就能在云层中肇致急速的水凝。恰因这样的缘由，在温暖的日子比之冬季，较多地见到较大的雨滴和较大的暴雨——所谓暴雨，就由于雨滴重，所以下得骤急，暴雨之成因就在于冷凝过程的迅速。（于亚那克萨哥拉所说这一过程，恰恰相反。他说：云上升入于冷气团中，这就成雨。我们则说云下降而落入于暖气团中，这才成雨，云降愈低则所成之雨愈大愈暴。）有时，[②]另一方面，被外围的热所紧束，冷更向内集中，由此所凝成的水，就冰冻为雹。水还未及降落到地，中途聚冻而成冰。雨水落地须有这么一段时间，但这里的严寒在较短的时间内已把它冻成固体了。如果冻冰的时间确短于雨落的时间，空气中就别无阻止它冻结的因素了。下落愈接近于大地，凝冻便愈剧烈，

---

① ἀντιπερίστασις 我们这里译“相互‘反应’”，出于动词 ἀντιπερίσταμαι，里特尔与斯高特《希腊字典》，综校柏拉图与亚里士多德所有著作中，出现此字语句，而推敲其涵义，列举其两解：(1)围住而加以紧逼(缩紧包围)，(2)被置换(代替)。本书上文，卷一章十，$347^{b}6$ 行，我们就是用第一义译的。本书 $360^{b}25$，以及 $382^{a}12$，14 行，说有物浸入水中，水就让出原有的部分(鲱空)，这物体遂即代替(置换)了这些水的位置；这显然是合乎第二义的。亚里士多德，《呼吸》$472^{b}16$，《物理》，$208^{b}2$，$209^{b}25$，$211^{b}27$ 等句内也明显地是以一物代替(置换)另一物的涵义，符合于里・斯《字典》的第二义的。里・斯《字典》把这里 $348^{b}2$ 行中这字也列在第(2)项中，详勘这节上下的文义，似乎(1)(2)两义相关地，也是含糊地两用着的。譬如山洞中，冬暖夏凉，你可以解释为热置换了冷，也可以解释为冬季的洞外寒素包围而紧缩了洞内的热素，夏季反兹。

② 这里的“有时”……“有时”贯联句，前一“ὁτὲ μὲν”见于 $^{b}7$ 行，而后一相接应的 ὅταν δ' 乃见于 $^{b}15$ 行：这样，12 至 15 行间文字，盖是随后注入的，所以我们加了(　)括弧。

雨的水滴就愈大，而雹块，既然所剩留的下降时间更为短促，也就愈大。凭相同的理由，[1]大雨滴不会密集地下降。雹于夏季比春季秋季为少见，但夏雹比冬雹总是多一些，因为在夏季，空气比较干燥，在春天这时还是湿润的，到秋季，物候又开始转湿了。凭相同理由，如我们前曾讲到，[2]雹块有时也降于晚夏。

若把水预先加热，这可以促进冷冻的速度：因为凡物较热，冷却就快些。（所以，许多人家在需要冷却水时，先把水[3]快速地曝之日下：滂都的居民在冰上扎结营帐，从事捕鱼时——他们在冰上凿一个洞，由洞中捞鱼——把烫手的热水，浇它们用以编织围帐的苇秆，让它冷得快些，他们利用冰冻作焊剂来固定他们的苇秆。）在暖地与暖季快速受热的水，到了空中迅即冷凝。[4]

凭相同的理由，在阿拉伯与埃塞俄比亚，霖雨降于夏季，不降于冬季，那里，雨下暴急，一昼夜间辄多回降雨：这就因为在这两地盛暑酷热，由于相互反应，那里的云层就冷凝特快。

关于雨、露、雪、霜与雹的成因及其性质，我们讲得够多了。

---

① 这里所说"理由"没有明示。似乎是这一份云汽，涵水量实属有限，若变成大滴的水，就为点必少，若为小滴，为数必多。若联系到云端降雨的时间长短，相对而论，上述雨滴"大、少"，"小、密"就不能成为定规。短时落雹，既大又密，时间拖长，则虽小还疏。

② 见于 384^a1。

③ 依福培斯（Fobes，H.）校本 τὸ ὕδωρ 译"水"；F_1 与 PIV 校本作 τὸ θερμὸν"热"；PIM 校本删去此字。牛津英译本依多种抄本，包括贝刻尔校印本，依 τὸ θερμὸν 译。这里，"热"显然是错了的。

④ 这里，亚里士多德实际上承着 30—32 行的论点，补充了雹的成因在于热与冷的相互反应的又一理由。自 32 行 διό ... 到 349^a3 κάλαμοι"苇秆"这一段，举示两个别例，当是插话，所以我们加（ ）。

章十三

让我们[这课程]继续进行，从事于风和大气的各种干扰的研究，也从事于河与海的研究。照例，我们先寻究所涉论题的疑难：于风与大气干扰和其它论题一样，我们所知前人的推理，没有出众的高见，大抵是常俗的、能想到的命意。

有些人[①]说，风只是我们所谓大气流的运动，云和水都是从这大气中凝析而成的；他们因此认为水与风属于同一性质，他们解释(界说)，风就是在运动中的气。有些人，还由此而自作聪明，说所有各方向的风都只是同一团气，吹东吹西，似差别而实不差别。气流只是从不同的来处，乘不同的时机吹着：这样的理论恰同于把所有的众河说成为总只是一河。这类专家们的专论，实际还不如常俗的浅说为可取。若说所有的河全出一源的话是真实的，那么与之相似的话来讲风的性质，似乎也是有理的了：可是，于河于风而言，实际上两不如此，这是明显的，这个设想貌似机巧，实属谬误(虚假)。我们值得研究的，应是以下论题：风是什么？从何发始？什么是风的动因以及它的本原？我们可否设想风像一些小溪，从一些容器(储漕)流出，继续着流泄，直到容器(储漕)内空为止，或设想它有如酒从酒皮囊内倾泻出来吗？[②]或设想风自为原(源)，

① 依亚历山大《天象诠疏》，与奥令比俄杜里《诠疏》，谓此说出于希朴克拉底。第尔士《先苏残片》，64C，2 则在第奥根尼(Diogenes)条目，12A24 则在亚那克雪曼德尔(Anaximander)条目。

② 参看荷马，《奥德赛》(*Odyssey*)卷十，19。

349b 像画家们所描绘的那个模样么?①②

有些人,③关于河的成因,持有相类似的主张。他们设想所有为太阳提升起来的水,变为雨而还落于地时,汇集在地下的一个大空洞,雨后诸河就从这泄流出来;或说所有的河全从地下的一处引出,或各河各从地下某一处引出,论其原因,总是一样的:在成河的这一过程中,没有另外的水为之增注,④所有的河水都由这个储潴[或多个储潴]为之供给的,地下储潴内的水则都是在冬季收集起来的。依此,河川何故常冬涨夏落,以及有些常年不会断流,有些时盈时涸的原因,就可得解释。若地下储潴的洞穴(容积)巨大,集存的水量足够供应而不竭,直到下一冬季雨水来临,那么,这些河川便继续不息终年常流;如果那里的储潴较小,于是,供水量也较小,那里的河川就得在雨季降临以前涸竭,以待季雨重来充溢那些已空虚了的储潴。

但,这是明显的,如果试计算所有河川每昼夜的流量(水的总容积),而后凭以测度这么一个[或一些]储潴应有的总容积,大家将知道这个要涵容所有河川全年流量的储潴,该与地球一样大,或说只比地球稍稍小一些。

说在大地之下,有许多储水构造(空洞),当然是确实的,可是,

---

① 参看亚里士多德,《动物之运动》,章一,698b25“恰正像画家们所描绘的那样的情状来吹风”。这幅画所绘的是风神(Βορέας,北风之神)吹风。参看汉文译本《动物四篇》上引句注。

② 亚里士多德,说“风”到此为止,以下说“河”。直到卷二,章四,才重拾起“风”这原题。

③ 盖谓亚那克萨哥拉,参看第尔士《先苏残片》,59A42(ii,16,13)。

④ 当谓地上地下同有冷凝过程,见于下文 349b23 行以下。

于从大气中凝成水(雨),降落下来,你只管这样从上渗入的地下水源,不管这样的冷凝过程也得在地下进行:这是荒谬的。冷凝过程把大气中的蒸汽变成为水,这样的过程,在地面之下,也该在进行。这样的凝水过程是继续不息地在进行;地下水该有从大气中下落的,和地球内自产的两个来源。

又,即便我们不谈上述地下自产生的水量,专意考虑逐日的雨水补给,实况也不像那些人所主张的河川来源全靠那些渗入地下湖泊中,有如上述的储水。实际的过程,毋宁是这样的:地上大气中的小水滴互相聚会而成雨,雨后乃积水以下流,相似地,地球内也由细流汇集,及既蓄有大量,乃在某一处冲出地面,这就成了河源。人们从事灌溉的经验可举为明证:他们构造若干管道与渠道以承接地上较高处的渗出水。我们见到河川的水源都是从山上下流的,最大的河流,为数最多的河流,皆发源于最高最大的山脉。相似地大多数的泉水皆出于高地,和群山近处,在平原旷地上除了河川,泉源是绝少的。群山与高原有如一块厚大的水绵,悬挂在大地之上,它让水滴从中下落,汇合于许多地方,各积成小小的流量。正在这些地区容收了大量的雨水(一个储水的容器,或是凹而洼,或是凸而隆起,是没有差别的;形状虽异,于容积计算,为量相同):而且它们(群山与高原)于上升的蒸汽,为之冷却,又凝以成水。①

如我们上述,最大的河都是从最大的山下流的。这个情况,你们可以从这些地球的图版上②看明白,这些图版是由一些亲历了

① 相应于上文 349^b23。参看亚历山大,《天象诠疏》,56,31。

② τὰς τῆς γῆν περιόδυς“世界地图”,或可能是一个“地球仪”。

那些山川的作家绘制成的，有些地区，他们未能亲身到达，则是向人访询得来的，那些人恰是于那些区域各有研究的。我们考明亚细亚大陆上大多数的河川，包括其中最大的，是从所称巴尔那苏山脉①流下来的，巴尔那苏山，于冬曙②方向而论，通常认为是那里东南地区最高的山。当你跨越了外海，(那里的远限是我们在世界这一区域的居民所不明了的)就能遥望到那个高峰。从这山脉下流的诸河川中，有巴羯罗河、③饶司贝河④，和阿拉克色河；⑤由阿拉克色河分支有泰那河，⑥流入梅奥底湖。⑦ 世界所有河流中最大的印度河也是从这里流出的。从高加索那里流出许多河川，为数特多，河槽特广，发雪斯⑧就是其中之一。于夏曙⑨方向而论，高加索是那里最大的山脉，盘基最广，顶峰特高。人们在所称为“渊深”处⑩

① Παρνασσυς 或作 Παροπαμίσυς (Paropamisus，巴罗帕米苏山)；今称 Hindu Kush 印度山脉(兴都库什)。(中国地图出版社，1972 年《世界地图册》，16，南亚诸国中，阿富汗境，西南一东北向，两平行山脉，一为“巴罗帕米山脉”，其南为“兴都库什山脉”。)

关于本书所及亚里士多德的世界地理观念，参看 83—84 页所附两地图及其说明。

② τὴν ἕω τὴν χειμερινὴν “冬曙”，实谓希腊人于冬至日朝曙时，所见日出方向，即东南向。

③ ὁ Βάκτρος 拟为今流入盐海(Aral Sea 79 页图内也作“盐海”，今多称“咸〔鹹〕海”)的奥克苏河(Oxus)，在乌兹别克共和国境内(东经约 60°，北纬约 43°)。

④ ὁ Χοάσπης 拟为今伊朗境内流入波斯湾(阿拉伯海)的卡伦河(R. Karun)；或是阿富汗境内的喀布尔河(R. Kabul)，东流入巴基斯坦境内的印度河上游。

⑤ ὁ 'Αράξης 拟为今流入盐海的锡尔河(Syr Darya)。

⑥ ὁ Ταναïς 拟为今苏联境内，流入亚速海的顿河(R. Don)。

⑦ Μαιῶτις 梅奥底湖，即今亚速海(Azov Sea)。

⑧ ὁ Φᾶσις 拟为高加索山脉南麓，格鲁吉亚共和国境内，西流入于黑海的芮昂河(R. Rion)。

⑨ τὴν ἕω τὴν θερινὴν 夏曙，夏至日朝曙时，所见日出的方向，即东北向。

⑩ 见于下文 351a11 行以下。

就可以遥望到那个山脉的峰顶，你若张帆驶入梅奥底湖，也就能望到；在平地或海面，从落日以后到日出以前，它的群峰占整夜的三分之一时，总是照耀着阳光的：这可证明这山就有多么高了。在这山区之内，有许多可由人们资生的地方，其中居住有许多氏族(种姓)，而且听说其间还有许多宽阔的湖泊：这可证明，这山该有多么大了。[而且他们还说，直到终端的峰头，可以看到所有这些地方。][①]

从比利涅山脉[②](这一山脉是在两分线落日方向[③]的克尔特族 350b
地区)[④]流下的有易斯脱罗河与[⑤]泰底苏河。[⑥] 后举的这河流入(希拉克里)群柱[⑦]外的海洋，易斯脱罗河径直通流欧罗巴而注入于攸克辛海。[⑧] 欧罗巴大陆上其它大多数的河川都从亚尔居宁山脉向

① 这一句照原文翻译，就是这样不明其涵义的，旧校本都保存着这么一句；亚历山大《天象诠疏》，57，32，所据的古本，也就是这样的。牛津英译本(Oxf. Translation)注明这句原文有错漏。我们这里加以[ ]。

② Πυρήνης，今西班牙(伊利亚半岛)北与法国南部的界山，Pyrenees《中国世界地图》译“比利牛斯”山脉。

③ πρὸς δυσμὴν ἰσὴμερινήν“两分线(春分线)落日方向”这短语原文在下句 350b 第三行，ἔξω στηλων “群柱”之后，兹从(Heidel)海特尔校订(The Frame of The Ancient Gr. Maps《古希腊地图的轮廓》)，移到这里。

④ Κέλται，οἱ克尔特族(Celts)，古代法兰西与西班牙土著，今西南欧至中欧，希腊人通称之为克尔特地区。

⑤ Ἴστρος，ὁ易斯脱罗河，今中欧的多瑙河(R. Danube)。

⑥ Ταρτησσός 今西班牙境内西南部，西流入大西洋，加第斯湾的瓜达尔基维尔河(R. Guadalquivir)。

⑦ στηλῶν “群柱”(犹中国通行名称“天柱峰”)，实指 Στῆλαι Ἡρᾱκλήϊαι，The Pillars of Hercules “希拉克里砥柱”，即今直布罗陀海峡南岸峡山。

⑧ Εὔξεινον πόντον 攸克辛海即今黑海。

北流的，亚尔居宁，①在这地区内，是最高最大的山。大熊星（北斗）座下，在斯居泰远北地区，有一列山脉称为里贝山：②人们所传说这山那么的广大，几乎是神奇得不可信的，可是，他们说次于易斯脱罗，[欧罗巴]的其它为数甚多的巨大河川，都从那个山脉发源。

相似地，从埃塞俄比山脉流下到利比亚的河川有埃根与纽色；③从所称为银山山脉④流出两条最大的河，分别名为恰利米底河，⑤这是流注入于外海的，与尼罗河的最重要的上源。⑥

关于希腊陆地上诸河川，阿溪罗河是从品都山流出来的，还有伊那柯河也源于品都山。斯脱吕蒙、尼索，与希伯罗三河则发源于斯孔白罗山；另还有许多河川是从路都贝⑦山流出来的。

更广博的考察会当显示，所有世界上其它河川，都发源于群山：我们这里所举说，只是供给一些实例。虽也有河川恰从泽薮中

---

① τῶν ὀρῶν τῶν 'Αρκυνίων，亚尔居宁山脉实谓自亚尔伯山（阿尔卑斯山）起，东迤到加巴陀阡，通贯中欧的群山。

② 'Ρτπαι“里贝山”殊无着落，类神话名称。Σκυθία“斯居泰”，古希腊人模糊地以称黑海以北的地区及其土著居民。τάθ' ὑπὸ τὴν ὄρκτον 大熊星座即中国的北斗；星座之下，实指极北地区，参看下文 362^b9。

③ ὁ Αὐγῶν καὶ ὁ Νύσης 这两河，迄今未能考明是北非洲那两条河。

④ 'Αργυρόs ὄροs“银山”，其后又称“月山”，拟为埃塞俄比亚南，肯尼亚境内，今所称乞力曼扎罗山（Kilimanjaro）与肯尼亚山，或其西之卢旺佐里（Ruwenzori）山脉。

⑤ ὁ Χρεμέτηs 拟为今塞内加尔境内，西流入大西洋之塞内加尔河。

⑥ 尼罗河上源，青尼罗河出于埃塞俄比亚，白尼罗河出于苏丹南境。此处盖谓白尼罗河，白尼罗河源出于今肯尼亚西之乌干达境内。

⑦ 'ροδόπη（Mt. Rhodope），拟为今保加利亚南部路都贝山脉。Σκάμβροs（Mt. Scombrus）斯孔白罗山脉拟在古马其顿地区，今南斯拉夫南部。

流出,实际上,随后几乎全都查明这些泽薮乃处于群山之麓或在坡度缓缓地高起的台地之下。

现在,我们可以明见,河川由地球内各个相应的空洞发源的假设是错误(虚伪)的。我们在先已肯定地球内的容积不够充分储蓄所有现存河川的水量,这里有些水因蒸发而消失,有些又还凝而为水,即便有常年不息的这么些调节,要说河川成因全出于固有的定量水源,总是不合的。那么,凭河川都从山麓发源这些实况,该可确证,河川的水源是在那些地方点点滴滴汇集起来,这些日渐而众多的汇集,竟然形成了一一河川。

当然,这也不是说由大量储水构造,有如湖泊那样的,发源的河川,全然没有:我们只是说要维持他们所主张的那么大的构造是绝不能有的,大多数的河川既发源于山泉,乃作所有的河川都靠现量的储水,这样的假设,确乎是不合理的。① 所以,说由湖泊构造成河,或由眼见到的限量供给河川的流量,两者是同样不可信的。

但是,有些河流没入于地下(被大地吞了),这证见地球内部确乎有裂缝和窟穴。这样的现象多处见到,例如在伯罗奔尼撒就有,在雅卡第亚更属常见。这些地区多山,而诸山谷全无通海的溪涧,当其群壑盈积了雨水而不得在地面宣泄,这就压渗向地下,而且找到了它的径路。远在希腊所见只是规模小小的。在高加索山下,

① 这里,亚里士多德辩论的要点在于(1)地面或地下湖泊,其容积各有限量,不能供应河川终年不息的流逝。(2)把山岭看做内有无数空隙的海绵样物体,吸收着(渗入)常年不绝的云雨降水,这种点滴不歇的,不限量的蓄积才能供应河川常年的水源。参看上文350a7,b27。参看亚历山大《天象诠疏》,58,20以下。

就有这么一湖,[①]那里的居民称之为"(大)海":[②]因为许多大河注入这湖,而周遭却没有一个出口,水的汇流迫得潜行于地下,直到哥拉克斯[③]区,这潜流才上泛起来,那里约略就是滂都海的所谓"渊深"处[④]了。(这一部分的海,其深度是不可测的;航海家于此进行铅锤测深,迄今未能达到渊底,)在这里,离岸约三百斯丹第[⑤]处,泛出有淡水,上泛出现于一个大范围,在这范围内,有不连接的三处,泛上的是淡水。又,在利古哩亚有一条河,[⑥]中游被大地吞没,隔了一段,又在另处流出于地面上了,这河有罗丹(隆)河[⑦]那么广大(隆河是大到可供航行的)。[⑧]

章十四

地球的同一各个部分,不是常湿或常干的;它们各依河川的出现或其涸竭,而变化它们的性状(地貌)。这样,大陆与海洋也更换位置,一个区域不永久是陆地,另一区域也不永久是大海;现今正

---

① 这里所说的"湖"实指"里海"(the Caspian Sea)。

② 修洛,《关于亚里士多德〈天象〉的评议》(*Observ. Crit. sur les Meteor. de A.*)于海字后加 μεγάλη "大"字,以应上文"小小的" μικρά。

③ Κοραξόι, οἱ哥拉克斯为斯居泰族的诸种姓之一,古希腊地理意谓他们的居住区是在今黑海东岸。

④ τὰ βαθέα τοῦ Πόντου "滂都海的渊深处",回顾上文 350ª31,亚里士多德著作中,以滂都国称黑海东南岸地区,"渊深处"盖指黑海东南隅。

⑤ 斯丹第 (τὸ στάδιον),希腊长度单位,等于 606¾ 英尺。奥林匹克运动会跑道长恰为一斯丹第。希腊人习常以斯丹第计里程。

⑥ 这条未名的河,拟为今之波河(R. Po),河在意大利西北部,流入利古哩海。

⑦ Ῥοδανός (罗丹河)应即今之罗纳河(R. Rhone,隆河),发源于瑞士亚尔伯山(Alps Mt. 阿尔卑斯山),流于法兰西境,注入地中海之狮湾。

⑧ 公元前四世纪希腊人所知的世界地图与现行世界地图校订,见 83—84 页。

乃汪洋之处，在另一时期，那里却是旱陆。这样的过程，该当设想为循环有序地进行着的。发生这种周期的原因在于地球内各个部分有如植物个体与动物个体各有它们的成年与暮年。只有这么一点差别，植物与动物的成长与衰亡是整体施展的，不是分开各个部分(枝叶或肢节)施展的，地球却是分开为若干部分(区域)，各别地施展的，它们变化的过程就凭寒冷与暖热。冷与热的或增或减，缘于太阳的旋轨；由太阳周年行程的运转，地球各个部分，因不同的日照而获得差异的潜能；有些区域保持润湿到相当期间，于是干燥起来，还复老衰，另些区域，与之同时，却挨次而得转于润湿，始萌 351b
生机。凡是渐变干燥的地方，水泉必然先竭，跟着，河漕就渐渐狭小而终归旱涸。当河川在一处消失，另处行见有新漕出现，河川既然会有迁徙，那么，海也得变更位置。任何一个地方，那里，凡为河流所侵蚀，冲去了平陆[而成为水域]的，迨河流浅退，这就得还为旱地；那里，①凡为河川挟带的泥沙所淤而积为平陆的地方，随后也必再度被大水泛滥。

可是，大地的增涨与消失，整个自然变化的过程是缓慢的，和我们生命的短促来相拟，这一过程真是长而又长的了，在地质变换还未曾完了一个开始到终结的周期，一个民族已经历几许世代的

① 351b5—8 两个(ὅπου μὲν ... ὅπου δὲ)“那里”……“那里”……联句，原文有含混的措辞，这里依循牛津英译文的理解，翻作汉语，其意谓凡陆陷为海处，久将还竭为陆，凡水域淤成的旱地，久将还被淹没。这和中国《神仙传》中，“沧海桑田”，交互着进行的立义相同。但中国是文学语言，亚里士多德已切近于地质学研究。亚历山大《天象诠疏》，解释上一“那里”句是说河川源竭，而潴泽成陆，下一“那里”句是说河水多含泥沙，日久乃填塞了湖海。这两联句都是讲沧海可成桑田，只是过程有异。

生灭，以至于这一民族业已整个湮没而失其存在，既然没有谁能着录这一过程的何始何终，世人于这样的演变，就总是失察的。关于民族的毁灭，最急剧而又最常见的原因是战争，还有是疾疫与饥荒。饥荒的为祸于一个民族，有时是未及期年，万众竟然死亡以尽，有时则渐渐消减，积岁而终于归尽，其间直不曾引起大众的警觉。居民的有感于生资窘乏，一小部分、一小部分，相继的外迁，总是有些人坚持着守在本土，直到这块地方再不能养活任何一个人为止。从第一批移民到最后放弃故国的世代相继，为时悠长，民族的记忆逐渐遗忘，到他末一代剩余的遗种跟着灭尽的这时，这一民族的人文地理历史已先湮没了。其它各处在由润湿的薮泽趋于枯干的过程中，所居留的各个民族也可以如此设想；他们已遗忘了始迁的祖辈。照样，这种旱化过程是缓慢的，须经漫长的岁纪，历史湮没于时间的长流，他们各已茫然于他们的始迁祖是怎么些人，何时来到这里，以及当初始迁祖辈怎样找到了这块地方。

在埃及的遭遇就是这样的。埃及全境明白地是尼罗河的淤泥冲积所造成，而今却正在旱化过程中：当这个大泽渐渐地淤浅成陆时，邻近诸部落于兹而辟除荒秽，侵占之以为生生之地，其进也甚缓，历万岁千年而迄于今，当初拓殖的原始记载已久失传了。可是，我们现在能够看到尼罗河水出海诸口，除了加诺埠河口①是由尼罗河自己的径流造成之外，其它各个河口都是人工造成的，不是

① ἑνὸς τοῦ Κανωβικοῦ在加诺别沽的一个[河口]，希罗多德(Herodotus)《史记》ii，15 Κάνωβος“加诺埠”是尼罗河下游的一个市镇；ii，17，113，Κανωβικόν στόμα“加诺别沽河口”是尼罗河出海诸河的最西一个出海口。

河水冲刷开来的。而且,埃及(ἡ Αἴγυπτος)的古名乃是“忒拜”(Θ
ῆβαι)。[1] 这一典故的证明就见于荷马,[2]这一地名的更改大约是在
史诗传诵不久之后,在他篇章中有关这里的诗句就没有提到孟菲
斯(Μέμφις),[3]好像那时还没有这么一个城市,或者虽已有这么一 352a
个聚落,却还未著闻于当世。大概,我们上所推衍的情况,是符合
于史迹的。尼罗河上游的高地是先于下游低洼处蕃息有居民的,
先民逐渐向河水所挟泥沙沉积的边沿开拓,薮泽一块一块地干成
平陆,为时必然很长远,最后一块陆地涨成的区域当是潴水较深
的。这样挨次涨起的平陆,[挨次拓植]也挨次地繁盛起来。当人
们进而经营才干了的新地块时,前之滋润蔚茂,而久被垦种的地
块,却因过于燥旱而竟已枯竭了。

水旱(川陆)的变改,在希腊的亚尔咯和迈启那地区就曾历经

---

① 埃斯契卢,《忒拜》(Aesch. ,*Theb.*),321,在幽渺的远古地中海内有一岛,雅典人 'Ωγύγις 乌古及为之王。后世爱称,此岛为乌古及亚 'Ωγύγια。又后而讹转地中海南岸古国名,“埃及”。或谓乌古及亚,地中海幽渺的古岛,为加吕普索(Calypso)所统领。希腊古称 Αἴγυπτος “埃及”的上述史料,实际来历不明;或谓这古称,当时只谓 Memphis,初不指埃及全境。按埃及自己的史料,因为全境土色乌黑,古称 Kemet“启默”(the Black Land)。诗篇中,另称 Tomara(托麦拉)者,盍也取类似的涵义。在希伯来(犹太文)书中,称 Mitzraim (密滋来姆);阿拉伯人现今称埃及为 Misr (密兹尔)者,有承于犹太。犹太文中所云 Pathros(巴斯罗)恰本于埃及语 Ptores(伯笃尔)谓“南方地区”(the South Land),即尼罗河上游地区。

② 荷马史诗,《伊利亚特》(Il.)卷九,381;参看《奥德赛》(*Od.*)卷四,83—85,229以下,卷十四,245 以下,295。

③ Μέμφις 孟菲斯古址,在今开罗,埃及首都南,约二十公里处,尼罗河西岸。公元前二千年间,埃及列王建都于孟菲斯。荷马史诗,今考订为公元前第十世纪间流传起来的,其时,孟菲斯应已是地中海周围的大城,故亚里士多德于此加有“或”辞。

这种遭遇。在特洛亚战争时期①亚尔咯②是个泽薮，只有少数居民能资以生活，而迈启那③恰是沃壤，所以较为著名。由于上述的原因，现在两地情况已反转了：迈启那已完全干涸，成为不毛之地，而亚尔咯原先那些无以资生的洼泺，如今恰是正在耕作的平畴。像在这样小地区的这种遭遇，你尽可设想，在大地区或整一个大邦内，也得遇到。

那些见识浅短的人们，意谓这种自然演变的效应本于一个普遍的过程，全宇宙正在生长（发展）的过程之中。于是，他们说，海洋在干起来、在缩小，④比之前世，他们发现更多的地块原是涸竭了的海域。这种识见，有些是确实的，但也有些是虚讹的。新干成陆地有所增益是真的，那些地块以前是浸水的；但这有相反的情形，他们却失察了：正也有许多地块，现在浸沉于海里了。但，我们不能说这种演变乃由于世界在生长（发展）；凭诸如此类的短暂的小地区的变化就执持全宇宙在变化，这是荒谬的。地球的质量和大小（体积），于整个宇宙而言，直是无可比拟的。⑤ 我们毋宁做这

---

① τῶν Τρωικῶν“特洛亚战争”。希腊古代传奇，希腊英雄们与小亚细亚特洛亚人的十年战争，即荷马史诗《伊利亚特》与《奥德赛》的本事。特洛亚故址，在小亚细亚，米希亚西北，今土耳其境内，鞑靼尼尔海峡之南。

② 'Αργεία 亚尔咯亚（'Αργός，亚尔咯），见于《伊利亚特》史诗者有二，(1)'Α. 'Αχαιικόν 雅嘉亚·亚尔咯，在伯罗奔尼撒半岛。(2)'Α. Πελασγικόν 贝拉斯咯·亚尔咯，在帖撒里。亚里士多德此节实指亚尔咯(1)。

③ Μυκηναία 迈启那（Μύκηνη，迈启尼），希腊贝拉斯咯族的一个古址，在帖撒里地区（Thessaly）。

④ “海洋在干缩过程之中”，这设想，第尔士《先苏》，68，A，100，属之德谟克里图。参看本书卷二，章三，356^b10。

⑤ 参看本卷，章三，339^b9 及注。

样的设想，所有这些演变的起因，只是有如一年四季之有冬季那样，在某种长远的世代（周期）[①]之中，也有长长的冬季，在这季节里降下过多的霖雨。这种遭遇，在地球上的同一区域是不会时常发生的：例如，所称为"第加里昂"Δευκαλίωνος[②]洪水发在属于希腊的好大地区，而浸水特深的则在老希腊的旧邦（故地），即杜陀那[③] 352b
周围的原野与阿溪罗河[④]（阿溪罗河是时常改迁它的径流的）。这里居住着赛里族（οἱ Σελλοί）人们称之为"革里克"（Γραικοί），而现在则被称为希腊人（῞Ελληνες希伦族人）了。[⑤]任何地方，遇到了

---

① περιόδου τινὸς μεγάλης"（长远）大周期"。在柏拉图对话的《蒂迈欧》，22B—C，23A—B，《法律》677A，《政治家》268E，273A，讲到类于地质学理论的一个神话：地球有一个灾劫周期，每隔若干世纪就发生一次，火山爆发、洪水泛滥等大灾难，毁坏世界。随后生物及人类得重新开始一个新的历史与文化。这里亚里士多德的所谓"大年"当与柏拉图所说不相关涉。

② Δευκαλίων"第加里昂"。希腊神话，第加里昂是帖撒里的古王，与其后妣拉（Πύρρα）虔诚信奉大神修士（Δίος），修士大神使洪水淹没了帖撒里，让这王和后两人漂浮于一舟中，历九日，而登一山头。在漂流中，他们得一神谶，教他们把母亲的骨抛在自己的船梢之外。他们就把一些石块抛出（他们领悟母亲就是大地，石块就是地骨）。迨洪水退后，凡石块抛处，一一生长了男女（后裔）。

③ ἡ Δωδώνη杜陀那，在爱比罗（Epirus）。其地以Δίος大神之神谶著名于远古希腊。《伊利亚特》，十六，234赛里族（οἱ Σελλοί）为杜陀那土著居民，世守大神庙的神谶。参看欧里比特《悲剧残片》，Eurip. *Fr.* 368。

④ 'Αχελῷος阿溪罗河，见于《伊利亚特》，二十一，194，在今希腊半岛西北区，流经埃托里亚（Aetolia）与亚加那亚（Acharnaia），全长一百七十公里，注入爱奥尼海。

⑤ Γραικός，Graecus，革里克。《希腊碑志全集》（*Corpus Inscriptiones*）卷一，2334，11，公元前335年一碑有云："后世称为希腊人（῞Ελληνες）的民族，古先谓之革里克人（Γραικοί）。ἡ ῾Ελλας（῾Ελλάδος）希腊（希腊陀）。"希腊人古先是始创老希腊古城（ἡ ἀρχαῖα ῾Ελλάδος）的希伦（῞Ελλην）的子孙。希伦是洪水孑遗，第加里昂的儿子。(1)希伦在帖撒里筑成希腊第一个城居，见于《伊利亚特》，二，683。(2)随后，如奥德赛（Od.）一，344；四，726等，已用希腊（῾Ελλας）称希腊半岛北部，相对于其南部的伯罗奔尼撒地

这种霪雨的年头，水就过度充沛，该当可以供很长的岁月。作一个比拟——有些河川常年不息地流着，另些却时或断流，推论其原因，有些人认为这是由于地下裂隙[蓄水容积]的大小差别所致，我们的考虑异乎此，这该由山区[河川的上源]的大小，雨旸的调节，以及那里的低温度来决定，这些地区收纳雨水，潴积起来，这就成了丰足的水源；如果高悬在一个地区上部的山脉，或太小，或是泥石混杂而多孔，它的潴积有限，那么其下的河川必然先竭。这样，我们就该设想，凡是霖雨有这么大的地区，就得有那么重的水湿，几乎是永不会干涸的了。至于另一类的地区，这就干得快些。又一类地区浸湿不那么重，但在它行将干涸的时日，霖雨周期又回转来了。

宇宙常住，不能说它在生长与衰坏的周期之中，但整个世界而论，变化是到处可见到的，如我们所说的，同一块地区不能长久浸在河海里，也不会常是干燥的。这可举示事实以为之证明。大家认为埃及人是世界上最古老的种族，在他们居住的区域，所有土地显然都是由河川造成的。任何人一看到它的田野就明白这一情况。[①]关于红海的一些故实，可提供进一步的证据。埃及列王之一，尝试欲掘一运河通向红海（倘埃及全境能与外海通航，这为

区。(3)又后，这地名用以统称自伯罗奔尼撒，直到爱比罗与帖撒里的整个半岛。参看希萧特《作业与节令》(Hesiod, *Op. et Dies*)651；希罗多德《史记》(Hdt., *Hist.*)viii，44，47。(4)最后，凡希腊人所居住的地方统称希腊，这就扩充到爱奥尼海的列岛了。参看希罗多德《史记》，一，92；修息第特(Thucydides)《史记》，一，3 等。这时，“希腊人”几已转成为相对于异族，即野蛮民族(βάρβαρος)的文明人的混称了。

① 埃及，尼罗河下游广大平原，是河流所挟带的淤泥(silt)，因每年泛涨期间漫溢于河两边的洼泽——古先当也是海面——淀积起来的。

利于他们真是不小的：据说第一位古王试想举办这一工程的是赛索斯特里)。可是，这么一事实被发现了，海乃比内陆为高：赛索斯特里既率先做过如此的设想，随后曾作同样企图的达留俄，也因为害怕海水将倒灌河川，毁坏淡水而放弃了挖掘运河的计划。[①] 凭这记载，我们可以明白这块内陆(低地)古先是和大海通连的；我们也由此懂得了何故利比亚的亚蒙地区[②]竟是出人意料地，比它外在的近海地区为低陷而多空洞。地形变迁的经过显然是这样的：古先河川在这里沉淀了它所挟带的泥沙，淤积成一些干地，围起若 353a
干湖泊，历久之后，湖水尽涸，迄今这里已全无沼泽了。还有，在梅奥底湖的岸滩，近世也沉积下大量的河川涵沙，由于那里延伸了浅滩，现在到那里贸易的海舶，比之六十年前，都较为浅小，稍大些的船已不能靠岸。有鉴于这些实况，这就不难推想到，原由若干河川汇流而成的梅奥底湖，它也将依循多数其它的成例，终归干成陆地。还有，通过博斯普鲁海峡，[③]由于附近流沙淤积，经常有一股

① 这事见于古籍之前于亚里士多德者，有希罗多德《史记》，卷二，108，158，参看豪与韦尔斯，《希罗多德史记评述》(How and Wells, *Commentary on Herodotus*)卷一，245—246。后于亚里士多德者，有斯脱雷波(Strabo)，《地理》，xvii，25，第奥杜罗(Diodorus)《史记》，i，33，柏里尼《自然志》(Pliny, *Nat. Hist.*)vi，33。这些史籍各都记明，古埃及试图开凿这河道的计划，自尼罗河的蒲巴斯底(Bubastis)起，通过苦卤湖，引出红海，以后发觉红海的水平面高于苦卤湖面，而放弃了这一计划。第奥杜罗另还讲到，有人建议可以建置一个闸门，来克服这一困难。

② τὴν 'Αμμωνίον 利比亚的亚蒙地区(亚蒙尼亚)，今"括大拉低陷地"(Qattra depression)。"亚蒙地区"取名于亚蒙，亚蒙("Αμμων)，利比亚的大神，相当于希腊人的宙斯(Ζεύς)。

③ ὁ Βόσπορος 博斯普鲁海峡，今黑海与马尔马拉海间的长峡，在土耳其伊斯坦布尔东岸。

水流，人们可得在自己的生平看到它怎样使地形变迁。这股水流在亚细亚[①]的滩边，任何时候堆积起一个沙埂（沙岗）之后，在那埂内就先形成一个小湖，这湖，随后就干为平陆：挨着在这块地的前方，又堆积起另一个沙埂，又围起了另一个湖，这样的过程就这么不息地进行。迨历时足够长久，水流的漕域必然日益狭束，直像一条长川，而这么的长川，最后也得干涸。

于是，这就明白了，既然时间是无限的，宇宙是永恒的，无论泰那河或尼罗河，都不能无休止的长流，他们现在的径流，从前就曾是旱地。它们的活动有尽，而时间恰是无尽的。对于其它河川而言，情况也确乎相同。若说河川时而发生，时而消失，若说地球的同一区域不会常属润湿，那么，大海也必须作相应的变迁。又，若大海在一些地区退缩，在另些地区侵蚀，那么在全地球而言，它的同一部分就不会永远是海，也不会永远是大陆。在时间的历程中，一切都在演变。

现在，我们已阐明了，何以地球的同一部分，不能常是旱陆，也不是常能载舟的水域，并已解释了所以如此的缘由；我们也相似地解释了，何故而有些河川长年的水流不息而另些则时或断流。

① 博斯普鲁海峡马尔马拉海与鞑靼尼尔海峡，正是欧罗巴洲与亚细亚洲的分界线。此云亚细亚的滩边，盖谓马尔马拉海的东岸。

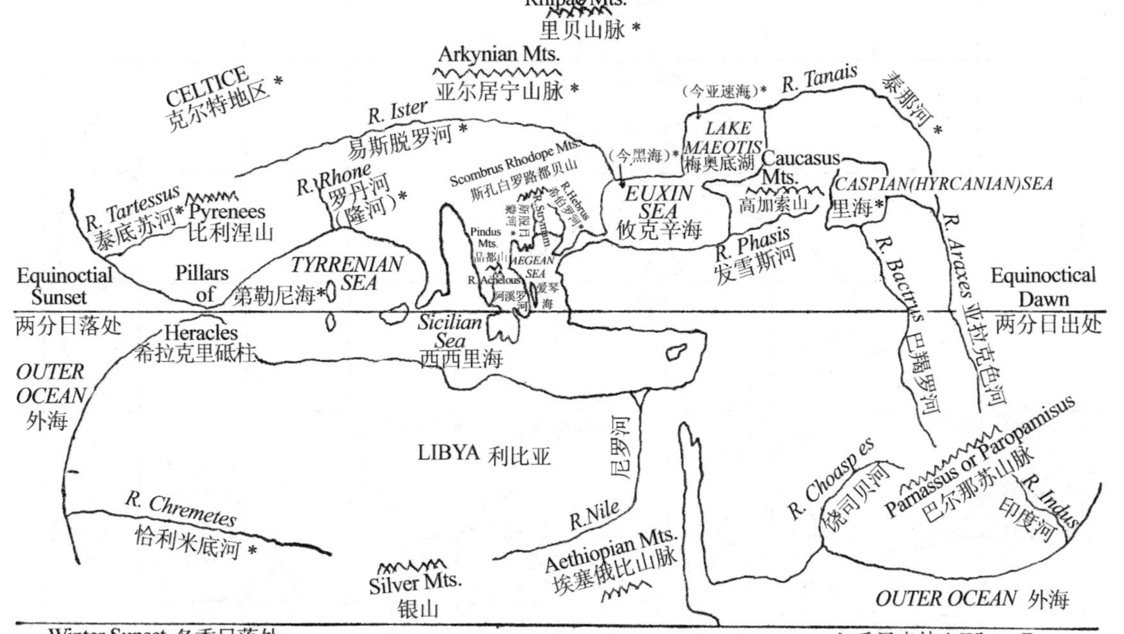
Summer Sunset 夏季日落处
夏季日出处 Summer Dawn
Rhipae Mts.
里贝山脉 *
Arkynian Mts.
亚尔居宁山脉 *
CELTICE
克尔特地区 *
R. Ister
易斯脱罗河 *
R. Tanais
泰那河 *
(今亚速海)*
LAKE MAEOTIS
梅奥底湖
(今黑海)*
Caucasus Mts.
高加索山
CASPIAN(HYRCANIAN)SEA
里海 *
Scombrus Rhodope Mts.
斯孔白罗路都贝山
R. Tartessus
泰底苏河 *
Pyrenees
比利涅山
R. Rhone
罗丹河
(隆河)*
EUXIN SEA
攸克辛海
R. Phasis
发雪斯河
R. Bactrus
巴羯罗河
R. Araxes
亚拉克色河
Equinoctial Sunset
两分日落处
Equinoctical Dawn
两分日出处
Pillars of
Heracles
希拉克里砥柱
TYRRENIAN SEA
第勒尼海 *
Pindus Mts.
品都山
R. Strymon
R. Hebrus
AEGEAN SEA
爱琴海
R. Achelous
阿溪罗河
Sicilian Sea
西西里海
OUTER OCEAN
外海
LIBYA 利比亚
尼罗河
R. Nile
R. Choaspes
饶司贝河
Parnassus or Paropamisus
巴尔那苏山脉
R. Indus
印度河
R. Chremetes
恰利米底河 *
Silver Mts.
银山
Aethiopian Mts.
埃塞俄比山脉
OUTER OCEAN 外海
Winter Sunset 冬季日落处
冬季日出处 * Winter Dawn

图 4　依《天象论》卷（A）一章，十三、十四，绘制的公元前第四世纪希腊人所知的世界地图。（83 页）

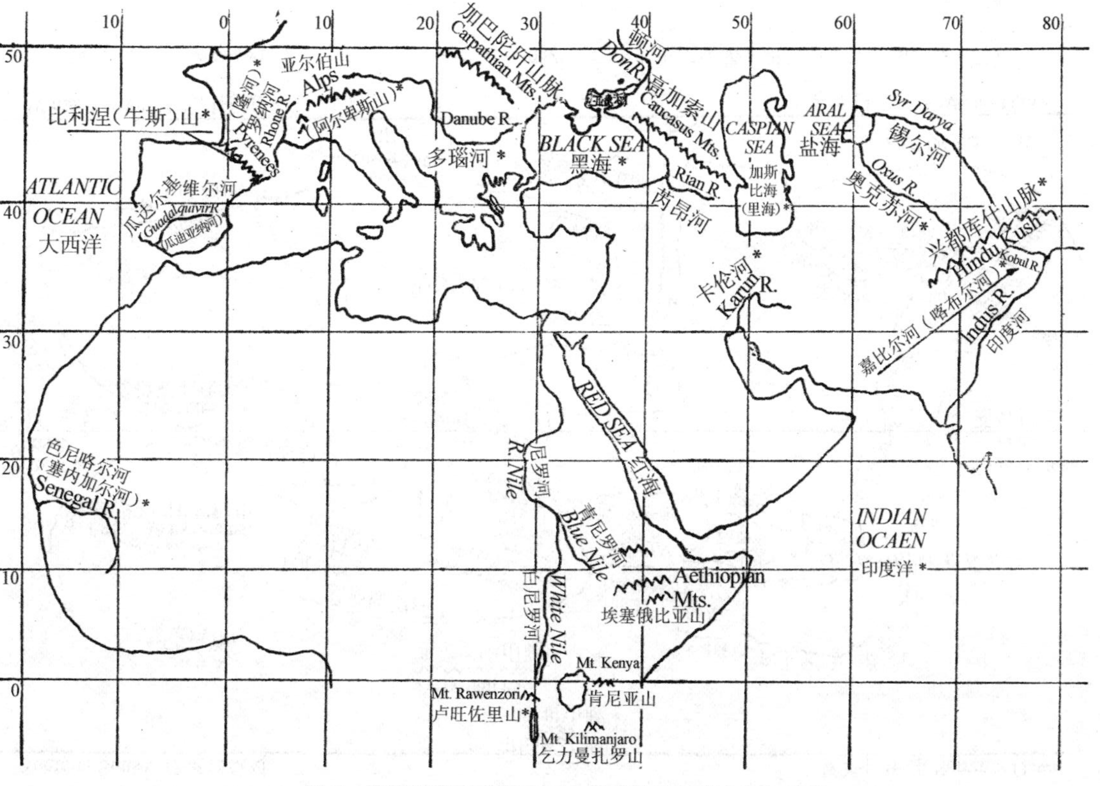
比利涅(牛斯)山*
罗纳河(隆河)*
Rhone R.
Pyrenees
亚尔伯山
Alps
(阿尔卑斯山)*
加巴陀阡山脉
Carpathian Mts.
Danube R.
多瑙河 *
顿河
Don R.
高加索山
Caucasus Mts.
BLACK SEA
黑海 *
Rian R.
芮昂河
CASPIAN SEA
加斯比海(里海)*
ARAL SEA
盐海
Syr Darya
锡尔河
Oxus R.
奥克苏河*
兴都库什山脉*
Hindu Kush
Kobul R.
嘉比尔河(喀布尔河)*
Indus R.
印度河
卡伦河*
Karun R.
ATLANTIC OCEAN
大西洋
瓜达尔基维尔河
Guadalquivir R.
(瓜迪亚纳河)*
色尼咯尔河(塞内加尔河)*
Senegal R.
R. Nile
尼罗河
RED SEA 红海
青尼罗河
Blue Nile
白尼罗河
White Nile
Aethiopian Mts.
埃塞俄比亚山
INDIAN OCAEN
印度洋 *
Mt. Kenya
肯尼亚山
Mt. Rawenzori
卢旺佐里山*
Mt. Kilimanjaro
乞力曼扎罗山
图 5　依现行世界地图校订古希腊的地理观念。(84 页)

卷(B)二

章一

挨次，我们下一论题，是海洋与其性质，以及何故而这么大容积的水是盐的，追溯原始，它的成因又如何？

（Ⅰ）本于神学立场的古贤们[①]称说海洋是有源的，他们的命意在把陆与海两都讲得有原有根(本)。大概他们认为这样的设想，对于他们的理论可以表现较为庄严而且有戏剧性的体统；地球(大地)是宇宙的一个重要部分，全宇宙的其它各部分都围绕着地球，也是为了地球而形成的，若此而论，地球乃是宇宙的原始部分而且是最重要部分。

那些娴熟于人间哲学[不由神学]的古贤们则认为海洋自有其原始。他们说，其先，地球全周是湿的，[②]其后，经久被太阳所蒸发，干涸而现出为大地，蒸汽恰正是风(大气)的缘起，也是日月的运转，至此折回的原因(发始)。[③]海洋就只是地面蒸发过程中剩

---

① 参看希萧特，《神谱》(Hesiodus, *Theogony*)285，785—792。

② 亚历山大《天象诠疏》，依据色奥弗拉斯托(Theophrastus)遗著，举示地球原始是水圈之说，出于亚那克雪曼德尔(Anaximander)与亚浦隆尼人，第奥根尼(Diogenes, Apolloniua)。参看第尔士《先苏残片》，12A27；64A9，17。按照第尔士《先苏残片》，13A7(5)，亚那克雪曼德尔与第奥根尼主于“水先”的两家，也许是有所承于泰里(Thales)与亚那克雪米尼(Anaximenes)。

③ $353^{b}9$ τροπὰs，我们译为日月轨迹的转折点；τὰs τροπὰs 见于 $355^{a}1$，我们译作两至点：见于 $355^{a}25$ 的，也译作两至点。在地球上观察整一年的太阳轨迹，在黄道十二宫星座中，夏至冬至日是太阳运行在纬线上的南限与北限，到此回转，趋向于两分(春分与秋分)点。(1)本章$353^{b}7$—10，与章二，$355^{a}22$—25，说明在黄道上的转折由于大

余的水域。所以,他们相信大海继续在蒸发,区域在逐渐缩小,最后,终久会见到泓瀛全干了的时日。又有些人① 相信大海,有如现在这么的大海,是地球所发的汗水,当太阳把它晒热了,它就发汗:这就是海水何为而咸的缘由,因为汗水是咸的。另些人② 拟想海水的盐性由于地土:凡水滤过灰烬就得有盐味,海的盐味就因为它混杂有土地的盐性。

(Ⅱ)我们在这里,该即作一考察,显明海洋是不能有泉源这一实况。

甲(1)地面上水或是流行的或是渟潴的。流驶的水是有源的。(我们上述的所谓"源"[τῶν πηγῶν 泉源]切不可拟想为类似于一个罐,由这罐,供给那流水,这一水源必须自有涓滴的不断的汇集而后可不断地供给其水流。)至于渟潴的水,有些,既汇纳而成为,例如,沼泽与湖泊,就静止地停歇在那里:沼泽与湖泊的分别只在其容积有大小之差。另有些,则出于泉源,但,例如所谓"井"τὰ φρεατιαῖα都得是人造的。凡供应水源之处,必须高于受纳的水

气(风)的拦阻。第尔士《先苏》,13A15,谓此说出于亚那克雪米尼;又依据色奥弗拉斯托遗著,则谓此说出于亚那克雪曼德尔与第奥根尼。(2)章二,354^{b}34—355^{a}5 谓太阳须要有水为营养,到两至点上便缺水,所以回转。依埃第勒《亚里士多德·天象》,卷一,509 页,谓此说出于赫拉克里特(Heracleitus)。参看菩纳脱《早期希腊哲学》(Burnet *Early Gr. Philosophy*)155—156 页。希司《亚里士太沽》(Heath, *Aristarchus*)33 页,本于蔡勒《希腊哲学》(Zeller, *Die Philosophie der Griechen*),在这里,把 τροπαί解作"两至",他认为是可疑的。但通看章一章二,有关各节,于这字别无其它解释。

① 依章三,357^{a}25,这当指恩贝杜克里(Empedocles),参看第尔士,31A66。第尔士,68A,99A,谓德谟克里图(Democritus)87,B,32,与安底丰(Antiphon)亦有此说。

② 参看第尔士,21A,33(4),此说属之崔诺芳尼(Xenophanes);70A19,属之米特洛杜罗(Metrodorus)59A90 属之亚那克萨哥拉(Anaxagoras)。

流，这样，涧泉与溪河可得自行下泄，川流不息；至于井水就需有一套人工装置，为之汲引。这里既完全列陈了水的各个式样，大家可凭这一分类，明白大海是不可能有源的。凡有源之水必须是流驶的，或带有人造装备的。大海既不流驶，也没装备，它就不属于这两类。我实不知何处有像海样的大水，自在而静止的这样的大水，曾有谁给它找到了泉源。

（2）又，世界上有多个海，它们在任何地段，都互不相通；例如 354a
红海，仅凭峡口一条狭漕联接于外洋，还有许加尼海（里海）和嘉斯比海（咸海）①都是与外海隔绝的；这些海的周遭各都住有居民，倘使它们具有任何源泉，在任何地点，都得有人会见到。

乙(1)可是，当一个大海的广域到有些地段被周围的陆地约束起来，逼缩到一小块空间，这样，海水就会在狭处流驶；但这是因为海水时涨时落②而常常流动。在一广域之中，这种涨落（流动）是不引起注意的，迨其缩小到两岸的隘处，向之渺小的起伏，看来就

① Ὑρκανία καὶ Κασπία 在希腊古籍中嘉斯比海亦称许加尼海。但这句下接的分词 κεχωρισμέναι 等，都取多数语尾，所以泰恩，《亚历山大王》(Tarn, *Alex. the Great*)卷二，页 6，注 3，认为亚里士多德此处两名实指两个内海，许加尼是我们今所谓里海，古希腊亦称嘉斯比海，亚里士多德这里所称嘉斯比海则是今所称咸海 Aralium Mare（66 页注③⑤及 79 页图 5 又译“盐海”）。里海在欧亚两洲中间，169，381 平方英里，为一内陆盐湖，水面低于外海平面八十五英尺。咸海在苏联哈萨克与乌兹别克共和国之间，面积 26 166 平方英里。彭比里，《古地理》(Bunbury，*Ancient Geography*)卷一，401 页与波休尔脱(Bulchert)《亚里士多德的亚细亚与利比亚地理》，(*Aristoteles Erdkunde von Asien und Libyen*)第十页，谓亚氏当时实不知有咸海，此处行文实误同一海之两异名为两个海。

② ταλαντεύεσθαι（波动、摆动）始译作“涨落”。亚里士多德时，古希腊人实未确知潮汐的力学原理。

成了强烈的流动了。

(2) 在希拉克里砥柱以内的整个水域[即地中海][1]的水是因海底的深浅与其所汇纳诸河川的流量而流动的。这里,梅奥底湖流入滂都海,滂都水又流入爱琴海。于其余诸海,这样的过程,没有那么明显。上述诸海的流动,由于它们周遭的河水汇注,也由于它们海底都是浅浅的。流入梅奥底湖与攸克辛海(黑海)的河川,较它处为既多且又尽有多倍的宽广。这些海似乎由浅转深一个比一个深:滂都海深于梅奥底湖,爱琴海又深于滂都海,西基里海(西西里海)更深于爱琴海;自此又远,则撒杜尼海,撒丁海与第勒尼海,[2]就是所有诸海中最深的了。在希拉克里砥柱(海岬)以外的海,由于泥淤,是浅浅的,但因为这海躺在一个空处,[3]水面是平静的。专以河川而论,它们总是从高处向低处流驶,如此而通说水流,大地的较高处横亘在北方,那么最大而速的水流该是从那里泄下来的。这样,有些海浅,就因为注入的上流随即就泻去,于是,以

---

① 今直布罗陀海峡和对岸丹吉尔的两岬,古希腊人称之为希拉克里的(砥)柱 ‘Εράκλειαι στῆλαι 参看希罗多德《史记》,ii,33。

② Εὔξεινος 攸克辛海,今黑海,先已见于希罗多德,I,6,等章节者,称 Πόντος Εὔξεινος “滂都攸克辛海”。西基里海与撒杜尼海,各以地中海西部大岛命其水域。ὁ Τυρρηνικός 第勒尼海谓意大利西南部的海域。希萧特《神谱》,1015,以及宾达尔诗,希罗多德《史记》中,称意大利半岛西海岸至亚平宁山脉间的土著居民为 οἱ τυρρηνόι 第勒民族,亦遂以此族名称其海域。

③ 希拉克里砥柱(直布罗陀)峡外海浅,参看柏拉图《蒂迈欧》(*Timaeus*)25D。ἐν ‘κοίλῳ 在空处(在空洞中)而水波不兴是费解的。亚历山大诠释这“空洞”为“浅处”。直布罗陀海峡水面长 36 英里。最狭处只有 8.5 英里,最宽处 23 英里。地中海水经此隘口自然成为急流,及既出峡,海面放旷,水流自然平缓。

下(以外)挨次的诸海，就逐个加深了。许多古天象学家[①]指称地球(大地)北方是高高的，有的更说太阳夕落西山后，又是绕出地背而又东上的，它就隐没在北方崇山峻岭之后，于是大地现为黑夜。

我们于海洋不能有源的证据，已说得够多了；关于海在如今所做流动的实况，也已说明了它的缘由。

章二

(Ⅲ)我们现在应研究海的原始，依理，它该有它的创生：以及 354b
海涵有盐味和苦味的原因。

前贤认为海是水的原质与本体，他们认为，凡于其它诸元素适用的道理，于水元素也必适合。每一元素，基本上各是容积巨大的，由此可以分出若干部分进行演变，并与其它元素作为混和之用：就是这样，在上空区域存在有一个火的本体，火层之下是气本体的所在，地球既是土元素本体，绕之而存在应有两个元素。显

---

① 依第尔士，13A7，(b)，14，这"古天象学家"该是亚那克雪米尼。μετεωρίζω（动词）"高举"。μετέωρισις，"高举之至于空气中"(ἀείρειν)的过程，即"悬空过程"。μετέωρον(meteor)，"自地面举到空中的事物"，即"悬空物"，其所实指，应为云雾等，这些正是我们现代所称"气象学"(climatology 气候＝meteorology 气象)所研究的事物。可是，在亚氏这本书内所列举的 τὰ μετέωρα，"诸悬空物"，包括较为宽广：(1)气属悬空物（aerial meteors)，如清飕狂飙，各种各样的风；(2)水属悬空物（aqueous meteors)，如云、雾、雪、霜、雹、雨、露等；(3)湿气悬空物（huminous meteors)，即天体如日、月、星，在云雾中映见的虹与晕，衍及了"日柱"、"假日"等天文异象，以至于曙光彗尾之类；(4)火属悬空物（igneous meteors)，谓诸王星辰以及"坼裂"(天漏)、"火把"、闪电、打雷、流星、陨星之类。这样，实际超出了现代"气象学"之为"气候"的范围。这就是我把 μετεωρολογία 这书名译为"天象学"(338a26)，μετεωρολόγος 译为"天象学家"(354a29)的缘由。

然，我们必须于此觅取一个可拟于水元素的本体。这里，除了海以外，像其它元素那样所具有的，更无它物可称为水原质的了。各个河川中的水既不是一个完整本体，又不是静止(常住)的，而是昼夜不息地在变迁。正由于这个疑难，人们转而设想海洋才是所有的水与湿度的来源。因此，有些人[①]就说，河川不仅流入于大海，又且是来源于大海的；咸水经过清滤[成为河水]这就能饮用了。可是，这里还有一个疑难，——若说海水为所有水的本原，它何故不是一个淡水的而乃是一个盐水的合体。如能考明这方面的缘由，我们将能解答这个疑难，并保证我们关于海洋的基本观念是真确的了。

水包围地球(土)恰如气圈包围着水，至于所谓火圈则又包围着气圈——于我们的[宇宙]观念以及通常公认的观念，火总是处于最外层的。太阳循它的轨道运行——万物的生灭(成坏)这种变化实际依凭于太阳的运转——他每天在提起最清美和最醇甜的水，并溶和之入于蒸汽中，于是使之上升到较高区域，在那里，被冷凝，还复下降于地上。如我们上曾叙述的，[②]水就在历经这样的自然而正常的过程。

所以，有些先贤相信太阳由水湿供应为它的燃料，这是荒谬
355^a 的。有些人，甚至于说，日轨之限止于两至，就由于这个原因；[③]在

① 依第尔士，21B，30，这里是指崔诺芳尼(Xenophanes)。

② 本书，卷一，章九。

③ 参看本卷章一，353^b 9 注，依善纳脱《早期希腊哲学》(Burnet, *Early Gr. Philosophy*)，这人是指赫拉克里特。亚里士多德这里 ὅσοι 字样为多数，今未能考知赫拉克里特以外，还有谁持此说，或拟为就指赫拉克里特与其从者。

这些相同区域不能常供营养物质，可是，若缺营养，这就得死亡，或说必然死亡，有如火，在燃料继续供应给它时，它就继续燃烧，而水湿正是喂养火的唯一燃料。关于太阳的这种理论，基本上把太阳拟之于火，这就得设想，提升的水湿（蒸汽）能上达于太阳，这样，水湿的活动就同于火焰那样的升高了。但，(1)实际，不能作这样的比拟。[火]焰是由湿与干永不停息的交变发生的：焰不是一个可喂饲的事物，焰是时刻在发生，时刻在消灭，同一个焰，不能作任何延续时间的存留。把太阳当做这样的事物是不真确的：按照他们的想法，若说太阳是有如[火]焰喂养起来的，那么，赫拉克里特所云，每天得有一个新太阳还不够，这该时时刻刻在创新。(2)又，水湿被日晒而上升，相似于水之受热于火，火在下面烧水，决不可说火在受水的喂饲，设想太阳受水喂饲也同样是无理的，即太阳的热把所有的水全都蒸发了，也不能说太阳是由水为之营养。而且天穹还有如此之多，如此之大的其它星体，专说日由水喂，而不及群星何喂，这也是荒谬的。(3)还有那些主张地球（大地）在原始时代是水湿的人们，也执持着同样的错误想法：他们认为这世界是随后被太阳晾晒而发热，于是发生气体，渐而长成整个宇宙，大气是风的所由缘起，也是日轨限于两至的缘由。① 我们的观察是很明确的，凡是被提升的水常常重又降落。即便在任何一年或任何一地

① 主张世界原始于水元素的先贤，参看本卷章一，353ᵇ8 注。355ᵃ24—25 行中代名词 τοῦτον 与 αὐτου 是含糊的，诠家各作不同解释，兹以代 ἀέρα（大气）与 ἡλίου（日）作解（从菩纳脱《早期希腊哲学》64 页注）。

而论，上升与下落的水量或不全符合，若划定某一[较长的]时期来计量，蒸汽必全又还而为雨水。这样，水湿确乎不能供应诸天体；这也不会在变成气(汽)以后，一部分还复为水，另一部分长留在空中，永远是气；所有化汽的水，还必全都凝结。

于是，依我们的观察，凡是淡的(河水)和甜的水，由于较轻，全都被提升，而盐(咸)水，既然较重，就留着，这样，水的自然位置就
355^{b} 不会常住而无所移改。说，水异于其它元素之各有其常住的区域，正该不是合理的，这就引出了一个疑难。于这一疑难，我们作如下的解释：我们现在见到的海洋所在原来就该是水的自然位置，如今却被它(海洋)占据了。[①] 甜水既因其轻清而被提升，剩下在那里的只是重而咸的水，于是人们看来，那里就像是海洋的自然位置了。生物体内的生理运行系统，有些类似于此。它进口的食物是甘甜的，但从液态(水溶)食物沉淀下来的残余，恰是苦而咸的——生物体内的自然热把食物的鲜甜部分提炼了出来，输之于肌肉并于生体的其它各部分构制，各给予适当的分配[②]若说腹部[胃肠]中所见到的都是[干]残余，而它所进的新鲜液态食物则旋入旋失，随乃认定胃肠不是新鲜液态食物的正当储处；这该是荒谬的。于我们现在的问题，正可应用类似的论点。照我们的论断，海洋所占的位置(区域)就是水的正当位置(区域)，所以一切河川，以及各处所有的水都流注入于其中：水是向最低处流行的，于是海就占据了

① 参看上文，354^{b}23 以下。参看本书卷一，章三，附长注。

② τῆs ἐμφύτου θερμότητοs“生物体的自然热”，再见于本书卷四，章一，379^{a}18。关于动物的消化与营养，参看亚里士多德《动物之构造》，卷二，章三，650^{a}2，《动物之生殖》，736^{b}33 行以下，784^{a}34 行以下。

地球上的最深处。但，其中的一部分[淡水]迅速地为太阳所提升，其余的则如我们上已陈明的缘由，剩留在此。无数广川长河尽昼尽夜的汇注于大海，总不见曾有满溢（扩大）的时候：这恰是一个古老的问题，人们自然地该行追究：那么大量的水怎么就消失了呢？可是，稍一思索，这问题是不难解答的。同量的水，若散布开，或集中于一小小的地方，干却的时间是不一样的：干却时间的相差，可有这么大，如其一例，[杯中的]水，历经整天依然还在，如其另一例，洒此杯水，布之一张大桌面上，那么在你谈笑之间，就已涓滴全无了。河川的实况就是这样，它们各在其狭窄的漕中流驶，直抵一个广阔的区域，迨他们于此弥散，就在看不见，觉不到的情形中，迅速地蒸发（干却）。

在[柏拉图的]《斐多》篇[①]中所论述的河川与海洋的成因是不
356a
可能的。他说，河海各都互相交流于地下，它们的流漕是穿透了地层的，在地球的中心，存在有一个水体，为所有河海的本源，这个水总体名为鞑鞑罗（τάρταρος），[②]世上所有的水，流驶的和静止的，一概都由此引出。这个原始的水本体，永远在波动着，或向这边，或向那边，这就使各个河川溢出了水流；在地球中心不息地簸荡[③]的这水总体没有固定的位置，就由它一会儿上、一会儿下的运动，灌

① 柏拉图《对话》，《斐多》(*Phaedo*)篇，111C 以下。

② τάρταρος "鞑鞑罗"，见于荷马《伊利亚特》，与品达诗，与希萧特《神谱》者，谓地狱或地狱以下更深下的地层。

③ 356a6，εἰλεῖσθαι 是一个僻字，古籍中见到这字各作不同的解释，以迁就章节中各不同的命意。这里从龚高尔特《柏拉图的宇宙观》(Concord，*Plato's Cosmology*)，122 的意译，作"oscillating"。

输地上那些河川。有些地方形成为湖样,有如我们生活所在的这个海,就可举为一例,但所有河川都循环流行的,它们都得回到它们所从发始的原处;许多的水就在原处回下,另些则其回流相对反于源流,例如有些从地下流出,却在地上回流了下去。它们没入地下,抵达地中心而止,自此[而更为簸荡]就又上行了。水的色味是因它所经过的各种不同的地土沾染到的。

但,(1) 按照这个记载,河流常得分别为两异的涵义。倘使它们流向地中心,也从地中心流出,那么,按照魃魃罗的波动方向来决其流行,它们将是有些在上山,另些同类的河川则在下山。说水向山上流,凭常识[公认的事理],我们认为是不可能的。

(2) 经提升而又下降于地面的那些雨水,其始何来?既假定了等量的水从地心流出流入,在这样的保持平衡的总体内,雨水就全无着落了。

(3) 又,凡诸河川不交互流入(汇合)者,明显地是注入大海的:没有哪一条河是流进地球内部的,有些确乎[行到某处,就]潜入地下,可是[经过一段地下行程]它们又出现在地上了。那些通过若干山谷(盆地),流径长距离的长江大河,由于它们河漕的里程(长度),以及所历的地形,汇纳了许多支流。易斯脱罗与尼罗河所以成为流注入我们海内,群川中最大的河流,[①]正由此故,许多河

① ὁ Ἴστρος “易斯脱罗河”最先见于希萧特《神谱》(Hesiodus, *Theogony*),339。《希罗多德》,四,78 等,谓易斯脱罗河是从斯居泰流入黑海的,所以他也称斯居泰人(住在黑海北方的种族)为易斯脱罗族。古希腊人所云易斯脱罗河实际是今之多瑙河(Danube)。多瑙河远从今德国、奥国、瑞士发源,向西南经匈牙利、南斯拉夫与罗马尼亚进入黑海。多瑙河的上游地区,古希腊人全未得知。

川(支流)汇入它们的漕流，所以它们的上源究属何在，有各不同的一些记载。但，显然，《斐多》内那种设想，于这两大河总是讲不通的，所执持以�魋魋罗为海洋水源之说，诚属谬误。

这里，我已完全证明了海洋原来是水的自然位置，不是现在诸海的本然位置，并也解释了何以淡水常是流行，而盐水乃静止的缘 356b
由；类比之于所有食物的残余，特别是所有生物的液态食物的残余，我们也证明了海洋毋宁是水的终端而不是水的始源。

章三

我们下一论题是海的盐性。我们必需研究这一问题；而且也研究，海是否古往与今后常在？抑或如有些人所想，古初先未有海，而后世终或时至而海竟消失其存在？

这是大家公认的，如果整个宇宙(世界)有其原始，则海也必有其原始；世辄谓宇宙和水是同时生成的。显然，若设想宇宙为永恒，则海也必是永恒的。德谟克里图[①]持有海的容积日在缩小的信念，末后它终将消失；这样的信念相似于伊索的寓言。伊索有一个关于嘉吕白第[②]的寓言，说她一口喝了的海水，使水面下的群峰毕露，第二口便出现了列岛；要是她喝最后的一口，大海

① 见于第尔士，68A，99a，100。

② Χάρυβδις“嘉吕白第”，见于荷马，《奥德赛》xii，101 行以下者，为西西里岛岸边的一个大旋涡，这里的对岸就是意大利半岛南端的斯居拉岩(Scylla Rock)。[参看斯脱雷波《地理》(Strabo, *Geography*)，268。]以后阿里斯托芬喜剧中，揣以为一豪饮的人名。喜剧中由是例称为 ποντοχαρύβδις 能喝干滂都海的人(饕餮)。地理学上则用此名以言海湾(gulf)。

便将全然干涸。如此的寓言，于渡船上被舵手惹恼了的伊索，正可是他临机撰成的应景妙语（恨语），至于寻求真理，严肃地作研究的人，这就不合宜了。前哲中有些人，认为海水较重，所以海是静止的，另些人执持另些原因，但不管主于重量或作别说，凡既认为海是静止的，他们都得认定海是古往与今后常然静止。于水之因日晒而上升的部分，能说是永不再下降吗？［这是不能说的。］雨水确实在降落。于是海水（盐水）必须停着，等待淡水先上升，然上升的水又降落了下来，这样的过程既在无休止地进行，海水就老是等待淡水的先干。实际，海水（盐水）将是永不会干竭的：他们既然不能不承认水有蒸发而上升，也有凝结而下落，也就得承认这一过程没有终歇的日子。若说你能勒住太阳的行程（璇运），则水（淡水与盐水）都不会干却；如果任令太阳遂其行程，那么他在昼间，就如我们前已言明的，提升淡水，迨夜间隐退，水又成了雨露而复下。人们引致海枯的思想，盖由于见到过好些地方，现在比从前为较干燥了；我们先已作过解释，[1]这些地方的这种现象，是由于在先某一时期曾遭遇过量的霖雨；不能以一时的现象推论全宇宙的生长与发展。会当有时而旸熯相反地作用于地面上，大地会得干燥起来。这样的过程必须永是循环的。在地理史实上，这样的计议，比之设想全宇宙只是在单纯的变化过程中，较为合理。

我们对于这些事物，已说得实际太过长了些。该回到海的盐性了。那些人认为海的盐性是与海俱在的，或认为海盐是一次即

① 本书，卷一章十四，352a25 行以下。

现即成的,都未能阐明盐性的实际。他们(1)或主张海是地球上的水湿被太阳蒸发以后的剩物,[①](2)或主张大体积的自然淡水沾染了咸味,是由于它与土(地)的一些混杂物;[②]两者于盐性,说不明白是一样的。(1)关于第一种认识:下降的雨水既然等量于被蒸发的水分,那么大海的涵盐或说它是先在的,或说不是先在的,都不能说是随后变成的。[③] 可是,若说海原先就咸,那么该说明由何而成咸,还该说何故而古时的盐海会被蒸发,而今则盐水不复蒸发了。(2)归属海的盐性于土的混杂物之说,认为土有许多杂味,当这些杂味被河川带着,流注入于海洋,海洋就成为盐的了,——若以此说为诚然,这就怪了,河川何故而不也咸。土地的混杂物于如此大容积的[海]水,能造成如此明显的效应,却于每一个别的河川乃不起什么[咸化]作用?这是明白的,按照这一论说,海是河川诸水合成的,除了盐性以外,海洋无所异别于河川,而盐该是诸河川带来这里的,因为所有河川全数汇注于此中。

(3)恩贝杜克里说,[④]水是地球(大地)发泄的汗,他的这一隽语,时人颇以为可取,实际,谁作类此的拟议,都是同等荒谬的。于诗学而言,这一设辞也许令人钦佩,因为隐喻本是诗道(辞藻)的一格,但这无益于我们对于自然的知识。关于喝入甜饮料于

① 此说出于亚那克萨哥拉(第尔士,59A,90,医学家,埃希奥 Aetius, Medicus, iii, 16,2)与第奥根尼 Diogenes (第尔士,64A,17)。

② 此说出于亚那克萨哥拉(第尔士,59A,90)与崔诺芳尼(第尔士,21A,3,4),与米特洛杜罗 Metrodorus (第尔士,70A,19)。

③ 李氏(H. D. P. Lee)希英对照本,拟此句原文或有漏阙,但勘对各诠疏和各个校印本,都没有提出阙文(?)这样的推想。

④ 见于第尔士,31A,66。

体内而产生咸味的汗，我们实际还无由明白其究竟——例如，这仅是消失了它的最醇甜的组成部分(?)抑或由于掺入了另些混杂物，类似经已滤过了灰烬的水(?)。比拟之于膀胱内所汇集的
357b 剩物，涵有苦味与盐性，显见其原因是相同的，我们当初喝入的饮料以及食物中的水分是甜的。如果两者的原因确乎相同，有如灰滤水之为苦涩，也有如我们在多腔罐中所见到的盐样沉淀，那么经由体内脏腑分泌的尿与经由肌肤发泄的汗，必也相同是水在渗透身体的过程中，冲洗出来而涵溶着杂物；这样，海水的盐质也正可以归原于来自土地的某些混杂物。于是，这么的事物就得是淀积在体内的未能消化的食物残余。但，到此，我们又得讯问，地球(大地)产生这么一类事物，其过程若何：又，稍更广泛地加以研究，加热于地球而使之干燥，怎么地球能泌出如此大量的水(海水)？而且现今我们所见的大海还只是古先洪水时留下的一小部分。又，在或大或小的容量既经蒸发以后，何以地球现今不复发汗了呢？［因为汗与水湿都是苦涩的。］①依理，从前常进行着的情况，现在应照旧进行。可是，现在的实况不是这样的；大地干了就吸收水分，若它润湿，全无发汗的征象。那么，大地怎能在它原始期的洪水时发汗，怎能在它既干后发汗(咸水)？说海水是大部分水湿(淡水)被太阳提升之后，剩留了的，这是比较可取的，至于说它在润浸期发汗，这是不可能的。

① 牛津英译文，删去这句，认为语意于上下文，不相承接。照李氏译本加［ ］。依修洛，《关于亚里士多德的〈天象〉评议》，认为删去 ἢ γὰρ ὑγρότης“与水湿”三字，保留“汗是苦涩的”，便可通顺。

关于海的盐质,所有流行的解释,经加考核,都不符合实际,这里就让我们依凭先已讲过的原则,提出我们的答案。

我们曾假定有两种嘘出物,其一润湿,另一干燥;如今所论涉的事物,其来由显然必出于后者。

但这里有一个疑难,我们该应先行讨论。海是否常由相同的那些部分组成的;又或那些部分虽在继续不息变迁,而海的质性与数量却常属相同,有如大气、淡水与火?于这些元素而论,举实例为言,如流水与燃焰,各常在作不息的变化,但于它们任何一个的总体来说,却是永恒不变的。于是,这是显然可取的:设想上述的状况,于它们都一例相符,若说相互间仍该有些差别,那就只有变化的速度之或快或慢。全宇宙的生灭(成坏)是在进行着,各元素物体则各循各的常序在进行。

既已申明如上,让我们进而阐述海有盐性的原因。这些盐味之由于混杂了某些事物,这可有许多照示。我们在先已指明,生物体内最不易消化的事物是咸而苦涩的。液体食料的残余是消化得最不完全的;所有废弃物都是这样,那些汇集在膀胱内的,正是尤为主要的废弃物[凡是消化了的事物会自然地凝结,那些极轻浮的就证明是废弃了的],汗水可也正是[①]废弃物。两者都是(消化过程的)泌泄而产生有这样的[恶]味。于燃烧过程中,产生相似的事物。燃烧之烬余有灰,这就类同于生物体内,热量未能煮熟(消化)的残余。所以,有些人就认为海是烧枯了的土(大地)造成的。这

---

① 原文 ἀεί(常常或永恒)依福培斯(Fobes, H.)《天象》校订,作为赘字加[　]。兹改作"正是"。

样的措辞自属荒谬:但使海水得其咸味则确乎由于类此的事物。我们必须设想在这世界作为一个整体所发生(遭遇)的情况,于上述那些事情也是可以发生(遭遇)的;恰如在燃烧中可有焦土灰这么样的事物,在一切自然生灭(成坏)之中,以及在土地的干嘘出物中,都可以产生这么一类灰烬(残余)。如我们前曾说过的,蒸汽样的湿嘘出物,于是与那些干嘘出物混合起来,当蒸汽凝结为云而降雨,雨里必然会涵有某一定量的这类性状的物质(干嘘出物,即某些灰烬),跟雨水落下。世上的事物既然都得遵循一些规律为动静行止,嘘气上升与雨水下降的过程也得按循着成规进行。这就是海水中有盐的成因。

这也解释了从南方来的雨,和初秋的雨,何为带有淡盐味的缘故。南风是各个风向中最温暖的风[于其大小与风力而言],①它们从干燥而温热的地区吹来,内涵的湿嘘气少,因此,这就热烘。即便这风不是原来(自然地)就热,而开始时只是一阵冷风,由于它在所径行的各地,一路检收了大量的热[干]嘘出物,这就
358b 不得不暖热起来。北风,反乎此,由于它来自湿处,带着湿蒸汽,所以北风也就得冷冽。因为北风吹散云层,它带给这里的是晴天;但南风带来的则是雨霖。相仿地,在利比亚,带来晴天的,恰是南风。下降的雨水中确含有大量的这类物质;至于秋雨之所以涵有淡咸味,则本于凡最重的事物必最先降落这一缘由,凡雨之内涵有某量的土质物者,必然亟亟地先下降。又,这也是海洋

① 原文这一短语 καὶ τῷ μεγέθες καὶ τῷ πνεύματι 在牛津英译本中是删除了不译的。从亚历山大《天象诠疏》84,32,校勘,他所据古抄本,盖原无此短语。

所以温暖的原因。凡事物之曾曝于火者,就潜藏了热。我们于灰烬中,于烧结残渣中,于动物的干排泄与湿排泄物中,都可以见到这种征象。于排泄而言,最热的排泄必泄出于其腹最热的动物。

使海的盐味渐而加重,这个原因常在发生作用。在海洋的蒸发中,自必也有一些盐分随同淡水被提升了的,但比之于雨水自干嘘出物所得的淡盐素或杂盐素,其间盐与甜(淡)的比例数是较小的,所以,整体的计量,海洋的盐度常是平衡地保持着的。[①] 我曾试行实验以为之证明,把海水加以蒸发,以取淡水,其蒸汽所凝结的(即蒸馏水)乃是淡水(河水),不再是海水。其它的实例,情况相同。譬如酒,[②]以及所有其它美味饮料,凡可以蒸发的,它随后凝结的液体,都只是水。而不能还为原饮料。这些饮料,除了水以外所得的品质实由于其中与水相掺和了的杂物,它们凭其所内涵的杂物不同,而具备了各不同的嘉味。但,关于这些题目,我们必须留待另个较合宜的机会来研究。当前,我们该自限于所已阐明的论证;现存的海水中常有一部分定量的盐水变成了淡水而被提升;它随后以不同于在先被提升时的形式

---

① 这句,造句有些含混,古代的量性语言(数学语言)尚不完善。揆其大意,只是如此:关于海洋的蒸发,其所带去的盐质如此其微少,是不足计较的。下文所讲的一个实验:取定量海水加以蒸发,所得蒸馏水全无盐味,由以证明大海由于蒸发,当不失其盐分,或所失是微乎其微的。

② 亚里士多德所做海水蒸馏的实验是成功的,可作为他理论的证明。这里所说“酒”的蒸馏则是失实的。于其它饮料的蒸馏同于海水,例如牛奶,加以蒸馏,汽凝结为淡水,留下了奶粉。酒,本是蒸馏产物,留下的是淡水。再蒸馏时,蒸出物内酒精含量增多了。原文当有错漏,故成颠倒。

的雨水下降；既又还落到海面，由于它的重量就沉到淡水层的底下。这样，海洋有如河川，永不干涸，局部而论，却应除外（有些海与有些河川一样，有时会得干涸）；而且在同一区域，海也不必常常是海，陆也不必常常是陆，但于全世界而论，海与陆各自的总体必是恒定的（我们必须设想海洋所表见的现象，于陆地该表见相应（相同）的现象）。海的某部分有时升高了，某部分则又降低了，两者的或升或降，[海、陆]交换了它们的位置。①

盐质由一些混杂物组成，这论证，不仅由以上所举各事已为之阐明，凭以下的这个实验也可显示。用蜡制作一个瓶，放置于海中，瓶口是紧封的，能完全阻隔海水不从此浸入。此后会将发现渗过蜡壁透入瓶内的水是淡的，肇致盐性的属于土地诸杂物统被分离了，恰似通过了一个滤器。② 海水的重量与其密度都由于这个混杂物（盐水比淡水秤量较重）。盐水（海水）与淡水（河水）的密度相差如此之大，船舶装载等重量的货物航行在河川者，几乎要沉没，但驶之海上，就见得是很顺利的，浮荡波涛之际，尽够完全。于此无知的人们，装载他们的货船而行于河川，有时便付出沉重的代价。以下，再举一个可资证明的实验：如果

---

① 这里 $358^{b}32$ 句，承上文 25—27 句申叙，句中的“海”不明是海底或海的水平面。依圣希莱尔（St. Hilaire, Barthélemy）《亚里士多德的〈天象〉》应指海面。

② κήρινον（蜡）是盐水和淡水同样不能渗透的。亚里士多德这一实验应不是自己亲试而误传了人家给他的报告。后世学者柏里尼（Plinius）《自然志》（*Nat. Hist.*）xxi，37，与埃里安诺（Aelianus）《动物本性》，ix，64，重复承袭了这一错误。亚里士多德《动物志》，卷八，章二，$590^{a}24$，与《天象》这里卷二章三 $358^{b}35$—$359^{a}1$ 这句略同。参看吴寿彭汉文译本（344 页），关于此事的注（3）。渥格尔（Oagle）建议 κήρινον 为 κερά-μινον “陶制罐”之误文；实际上这一更改仍不能补救这一错误。

把一个物品混和入于一个液体，这液体就增加密度(比重)。倘你在水中和入食盐，使它味觉很咸，至于饱和状态，那么投入鸡蛋，就会浮在水面，这样的混合液体实际有类泥浆了。海水涵有略与同量的土质物。当人们盐渍鱼类的时候，恰就这么办的。①

倘人们所传关于巴勒斯坦湖②的故事，不会是谎话，这于我上所论述，也可作为旁佐。他们说，你若捆缚一人或一兽，投此湖中，他总是浮着，不会没下水面；这湖那么的又苦又咸，其中绝无鱼类。他们还说，你若衣服浸湿于湖水，晃动于水内而后取出，这就涤净了。海水的盐味，因它混进了一个物质，而这物质属于土性，下列各节也是支持我们上所论证的。在嘉奥尼亚，有一个淡盐水的泉流，下注于邻近的溪中，这溪水是淡(甜)的，但溪中没有鱼。居民们相传着这样的一个故事，当希拉克里带着那只公牛从埃吕塞亚来，行过这里，他让那里的人们，于鱼或盐两事，选定其中之一，他们宁要泉水给出盐，不要鱼。以后，他们汲取了一些泉水，煮沸之，蒸发了若干量的水；迨这余水静置冷却，任令晾干，剩下的就是盐，这盐不作粒块状，而作散粉状，有如雪花。它的咸度弱于它盐，用盐渍食物以备储藏，必须加重用量；这种盐也不那么十分白净。在乌姆勃里，也见到有相似的这
种情况。那里有一处长满了芦苇与彗草；人们把这些烧成为灰， 359b
投入水中，把浸出水加以沸煮，蒸发剩液在冷却后，产生的盐，为量是很可观的。

---

① 亚历山大《天象诠疏》，88，5，解释这句：盐渍鲜鱼时，人们配调盐水浓度，就是用鸡蛋能否浮起为准的。

② 巴勒斯坦湖，即今所称“死海”(the Dead Sea)。

大多数的盐河与盐泉，在先必须曾有一段时期是灼热的；其后它们的火性熄灭了，但在这里，河水与泉水所滤过的地中，必含有相类于灰烬与烧结残渣这样的物质。在许多各别的地方，那里的泉水与溪水，各保持了许多异味，推究其由来，常因为它们内涵有一些火性(烈性)物质。土经烧灼之后，会得或多或少地获致各种各样、浓淡不同的味。既内蕴着矾与灰与种种类似的物质，当甜水从其中滤出，这就变了味。如在西西里的雪加尼，其水流就有酸性(醋性)：这种水既咸又酸，他们就当做醋，用来为几种菜肴调味；又，在林克，也有一个酸泉，而在斯居泰则有一个苦泉，在这泉所注入的一条河内，全部流水都沾苦味。① 人们若具备各种味别，由什么些不同调和物产生的知识，上述那些差异当不难明白，这样的论题，我们在另一机会曾经讲过。②

我们现在已讲明了水和海的延续存在于这个世界的原因，以及它们的变迁(变化)，和它们的赋性，它们或动或静的各种自然征状也大部分讲到了。

章四

这里，让我们本着前已标明的线索，对于风作一番研究。我们曾讲到，③嘘出物有二——其一湿，另一干：两者的第一种称为“蒸汽”(ἡ ἀτμῖς)，对于第二种，世无对于它全部统括的名称，我们就

① 见于希罗多德《史记》，卷四，52，81。

② 见于亚里士多德短篇著作《感觉》(*de Sensu*)，章四；或另有这么一个专篇，久已逸失。

③ 本书卷一，章四，341^{b}6 以下。

不得不把原属于其一个部分的名字,假以统称其全体,曰“焰”(καπνόν)。湿嘘气实际不能全免于内杂有干嘘气而作净纯存在,干嘘气也不能全免于湿内涵而作净纯存在,我们讲到干嘘或湿嘘,是凭其中的主成分而言的。

于是,太阳行于它的圆轨道上,当它接近地球时,它的热度就提升湿嘘气;迨它离去时,由于寒冷来临,蒸汽还凝而为水。(这就是冬季多雨和夜间比白天多雨的原因——由于夜雨常在不为人们觉察之际下降,人们一般地想不到白天比夜间雨少的这个情况。)这样形成的水,降落时布散于整个大地。而大地内蕴有大量的火与热,太阳则不仅提升地面上的湿润,也晒热并晾干本土;这就必须产生我们上所叙及的两类嘘出物,即汽与焰。嘘出物之含有较大湿成分的,如我们前曾说明的,[①]为雨水的来源;干嘘气为风(大气)的来源,也是风(大气)的自然本体。这是显然的,实况就如此。太阳与地内热的肇致嘘出物,不仅可能,而且是必需的,嘘出物的两别也就如此而造成为雨为风的两别。

因为嘘出物为类相异别,显然,风与雨的本质也必相异而不相同;有些人[②]认为风与雨的本质相同,气之动,则荡而成风;气[之静]则凝还为水。[③] 然而,这是荒谬的:简单地设想,围绕着我们的大气,只由于在运动就变成为风;一个容积的水,不管它有多么大,

---

① 卷一章九。

② 指启沃岛人,米特洛杜罗(Metrodorus Chios,见于第尔士,70A,19)。

③ 希腊文本原21行至27行,我们移作下一节开始,这里就下节接28—33行。这是按照修洛(Thurot,F.C.E)《〈天象〉评议》的校订挪移的。

30 与怎么流，我们不能径即称之为一河；只有从一个源头流来的水，
才能说是河。于风，也是这样，一个相当大容积的气可以被某些下
33 降物体一时而促于运动，可是它没有动原。

21 我们前曾讲过，①气是这么两个成分组起来的，湿而冷的成
分是蒸汽（因为这是湿的，所以是无阻抗的，因为这是由水化出
25 的，自然而属于冷性，若不加热，水本是冷的），热而干的成分是
27 焰；这样，大气既然是由如此互相辅成的因素组合起来，这就又
34 湿又热的了。自然的真相证实我们这个观点。由于嘘气继续不
35 息地或增或减，或涨或缩，云和风就常常在他们的自然季节中发
生；又，有时的主成分是蒸汽嘘出物，另些时候却是干的焰嘘气
360^b 为主成分；于是在有些年头，这就多雨而湿，另些年头，则干而多
5 风。又，有时，大旱或大雨广布到一国的辽阔面积，有时却只是
局部地患旱潦；在一国之内，季雨泽被境内，或甚至于超过了常
10 年雨量，可是，境内竟仍有某些有限区域正患干旱；有时，反乎
此，全境降雨啬少，甚至于发生旱象，但在某一地点或区域却雨
量充沛。常例，凡对应于太阳的位置相似的邻近地区，受阳光影
15 响而为雨旸也该是相似的，这样，其中局部的反常现象就必由于
那一局部的特殊缘由。同时，这也可能，在境内的某一局部遭遇
了干性为主的嘘出物，而另一局部则遭遇了蒸汽嘘出物；另时，
20 这两局部之所遭遇，恰正相反。反乎常例的情况也可以出于这
样的原因：两个相邻的局部，各个局部内的两类嘘出物分别开

① 参看卷一章三，340^b14—32，及脚注；章四，341^b6 行以下。参看《生灭论》（de *Gen. et Corr.*）卷二章四。

来,各自为活动,于是引起了雨旸的参错,例如一个局部中的干嘘气在自己上空旋转,而其湿嘘气却飘流到相邻的局部,甚或被风吹到了遥远的去处;逢到另一机会,却是那里的湿嘘气留滞着,而干嘘气出走了。试以人体为喻,若其腹内上部是干的,则下部的情况就与之相反,若下部是干的,则上部就冷湿;嘘出物的运动变化,也有如这样,相互置换其位置。①

又,常例,在那些时有暴雨的地区,风辄随雨后发作,阵雨既降,风才跟着来到。照我们曾已讲过的原理,这是必然的顺序。雨后,大地由它的内热和上空来的热度,干燥起来,这就得有所嘘出,这些嘘出物就是风的本体。风正在这分离过程中流行;由于热元素继续不断地分离出来而升到上层,②这就生风,蒸汽嘘出物则由于着冷而凝变以为水。于是,浮云被驱赶着集合起来,冷元素则被包围而压紧在其中,③由此而形成的水,冷却那些干嘘气。这些缘因凑合起来,于是,雨降时,风跟来;风来到,雨下落。

大多的风向是或从北来,或从南来的,盛吹北风与南风的原因,也可用相同的理由为之说明。④ 太阳的行度总是自东出而西落的;于南端与北端,太阳是不没的,它只是向之前近或由彼离远。这样,在这些地域所形成的云就靠近太阳行道的边沿,当太阳向之

① τοὺς τόπους ἀντιπεριίστασθαι“相互置换其位置”,参看卷一章十二,348^{b}3 行脚注。

② 参看卷一章三,341^{a}5—9,及注。

③ 参看卷一章十二,348^{b}2 行以下,说冷与热的交互作用,以成云雨。

④ 本卷下章,363^{a}2—20。

近接，这就得嘘出蒸汽，当太阳由之远离，向相反方向接近，这就得降雨或引起暴风雨。太阳在天穹[黄道带]璇运，限于回归线上的两至，①就正是夏季与冬季的成因，经历这些节令，水被提升，旋又降落。现在，最大的雨量是降在回归线外，即线北区与线南区；大地上的这些区域承受最大的雨量，相应地也必是其嘘出物为最多的地区，有如绿色（鲜青）的树枝发焰特多一样，而这些嘘出物恰就是风；所以，大多数的最强烈的风就只能期待它们从这些地区发作。那些从北方吹来的风被称为“波里亚”（Βορεάs），那些南方吹来的则被称为“诺托”（Nότοs）。②

风横斜地吹嘘；嘘出气原本是竖直地上升的，但围绕地球的整个气圈是跟着天穹璇运的，因此，风也得傍着大地圆转。这样，人们该可以提出风究属从上起始，抑或从下起始的问题，风源之发于上层是可以觉察的，虽在云或雾蔽的时刻，风还未来到，甚至于风

① τὴν φορὰν τὴν ἐπὶ τροπάs“璇运于回归线上”，参看本书卷一章四，343^{a}25“黄道带”注。凭太阳在黄道带内行度，虽古巴比伦天象学家已有创意，其实际完成应用。体系以推算历律，须在公元后第二世纪，亚历山大城之托勒密（Ptolemy，Astronomus）当时，夏至在巨蟹宫起点（配合中国十二星次与十二支，为鹑首，为未，阴历六月），冬至在摩羯宫（星纪丑，阴历十二月）。在地球观察太阳在黄道带之视行度，每岁退行 50.1 秒。今去托勒密时，且一千八百余年，共退行约三十度，故夏至在狮子宫（中国星次鹑火，其支午，即阴历五月），冬至在宝瓶宫（玄枵，子，阴历十一月）。两至和两分一样都是“季”的半中，夏至即夏中的日子，冬至即冬中的日子。中国二十四节气实是循太阳行度为准之历法。

② Βορεάs“波里亚”，北风；在亚里士多德的“风向论”中包括正北风、北北东，与北北西风；希腊常俗习用之于北北东风。Nότοs“诺托”，南风，希腊习用之于南南西风。参看本卷章六，363^{a}21—365^{a}13。在荷马与希萧特的典籍中，风有四向，北风、东风（Εὖρυs，晨风），南风、西风（Ζέφυροs 夕风）。亚里士多德讲述天象（气象学）时，所作方向盘，以三十度为一区分，乃有十二风（十二向）。

还没有开始吹动，人们已预感到大气行将流转了；这似乎指征风源实从上穹发始。可是，风为傍着地球运转的一个干嘘气物体，它的动因虽出于上源，它的物质(材料，即物因)却显然是从下层产生的。这么看来，上升的嘘气的流向(吹向)须是由上层为之决定的，天穹的旋运实际能控制离地既远的诸物体的：与此同时，原自大地产生的嘘气，竖直地从下上升，大地于较近接着它的诸物体，能对之操持较强的作用。 361b

有如河川是由湿地的许多小水汇集而成那样，风也是许多小量的嘘气渐渐汇合以成的；事实是分明的：风之初发，在它们的原地都是最弱的，它们吹得愈远，便愈加强劲。又，在北方，逼近极地，在冬季是平静而无风的；但，在那里，那么和顺的风，凡它所嘘拂过处，人们像是全无感觉，迨其远吹至于旷野，这可就够强劲了。

我们于此已说明了风，以及干旱和霖雨的性质与起源。我们陈述了风的起落常跟着霖雨的原因，我们也说明了何故而季候风都是北吹与南吹来的；最后我们也研究到风的运动。

章五

太阳既阻遏也鼓动风的发作，嘘气方少而弱的时候，太阳较之为大的热度浇熄了这嘘气的较小的热量，于是驱散了它。太阳又如此迅速地晾干了地面，不使嘘气集合成怎么足够的量，恰如小量的燃料投入一个大火之中，在它能产生任何一点子焰之前，已被燎烧而尽了。由于这些原因，太阳阻遏了风的发生，或全然遏止了它：太阳之所以遏风者，它熄灭嘘气的热度，它又以高速度晾干大地，所以，从猎户座[①]升起，略与同时，而到爱底西亚风来临这期间，天象的预兆一般是平静的气候。气候平静的普遍原因有二：或是嘘气被寒冷所侵灭，譬如逢到了一夜的重霜，或是为热度所灼焦，而被窒息了。平静气候，在这两相间隔期间，[②]大抵是由于缺少嘘气，或是先一嘘气已经消失，而竟乃没有一个后继。

通常，把猎户的出没当做气候将变，暴风雨将作的征兆，推原其故，这个星座的升起与落下，[③]正值夏季与冬季的交互之间，而且这星座广占了天宇的区域，人们能在许多日子中见到它的出没：在这么长的时间内，所有寒燠燥湿的气候变化是未可卜的，是这样不可前定的。

---

① 猎户座（'Ωρίων）：希腊神话：古有猎人与曙星女神（'Ηώs, Eos）相爱，为奥令比女神亚尔第密（''Αρτεμs 与月神同胞。女神，主山林，狩猎，保护野生动物诸事）所杀；其魂则升天为奥利翁星座（Orion）猎户座所占天穹经纬广阔，所聚诸星中多一二等星，在夜空中特为显耀。猎户座，冬春，酉至子时夜见；夏秋，子时至晓见。古人以观四季，航海者以占夜分时刻（参看 361^{b}33 句）。此处（361^{b}23）所云“升起”实谓阳历七月初（即季夏之月初），晓曙时初升。古希腊星象图联缀座内诸星，绘为一猎人状；脚跟后，随有大犬星座（Canis majoris）与小犬星座（C. minoris）。上文 343^{b}24 所称“猎人的腰带”（τῆs ζώνηs τοῦ 'Ωρίωνοs）为图上 δ、ε、ζ 整齐地并列三星，即中国古《星经》或星图中之参宿三星。

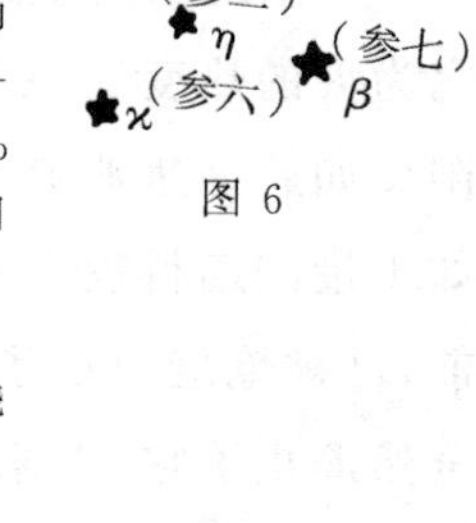

(参四) α
(参五) γ
(参三) δ
ζ ε
(参一)
(参二) η
(参七) β
κ (参六)

图 6

② 谓冬寒与夏热之间的一段时期。

③ 猎户座“升起”，见于上文 361^{b}23 行注，谓七月初晓升；此云“落下”谓十一月中旬（孟冬月中），晓没。

爱底西亚风[1]从夏至以后，狗星[2]上升以后吹起；这风常在白天吹着，夜里停歇。当太阳与之最接近或与之远离的时刻，它们是 362a
不吹的。推究其原因，当太阳靠近，大地被晾干得这样快，嘘气就来不及形成，当它稍稍退离，它的热度和嘘气的平衡恢复了，于是冰冻了的水融解，大地，由它自己的内热而干燥，再经太阳晾晒，这就熏发出焰和烟气。[3]这些风夜间停歇的原因，由于夜寒而冻水不复融化。凡液湿之能冰冻者，或其中不含有干成分者，皆不发烟；但干物体而内涵湿润者，当被加热时，它就会发烟。

有些人，于夏至以后，继续不断地吹着我们称之为“爱底西亚”(ἐτησίαι)的北风，颇为诧异，他们的疑问是：何以在冬至以后，不作相应的南风呢？但，这不是没有理由的。在冬季相应的季节，我们所谓“晴天的熏风”(οἱ　λευκόνοτοι[4]柳哥诺托)实际是从南方吹来的，只因为它们不像夏令季候风那样继续不息地尽吹，所以人们疏

---

① 'Ετησίαι 爱底西亚为地中海季候风，埃及称“濛淞风”(monsoon)，整一夏季从北方吹来。希腊夏季爱琴海常例自大犬座(狗星)升起时，连吹北风，历四十日。希腊人也以此季候风名混称北风。

② ὁ Κυνός 大犬星座，古希腊星象图绘于猎人后跟(猎户座东南)，其东则为小犬星座。中国古称“天狼星”。天狼星亮度—1.6 等，为全天恒星之最明亮者，“可与日月争辉”。大犬星，古希腊亦称 Σείριυς (拟为“灼热”之意，中国或音译之作“闪流”)。西方沿希腊古天文学，俗称“狗星”(Dog-Star)。狗星升起谓七月末旬。

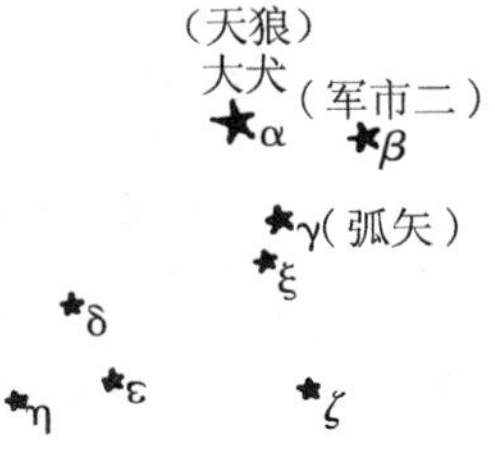

③ 参看下文 362a16—22。

④ οἱ λευκόνοτοι，拉丁本，album notus “白南风”。希腊人 λευκόν 之为白，亦涵纯洁，美好之义。“柳哥”加于(南风)“诺托”之上，谓此风吹来，扫尽阴霾，自此而多晴明之日，所以我们译为“晴天的熏风”。

图 7　大犬星座小犬星座

于注意，于是引起了疑难。波里亚风是从北方的极地吹来的，那里富于水泽而且积有大量的雪；这样，太阳在夏至以后，比在夏至间融化了较多的冰雪，爱底西亚（夏令季候风，亦即北风）才吹起。在北方地区，最闷热的日子，不是太阳在最北的点上，应须是太阳离北点还不远，而太阳热已经若干日子的积聚而加高了热度。相似地，在冬至以后，“鸟风”（οἱ ὀρνιθίαι）①吹起。这些是软弱爱底西亚，比之爱底西亚夏令风吹得较迟，而且乏力。它们等到冬至以后第七十天，才开始吹起，因为太阳到这时季已经远去，热能已渐衰减。它们不是那么继续不断地吹，因为在这时季，蒸发只限于地表易于蒸发的物体，至于那些冰冻得较冷坚的物体，须待较高的热度。这样，它们就或断或续地吹着，直到夏至来临而止，于是爱底西亚就接着再吹起来；从此风势就几乎经常地，不歇地吹。

但南风是从夏季回归线上吹来的，不是从南方极地吹来的。地面上有两处可以居住的区域，其一是我们当今正在其中生活着的，向乎高极（北极）的，②另一则是向乎相对反处，即南极的。这些区域是鼓形的——从地球的中心引出直线可以在地面上切出这

① οἱ ὀρνιθίαι 鸟风：亚历山大《天象诠疏》，99，11，诠“鸟风”，即上文（362a14 οἱ λευκόνοτοι）的“晴天熏风”。这样，362a12—31 全节是在讲述冬至以后吹的风，这风相应于夏季以后吹的爱底西亚风。这应该是从南方吹来的，被称为 ἐλλάτους τῶν ἐτησίων “软弱的爱底西亚风”。它们不是北风，只因与冬季的季候风和夏季的季候相符应而借用了“爱底西亚”这名称。“鸟风”盖为南风，早春间候鸟们乘南风向北方飞回它们产卵与孵雏的故处。但《宇宙论》（*de Mundo*）395a4 称“鸟风”为北风。

② τὸν ἄνω πόλον 以“高”极或“上极”称北极地区，亦见于《说天》（*de Caelo*）ii，285b15。古希腊人旅游所及，向北多山，及于今高加索地区，故以北方为高为上。向南而至非洲北部，多莽原与沙漠地，故以南方为低为下。

样形状的图案，它们形成了两个圆锥体，其一有回归线为之基准，另一则是那个永可见圈（全可见圈），[①]它们的锥尖（顶）恰正是地球的中心；向乎低极（南极），可用同样的方式构成两个圆锥体，切出地面上相符应[于北方]的地段。 362b

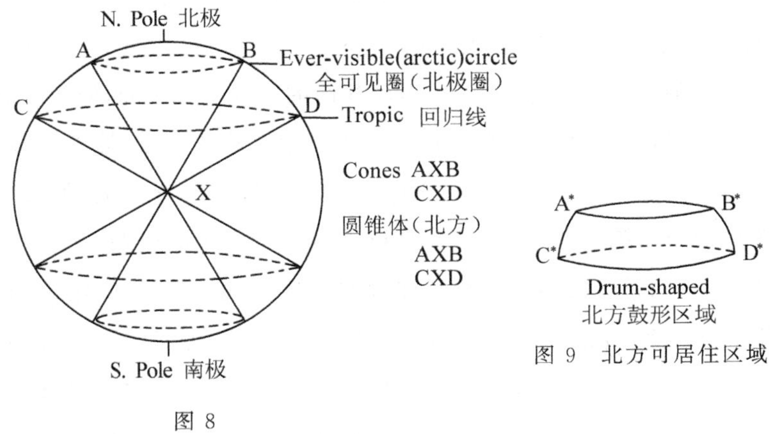

图 8

图 9　北方可居住区域

地球上可居住的区域仅是这些；在回归线以外的地区是不可居住的，（那里[日]影不会落北，我们知道，地球上[日中、午正]无

① τὸν δὲ τὸν διὰ παντὸς φανερόν “另一则是那个全可见圈”，按照牛津英译本的解释应是指天穹北极圈，群星于地面上整夜四季可见。但这个可见圈的范围是跟纬度高低为变异的；这一情况按照《说天》，ii，14，297b30 以下，亚里士多德是知道的，这样，用这一天穹极圈来指说地面相应分野是不明确的。照埃第勒（Ideler）《天象评述》，谓亚里士多德盖指地球极圈（北纬 75°以上），但勘对原文全章，前后文与如此解释多不相应。

影,或投影向南的地区,是不复可以居住的)[①]至于在大熊星座下的分野不可居住,是因为那里太过寒冷。

[皇冠座也通过这个地区,当它们经行子午线上,我们仰看它们好像直在我们头顶上面。][②]

凭以上的论断而言,现行绘制的世界地图是荒谬的(可笑的)。他们把地球上居民区绘成圆形,[③]那是,事实上和理想上,两都是不可能的。按照理论的推算,可居住区的宽幅是有限的,但依气候之所许可,这可延伸为圆绕地球一条相续不断的阔带:涉及气候,凡巨大的温度寒暖差异,只依纬度为变化,这与经度无关;如果不为大海所阻隔,可居住的陆地是可以成一个全圆圈(宽幅)的。事实上,我们凭所已知的航海和陆行的旅程,也证明这样的结论,长度大大地超过宽度。人有能核算这些海程与陆程,尽其心力之所可及,以求得精确的实况者,证述自希拉克里的[砥]柱直到印度[自西向东]的距离,超过自埃塞俄比亚到梅奥底湖,以抵于最远的斯居泰(自南向北)之间的距离,通计其为长度超逾的比例,是 5 比 3。可是,我们知道,世界上可居住的宽幅为不可居住境界所限禁,其一侧由于寒冷,另一侧则由于炎热,人类可以生活之处,就到此

① 这句措辞含糊,故各个近代校本多加( )。σκιά“影”,拟谓“日影”。立圭于赤道(纬 0 度)正午时,太阳直射,乃无投影。在赤道以北区,太阳在南,投影向北。赤道以南(0 度以上南纬),太阳在北,投影向南。若依此索解,则此句本意实谓地球赤道与赤道以南地区,是由于灼热而不可居住。

② 这一句,牛津英译本加[ ]认为是后世学者撰入的。皇冠星座(ὁ στέφανος),南天与北天各有一星座称“皇冠”;在希腊的纬度,北天半球上的“后冕座 corona”(皇冠座),差可说通过希腊人的头顶。

③ 参看汤姆逊《古代地理》(Thomson, *Ancient Geography*)97—99 页。

而止。至于印度以外(以东)和希拉克里(砥)柱以外(以西),由于海洋隔断了可居住的陆地,遂使大陆不能形成为一个环绕地球的全圆宽幅①。

于是,在大地的另一极,必然有一个地区和我们这一极边的居民区具有可相对照的类同关系,这是明显的,于风势和风的其它各方面,那个区也必然可与我们这一住区为可相类似。这样,恰如我这里有一个季节的北风,他们那里也该有一相似的从他们的极风(南极)吹来,那个风大概是不能吹抵我们这里的;我们这里的北 363a
(波里亚)吹向南去是不逾越我们所居住区的,这就只是一个陆上风。因为我们的住区,延亘向北方,所以在这里,大多的风是北风(波里亚)。② 可是这些风就只行于我们的区域以内,风势不够强劲,所以不能吹得很远;到了利比亚以南的海上,不断地交互吹着的,乃是东风(欧罗)与西风(徐菲罗),③恰如在这里,北风与南风替换着吹。

这情况证明我们的南风,不是从那另一极(南极)吹来的。这风既不是从那另一极(南极)吹来的,可也未必是从冬季回归线上

---

① 参看《说天》(*de Caelo*),ii,14,$298^{a}9$。照这节末句的语意,若无大洋阻隔,人们得由陆行以东西接合,而确计其距离,可居住地区的长宽比例将超于 5∶3。《说天》卷二章十四,$298^{a}10$,估计地球赤道圆周,400 000 斯丹第,约合今 46 000 英里。现代实测所定地球圆周(子午线)为 40 000 公里。

② 参看 $361^{a}5$。

③ 'Εύρος (欧罗)东风,亦谓东东南风; Ζέφυρος (徐菲罗)西风,亦谓西西北风。Λιβύη "利比亚"在荷马《奥德赛》中,最早见到此地名,实指非洲,埃及以西的北部;"利比亚以南的海"当谓大西洋靠近西北非的洋面。这样交互吹着的东西风或东东南与西西北风,应谓大西洋的贸易风(季候风)。今利比亚在埃及与阿尔及利亚之间,其南为中非高山,无海。李氏(H. D. P. Lee)英译文注:"也许是指印度洋的贸易风。"

吹来的。若依南[半球]与北[半球]两个区域的气候作完全相符应的设想，那么，我们该得有一从夏季回归线上起始吹出的风；事实上，我们这里只有(一个从极北地区)吹来的风，没有(从北回归线起始，向南吹去的)那样的另一个风。那么，南风必然是从燥热荒原(沙漠)地带吹来的了。这一地带，由于近接太阳，没有溪流或牧场草地，①可致融化，②而产生爱底西亚风；但由于这区域较广大而且开旷，南风比之北风就较大、较强，而较暖，它向北吹去，比之北风之向南，吹得较为遥远。③

关于这些风的原因和相互的关系，这里已讲得够多了。

章六

现在，我们讲述风向④以及对向而吹的风的相互关系，并说明哪些风是可以同时吹的，哪些风向则不能，和它们一一名称与其数目，此外，我们还将补充在另一专篇，《集题》中，有关"风"的性质的讨论所遗留的一些问题⑤。

研究这些风向的位置，必须借助于图案。为使大家容易明了，我们作出了地平线上的圆周；因此，我们的图形是一个球面圆。这

---

① νομάς"牧场"或"草地"，牛津英译，参照 362^a18，364^a8—10，校作 χίονας"雪"。

② 奥令比乌杜罗(Olympiodorus)《诠疏》，1900 校本，福培斯(Fobes)，1918 校本，作 πῆξιν"凝固"或"冰冻"；旧抄本作 τῆξιν"融化"，参看 362^a18，364^a8—10 以 τῆξιν 为是。

③ 参看本卷章四，361^a5 行以下；比照 364^a5—10。

④ 关于本书《论风向》这一章，参看亚里士多德《宇宙论》(*de Mundo*)第四章与《风向》专篇(Vent. et Sit.，et App.)。

⑤ 参看《集题》(*Problemata*)xxvi。

该被设想为代表我们所居住的地段的地球面上的情况，其它地段可各自相仿于此而作成它们那里的风向辨别图案。让我们在这里，先作成这样一个界说(定义)：凡事物在空间上，以相反方向，相离最远的(有如事物之在形式相异最大，便是“形式相反”的事物)，便是“空间相反”的事物；所谓事物之在空间上相去最远者，则是说它们各处于同一直径上，相对反的两端。

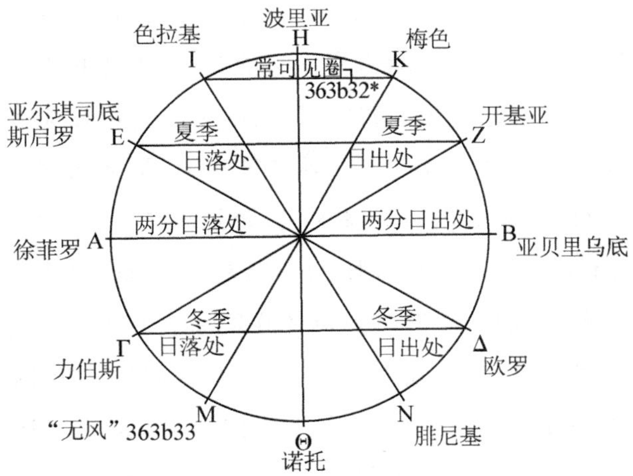

图 10　于西南南向，$363^{b}32$ 所云“无风”方向，《风向》(Vent Sit.)篇中称为 Leukonotos 白诺托风(晴天南风)，于《宇宙》篇中，称为 Libónotos (里博诺托)非洲南风。于可疑的“腓尼基风”(参看 $364^{a}3$)，《宇宙》，393b33，称为 Euronotos (欧罗诺托)欧洲南风(参看《风向》篇，973b7)。

按图，A 点为两分点的日落方向，B 点，与之相反，为两分点的 363^{b}
日出方向。作另一直径，与AB线直角相切(相交)，于是这线上的

H在北端,Θ在南端,这一直径线上的相对反的一端。使Z点为夏季(夏至)日出方向,E点为夏季(夏至)日落方向;Δ点为冬季(冬至)日出方向,Γ点为冬季(冬至)日落方向。自Z作直径至Γ,自Δ至E。于是,事物之在空间上相离最远的为空间相对反,而事物之在同一直径上相对反的,必是相离最远的,凡在这些方向于同一直径上相反吹的,必然就是互相对吹的风。

按照图上的位置,这些风挨次而为这样的名称:徐菲罗风从A点吹来,这是两分的日落方向。它的对风,亚贝里乌底,是从B点,即两分日出方向吹来。波里亚,或称亚巴尔底亚风,从H点,北方,吹来。它的对风,诺托,从南方Θ吹来,Θ与H是在同一直径上相对反的。从Z吹来开基亚风,乃是起自夏季日出方向的,它的对风不是从E点吹起的那个风,乃是从Γ,即冬季日落方向吹来的力伯斯风,这样,于开基亚风才在同一直径上为相对反。从Δ,吹来欧罗风,因为它是从冬季日出点吹起的,是诺托(正南风)的邻向风;所以人们为此风所嘘拂时,就说欧罗诺托吹来了。它的对风不是从Γ吹起的力伯斯风,却是从E点吹来的所谓亚尔琪司底风,有时也称之为奥令比亚风,又有时称之为斯启罗风。这是从夏季落日方向吹来的,它只与欧罗风在同一直径上相对反。

于是,这些就是在同一直径上相对向而吹的风;但,还有另些风,它们是没有对风的。从I吹来的风,他们称之为色拉基的,位置于亚尔琪司底与亚巴尔底亚两向之间;从K吹来的风,他们称之为梅色的,位置于开基亚与亚巴尔底亚之间。弦线IK,约略近符于常可见圈，①但不是完全切合的。于这些，它们是没有对风的；于梅色，也无对风，若说，有，那么这风该得从 M 点，在同一直
径上的相反方向吹来；I 点上的色拉基风也无对风，如其不然，这 364a
就该有一风从 N 点，与之在同一直径上的反向吹来，可是，实际并无此风，有时有些限于局部吹开的小风，出于这一方向，在这局部地区之居民称之为腓尼基风。

这些就是最重要的各种不同方向的风和它们各所在的位置。关于从北来的风较多于从南方地区来的风，这具有两个理由。②第一，我们居住着的地区，正靠近北方；第二，另一地区处于太阳和太阳行程之下，这就有更多的雨与雪被催逼到我们这一地区。这些经融化而为大地所收，当它们随后为太阳热和地球的内热所加温，就发生较大较广的嘘气③。

上所述的诸风中，最确实的北风(波里亚)是亚尔巴底亚、色拉基，和梅色。开基亚是一部分东方，一部分北方来的风。南风是从正南方和力伯斯(西西南)方位来的风。东风是从两分点日出处和欧罗方位来的风。腓尼基是一部分南方，一部分东方来的风。西风是从正西方来的风，和所称为亚尔琪司底(西西北)来的风。这些风还有一个通常分类法，只以北来与南来为别：西风，既然较冷，它们是从日落处吹来的，便也算作北来风；东风，既然较热，它们是从日出处吹来的，便也算作南来风。这样的南北风分类，实际是凭冷与热或暖为别的。因为那些从日出处吹来的风，曝于太阳的时

① 参看上文章五，362b3 注。

② 参看 361a4，363a20。

③ 参看 361a6 以下，362a3，a17；对照 363a15。

间较长，也就较暖；那些从日落处吹来的风，它们晒着太阳已晚，太阳旋即离开它们而去了。[①]

关于风的排列，就是这样，这是明显的，两相对反的风不能并时而吹，或是这风或是那对风，必有其一为另一所抵制而歇了吹势；但两风之不作如此对向关系的，例如从 Z 与从 Δ 吹起的，这就可以并时同行。这样，两个异向的，不同的好风正好吹送处于两个不同区域内的船舶，驶往而且会合于同一港埠。

常例，相对反的风吹于相对反的季节，例如在春分节，盛行的
364b 是开基亚风和夏季日出处以北吹发的风；在秋季（在秋分节）盛行的是力伯斯风。在夏至节，盛吹徐菲罗风，冬季（冬至节）则为欧罗风。

亚巴尔底亚、色拉基，与亚尔琪司底（北风、北北东风与北东东风）常常阻断并制止其它的风。因为它们所由发始的风源地，离我们最近，所以它们比其它诸风吹得最强劲，最常来。于是，它们带来全年最晴好的气候，因为它们正从我们逼近的地区吹着，制止并赶走了其它的风，它们吹散任何在这里形成的云层，这就肇致晴好的气候。可是，如果它们适逢寒冽的日子，这就不会引致晴好天气；因为它们尽是酷冷，足够凝冻云气，而未必足够强劲，在它们致冷之前，就把云气赶走。开基亚风不是一个晴好风，因为它老是转回到自身（原处）[②]——正由如此，谚语乃云："还似开基亚，风雨自

① 牛津英译本注：假如地是平的，这一辩论也不是充分有理的；于亚里士多德之深明地为圆球形者，该是一严重的错误。

② 参看《集题》xxvi，1 与 19 章开基亚风，"从上空下吹，旋扫了一个圆行程，又吹回了上空，这样，它回到了它所从发始的原处。"

荐臻。”

当一个风降落下来,继之而来的,该是按照太阳运动的方向而为之比邻的另一个风;因为挨着一个动源行后,它理应促使与之紧接的下一个动源起行,而风的动源恰正是环绕着太阳的①。

对风发生或相同,或相反的影响:例如,力伯斯风与开基亚风(有些人称之为“希腊斯滂风”('Ελλήσποντες)②)两皆是雨湿风。③亚尔琪司底风与欧罗风是干燥风——可是欧罗风虽在始初带来晴干,末后,却转而多雨。

梅色与亚巴尔底亚最是多雪,因为它们是最冷的风。亚巴尔底亚、色拉基,与亚尔琪司底带来冰雹。诺托、徐菲罗,与欧罗风是带着热度来的。开基亚风来时,天空充满了厚重的云层,力伯斯风则

---

① 照上文的推理,亚里士多德认为风的本体是大地的嘘气,而嘘气则由太阳加热所造成,亦由以为制约,故称太阳为“风的动源”(ἡ ἀρχὴ κινεῖται τῶν πνευμάτων)。

② 'Ελλήσποντες 希腊斯滂,义为希腊海,实指今鞑靼尼尔海峡地区。这区域在希腊半岛,雅典的东东北方向,故以代称开基亚风。希腊半岛气候湿和,长夏燥热,利于葡萄与油榄的栽培。冬多雨雪,其西部尤冷湿,然也不那么严寒。全境多山,可耕地不过五分之一。希腊不甚重农耕,迄今就勘见其地及周围列岛农田不全整治,积世有表层侵蚀,山谷沙荒之迹,勘其所存遗之古史,盖郊区所获小麦往往不足供城市人口的消费,雅典与启奥岛稍丰裕,可饱足,坡上牛羊可够城邦肉食与毛织之需,渔业发达,捕捞金枪鱼特多,干鱼鲜鱼两皆食用有余。早期铁器时代(约公元前千年间)或曾有长期干旱,公元前十二世纪间因饥荒与疾疫,居民盖曾罹祸患,氏族凋丧。近代地质学家考察希腊陆地与岛屿之岸线,有自海平面升高迹象,测以地质远年纪录,克里特岛,伯罗奔尼撒半岛岸线较之远古,今已抬高了六尺。这些地方大概经灾劫,剧烈的地震破坏了远古的地形。(见 393^a34,395^b18—396^a32,397^a31—397^b2 各节)此地矿藏丰富,亚里士多德以前金、银、铜、铁矿都曾作小规模平掘冶炼。各地皆富于建筑石料,雕刻石料纹质俱优,亦富于陶土瓷料。

③ 以下删除[καὶ εὖρος, ὃν ἀπηλιώτην]。这一节在讲“对风”。[ ]内所举欧罗风与亚贝里乌底风,既不是同风异名,又各不曾提到它们的对风,应属赘语。

带着轻云。开基亚之有浓云，由于它起止回转到了原处，又因为它既偏北，又兼有东向，东方足有大量的蒸汽，作为它先驱的物料，而北来的寒冷乃收集并冻凝了这些原已汽化了的大气。亚巴尔底亚、色拉基与亚尔琪司底是晴风，它们所以为晴的理由，前已陈明。[①] 这三风以及梅色风，常发生闪电。它们的起源处近逼寒冽地区，所以带有冷性，寒冷凝结浓云，驱逐出其中的闪电。[②] 上述
365a 三风之带来冰雹，也由于其涵有冷性，这冷性能急速地冻凝蒸汽，以成冰粒。

飙风最常发作于秋季，其次则于春季；亚巴尔底亚、色拉基与亚尔琪司底，常常引致狂飙。飙风发作的原因，一般是由于当一风还在吹着的时候，另一风又紧逼着追逐上来，而这些风就这么的常常的接踵而相加强。为何而它们具此情况，我们在先已经讲过。[③]

爱底西亚（北风、北北东风，与北北西风混称）是偏转着吹动的，凡住在西部的人们就有这样的经历，从亚巴尔底亚（正北风）开始，偏转而为色拉基，而为亚尔琪司底，直转出了徐菲罗（正西风），这些风先从北方吹起，及其结束（停歇）于远离了起处的南方（已偏转得这么多了）；对于住在东部的人，爱底西亚诸风直从正北风偏转到亚贝里乌底风。

---

① 见于上文364b7。

② 下文，本卷章九。

③ 见于364b3行以下。365a2 'Εκνεφίας 是风力近于飓（Hurricane）或台风（Typhone）的暴风。但飓风起于东南太平洋，台风起于西南太平洋，吹向东北，或西北，登陆于南美或南中国时，常带着暴雨。希腊狂风则于其西北方的欧罗巴洲大陆上空发出，不必夹带大雨。故另译作“飙〔飍，飍〕”。参看下文，卷二章九，369a19注。按照这希腊风名的制字取义，可作“云飙”。

关于风，它们的开始(成因)、它们的本体，以及它们的普遍(共有)属性，和各自的特殊属性，到此，我们已完全阐明。

章七

挨次，我们该应讲述地震和大地的动摇(抖动)了，因为这些现象的发生，和风具有密切关系，所以在讨论了上一论题之后，转到这一论题是合乎自然的。

直到如今，关于地震，有三位前贤，宣说三种各不相同的理论。于这论题，克拉左美奈的亚那克萨哥拉和在他以前的米利都的亚那克雪米尼，两都曾提出过他们的主张，随后又有阿白第拉的德谟克里图之说。

亚那克萨哥拉说：所有地土原是处处有孔隙(洞穴)的，大地的上部有时为淋雨所蔽塞(填实了空隙)，大地下层的空处却笼住有大气，气是自然向上的，这样发生的向上冲激引起地震。他认为全地球[①]分有上部与下部，我们所居住着的是上部，在这以下为下部。

否定这个极为简单的基本认识也许不需要多费言语的。既然我们已明知凡世人所已到达了的地区，地平线是随处而为异的，这显见我们实际居住在一个球的凸面上，这样，凡重物就该是从周遭

① τῆς ὅλης σφαίρας“全地球”：照上下文，为之贯通，这里应是 τῆς ὅλης γῆς“整个大地”。在亚里士多德对于大地的认识是“球形”，于亚那克萨哥拉，则是一个扁平体。

所有的上方下落，而轻物（例如火）则从下方上升；[1]那么，他不作如此想法，却把大地当做平面而区分之为上下两部，实是很癞疥（尴尬）的。他认为大地，凭其广袤以浮于大气之上，而大气则可以凭一个地震而摇撼地层，自下以穿透到上面；这也是癞疥（尴尬）的。还有，地震不是在任何地区都会遭遇，也不是在任何时候都会发生，他没有辨识而叙明地震的任何特征。

365b 德谟克里图[2]说，大地是充满了水的，在这些既已漫溢的水外，若又降落大量的雨水，这就引致地震；当大地实有的那么多的孔隙容纳不了太多的水量，地震可由溢水往外冲激而造成。相似地，当大地被晾干以后，地下水多且足的区域就灌向近邻的虚空了的燥处，这种潜流的冲激也引致地震。

亚那克雪米尼[3]说，当大地在受湿或干燥的过程中，它发生开裂，高地裂开，它就动摇，以致崩坠。这就是地震所以遭遇于干旱而继之以大雨之后；旱时土地燥了，于是，如上文才说到的，它就裂开，及雨水浸得它过度地湿溢，就此崩圻。

---

① 亚里士多德确知地圆，同时也认为地球是宇宙中心，所以他申称宇宙间一切重物向地心下坠，而地下或地上一切轻物则由地心为中心的辐射线上，上升。以地球为中心，把日月星辰作为悬于天穹一层层的同心圈上的事物（神物），这样的宇宙体系出于毕达哥拉以后的意大利学派，而柏拉图实际继承其说而颇为之发煌。先于希腊的巴比伦古天文学确认地为宇宙之中心，他们想象大地应是一浮在或立在海上的一座山，生民居住于四周的山麓。大地为球形的观念出于希腊天文学，亚里士多德的天文物理，对此宇宙中心的大地之为球形作有最完备的说明。以后世上地理知识的进境实本于此。公元后第三世纪的天文学家萨谟人亚里士太沽（Aristarchus of Samos，约纪元后 220 年）盛年曾确言地球在绕于太阳而旋转。但世人深习而信奉柏拉图与亚里士多德的地球中心说，坚持了几乎二千年，才改从刻卜勒与哥伯尼的太阳为主的天文体系。

② 参看第尔士，68A，97，98。

③ 参看第尔士，13A，7(8)，21。

但,(1)若然如此,大地该于许多处显然下沉,(2)按照这一主张,地震该常遭遇于大旱与霖雨交互地过多之处,事实上雨旸交互的地区,发生地震并不较多于他处,这将何以为之解释呢?(3)按照此说而为之推论,地震将与时而日渐减少,而且终久将有一天,自此而后,全无地震。依此为说,大地经震撼而作填实的过程,迨处处填实,地震就无由再起。但,这盖是不可能的。那么,上所说的这些地震原因,也必是不合的了。

章八

按照我们前已讲过的,①这是明白的,世界上必然有湿的和干的两嘘出物,地震是这些嘘气必然要产生的结果。地球(大地)本身是干的,但由于降落有雨,它涵储了许多雨滴(水分);当大地的水湿曝晾于太阳,又为地内火熏灼,其结果就发生相当大量的风,这些充塞于地外与地内的风,有时全要外流,有时则向内流,又有时乃分拆开来。

这个过程是不可避免要发生的,我们的下一步该考虑到什么样的物体具有最大的动能。这该应是物体之自然运动延伸得最长远的,而且它所行的作用是最强烈的。物体之能起强烈作用(活动)者,必须是那些具有最大速度的事物,因为使其撞击最为着力的正是速度。动体之最能及远的必须是最能穿透的,也就是最细
纯的。于是,若说风的本质恰正如此,那么所说动能最大的就该是 366a
风这物体了。虽是火,也必乘着风才能吹成焰而做急速的运动。

① 本书,卷一章四,341b6。

这样,大地的动摇的原因就既不是水也不是土(地),而恰正是风了,当在外的嘘气冲入地内时,大地乃为所摇撼。

这就是大多数地震和最大地震常发生于平静气候的原因。嘘气的冲激一经开始,所有的气便继续跟着都要即刻冲进,或都要即刻冲出。可是,有些地震却值有风在吹着的时机遭遇的,这样的情况也不难为之解释;我们有时遇到几个方向的风同时吹来,当其中有一个钻进到地下,由此而发生的地震便相应而带同着起风。但这些地震较不强烈,因为它们所由震动的始发能力是分散的(方向不同的)。大多数较大的地震在夜间发生,至于白天发生的地震则常在中午(日中),中午常例是一日间最平静的时刻,约在这时刻,太阳照射最强,把嘘气禁锢于地内;入夜之后,不见了太阳,就较昼间为平静。这样,在这些时刻,流向又转趋进入于地内,有如海水退潮,是相反于外流的。向曙的时辰,晓风正常地始吹,这就特易遭逢这一现象。这时,倘若嘘气的初冲改换流向,有如欧里浦(海峡)[①]那样,突转而作内向,这就因为这一潮涌,流量巨大,引起一个较强的地震。

又,最严重的地震发生于海流强劲的区域,或地下多孔而空虚的区域。这样,希腊斯滂,与雅嘉亚与西西里以及欧卑亚地区是遭遇最严重地震的在欧卑亚,据说大海在它那里的地下水漕中流动。在埃第伯苏[②]的温泉群,也出于相似的原因。在上述这些地方,由

① Εὔριπος 欧里浦:凡潮泛强烈的海峡通称欧里浦。欧里浦也以专称欧卑亚(Euboea)与卑奥俄希亚(Boeotia)之间的海峡。古希腊人相传这里潮汐每昼夜涨落七次。

② 'Αίδηψός 埃第伯苏,在欧卑亚岛上。

于其空间隘窄,常多地震。当烈风大作的时候,这里本该自然地有所嘘出,而大量的海水却被驱逼以回入地内。那些地下层多空隙处,摇动(地震)得较多的原因,在于它们吸纳了大量的风。① 366b

与此相同的缘由可以解释何故而地震之发生于春季与秋季者最多,发生于霖雨与大旱时期者最多;这就因为这些时季产生的风最多。夏季与冬季两者作平静的气候,其一由于有霜冻而太冷,另一由于太热、太干,故两不能生风。但,在大旱期间,空气充满的是风,就只因为干燥性大大地超过了润湿性嘘出物,这才成大旱。在霖雨期间,地球内部所产生较大量的嘘气被压缩以储积于一个有限度的狭窄空隙中,②这些空洞中原已充溢有水,于是风(气流)便与之相激,迨那里小小的空间感觉到大量嘘气(风)的重大压力,大地就由以引起一个严重的震动。我们到这里,必须设想,大地内的风(气)所发生的作用,相似于我们身体内的风(气)所发生的作用,这种风的势力,当其被限制于体内而急于上升。我们就感觉到震颤(发抖)与搏动;有些地震就像震颤,有些就像搏动。③ 我们又必

① 本卷第四章起,论题是"风";古希腊,于"风"通用 ἄνεμος 或 πνεῦμα,但两字各自有其本义:ὁ ἄνεμος 是狭义的风,即空气流动所成的(东、南、西、北)风。τὸ πνεῦμα (-μάτος) 为(1)风,(2)亦以指动物呼吸之气,与(3)太空的大气。大气包括嘘出物(ἀναθυμίασις)之或湿(蒸汽)或干(气)者。于干嘘气而言,πνεῦμα 便同于 ἀήρ (ἀέρος) 空气。本卷本章与其下第九章和卷三第一章(论地震与雷电)我们所译的"风",本文专为 πνεῦμα,通涵有风、呼吸、大气三义。本章 367a11,20,ἀέρος 我们也译为"风",即以通于 πνεῦμα 之既为风又为呼吸气或空气。

② 参看本卷章四,361a17。

③ τρόμον"震颤"(发抖):为"痉挛"的病理现象。σφυγμόν 搏动的本义是脉搏,血液循环于心脏与血管间的律动。这里,σφυγμόν 谓人因发炎或发烧(体温增高)而脉搏加快加强。亚氏用人身如此的病征来比喻,地震是大地的一种病变。

须设想；大地所受于风的影响，有如我们在急迫地遗尿（溺尿）以后，常觉到一阵震颤通过全身，好像有那么一阵的风从外边急迫地涌进了我们的体内。① 风之具有能力（潜势）不仅可由研究大气的作用，人们得凭其容积之大，以显示其所产生的势能，而且也可以从观察活物（动物）的体内情况而得知。② 忒丹诺（破伤风）与痉挛③的病态是风所引致的，这风是那么强烈，虽由多人协力合作也不能制止病人的震颤（发抖）。倘若容许我们把大物与小事相比

---

① 参看《集题》卷八，章八与十三；卷三十三章十六。

② 古希腊人于宇宙万物，析其组成为“地、水、火、气”四种元素。无机物包括所谓矿物，与有机物包括植物与动物。皆由此四元素之复合，逐级构成（参看《动物志》卷一章一，486^a7，汉文译本注）。亚里士多德认为世界包括地球，与生物，包括人体，既凭同一原理，由基本元素所构成，其生灭成坏或其动静变化是可作比较研究的。这样，亚氏在这一章中比喻：地震是由风（气）所引致的大地的痉挛。印度古初，婆罗门经典，于宇宙物质分析，与希腊先贤相同；其后佛教承之，亦举四元素为宇宙间基本物质。汉文佛教经论译作“地、水、风、火”。《楞严经》谓“四大”（四元素）的合成或析离表现为世界上的形形色色。《璎珞经》云“四大”有二，其一无识，另一有识。无识即“身外”的无机（无生命）世界；有识即“身内”的有机构成（有生命物）。《圆觉经》云：“我今此身，四大和合，所谓毛发〔髮〕……髓脑……皆归于土、唾涕、津液……大小便利，皆归于水。暖气归于火，动转归风[气]。”四大和合则成我这活着的身体。四大不和，此身失其生机，即便死去，此中有识四大就分离而一一还归为无识四大。这里，可以注意到，古希腊人或作“风”或作“气”的那个元素，古印度人专称为“风”。这可以有补于上文336^b2注中，关于 ἄνεμος，πνεῦμα，ἀήρ 三字的混通义与独自义的理解。又，依本章366^b22 ἔχει τὰ πνεῦμα δύναμιν“风所持力”，366^b23，τὸ πνεῦμα τῶν ἐν τῷ ἀέρι“风在气中所运的作用”，我们可训诂这两字的实义为：“风”是“气”的动力学名词，“气”是“风”的静态名词。

③ ὁ τέτανος“忒丹诺”这病理学名词，亦见于亚里士多德《动物志》，卷八，章二十四，604^b3，汉文译本作“强直痉挛”；这种病症，先已见于希朴克拉底《医学要理》（Hippocrates，Aphorism）。患者全身肌肉纤维束高度紧张，痉挛抽搐久不能止；下颚锁闭，不能开张，全身僵直，类似尸体。近代病理学证知是由破伤风杆菌引起，译作“破伤风”。ὁ σπασμός“痉挛”，人体因惊悸或着冷，其肌肉纤维束一支或几支抽搐（紧缩）。震颤类于痉挛，一般是旋发旋歇的。在破伤风症，其痉挛剧烈而延续不息，直到死亡。

照，那么，大地所起的震动，毋乃正与此病(小事)相同。

为我们所立说作证明，可以举示在许多地方观察到的地震情
况。某些地方，遭逢一个地震，在风吹未停以前，震颤又是继续不
息的，迨那个为之动力的风，忽然像一阵狂飙冲向而且消散于上 367a
空，大地也就不再摇撼了。新近的一个实例，在滂都的希拉克里
亚①就曾发生这样一个地震，在这之前，在爱奥里群岛中，一个名
称为希埃拉的岛上先已发生过一次。岛上一部分地土始而膨胀，
发出巨声，继而拱起为一冠状的大堆；最后爆开，大量的风冲出，喷
起烧结了的石渣与灰烬，这些喷出物，窒塞(湮没)了邻近的利帕拉
城，②甚且远达到意大利的某些城市。爆发这一大震的地点，现今
尚在，是可以指证的。(这样的地震也应该考虑之为发火的原因，
火是原本存在于大地内的；当气被冲散成许多小粒时，互相撞击，
这就燃烧起来。)③

在这些岛上，另一些情况也证知，地下有风在流转。当南风将作，在那些曾经爆发过的地方，常可听到一些声响(啸声)为就要爆发的预报。这事情，我们可为之作如此解释，当风从地下爆发出来时，从远处赶到的海涛，与之遭遇，便把那些风撞回了地下。这就

---

① 滂都(Πόντος"海洋")，在亚里士多德书中多指黑海及其南岸地区，则希拉克里亚(Ἡράκλεια)当在希腊半岛的东北。今意大利南端塔兰托海湾(Gulf Taranto)有希拉克里亚岛乃在希腊半岛的西方。亚里士多德此节是否在与下句相联接而指与利帕拉相近的意大利的希拉克里亚，不明。

② 利帕拉(Λιπάρα)：今西西里岛，墨西拿(Messena)之北的海中，有利帕里群岛，其主岛有13平方英里面积，即古之利帕拉岛，拉丁古地理称为爱奥里群岛 Aolie Insulae，恰存在有一个火山群。

③ 气的成分原含有热而干的嘘出物，这些是易于着火的。

是发生那一啸声的原因,但地震却并不必然跟着爆发,这因为那里地下尽够虚空,受纳倒回的风(气),从那里漏出于外的风(气)只是一个小量。

在地震之前,虽天空无云,太阳却像被雾遮而较为黯淡。又,凡在曙时发生的地震,当夜常是平静而有严霜。这些事实也为我们提供了凭据,证明我们上所叙述的地震原因是正确的。当风融化了并分散(破碎)了空气,而开始退却以回入于地下时,太阳必须要黯淡而像雾遮了似的。在太阳行将上升的曙时,平静与寒冷也必然相从来到。关于平静的必须照常来到,如我们前已解释过了的,[①]凡地震之行将发动,风该得回收以返入地内,地震的动势较大,这样的回风也必较甚;如果风不先播散,使有些在地内,有些在地外,而做出整体的运动,那么,这个地震将是够剧烈的。至于发生寒冷的缘由是这样的,嘘气,揆其本质,原属热性,现在则已内向而入于地下了。[风不是因为它们能驱动空气而常被设想为热性,空气本就涵有大量的蒸汽。这可由口中吹风,为之表现:当我们张口而呼气,靠近嘴边气是热的,只是热度微小,大家不怎么感觉这热度,迨吹气既远,这就冷了,这与风的由热转冷的道理是相同的。]这样,热质性既注入于地内,外表失却了热性,所有嘘出物中的蒸汽〈由于其湿性〉,[②]便凝冻而制冷。

宣报地震行将发生的预兆,本于与此相同的缘由。在白天或

① 见于 366^a5 行以下。

② 牛津译本删除这里两字"δι' ὑγρότητα",故加〈 〉。

在日落后的顷刻间，如属晴明的气候，天空出现一条狭长的云彩，有如一条长长的直线，像是经过慎重地绘划起来的，这样的预兆的起因就征示风正迁移了去，①遂尔偃息。类似的一些情况也可在海岸边见到。方大海正值高涨(潮涌)，冲激到岸边的波涛②就强大而且不平匀，但当海面浪静，那里的岸沿就只有一条细而平直的涛痕[因为嘘出气的量是小小的]。③ 风，对于天上的云层，有如对于沿岸的海波那样，发施相同的作用，正值天宇平静，积云散去，剩下来就只是些细直的轻云，恰像大气中的余波。

地震有时在一个月蚀时间发生，其原因也是相同的。正当地球行将处于日月运行的中间(阻隔)位置(而还未及蚀始)，从太阳来的光与热，④虽已渐萎弱，还未全消失于大气之中，在这时刻，风跑入地球之内，于是平静降临于天空。这种风就是在月蚀前肇致地震的。还有另些风也在月蚀前肇致地震，凡中夜月蚀的地震，风发于夜幕初起，晓曙月蚀时的地震，则风发于中夜。月运到了这一位置，[即月蚀行将开始的位置，]从月球来的热已有所不足了。于是，制约天空使之平静的那些因素失了它们的作用，空气又活动起来而随又发风；凡月蚀愈迟，这种风的发生也愈迟⑤。

---

① τὴν μετάστασιν“迁移”，依 367^{a}26，当谓转入了地下(地内)。

② αἱ ῥηγμῖνες“岸边的波涛”，当遇大风高潮时，中国谓“拍岸惊涛”；希腊文本义为“碎波”(breakers)，犹我云“浪花”。低潮无风时，下文相同的这字，姑译作“余波”。

③ 上文，γαλήνη，ἡ“平静”，于海面而言，常俗习云“风平浪静”，这里译作“浪静”。古昔的诠家，误解此字为“风平”故添注了这么一个分句，实属赘语，故加[　]。

④ 亚历山大《天象诠疏》，“应谓从月球反射来的光与热”。

⑤ 关于这一节有些晦涩的语句，可参看《集题》(*Problemata*)xxvi，18，942^{a}22。

发生强烈地震之处，颤动不是随即停歇的，而是断断续续地摇
368a 晃，其先历时或至约四十日许，以后，在这同一区域，余震迹象可延续到一年或两年之久。地震强烈的程度本于风量大小与风所通过的径道的形状。当风遇到阻挡，不能顺利地通过，震动就极其强烈。凡进入狭窄处的气，往往滞留在那里，有如未能从一个罐中泻出的水。于是，恰像身体内被激动起来的加快脉搏(心跳)，不能立即停歇，或迅速地减缓，这必待那使之激动的某一苦痛消除以后，才能慢慢地平息。以嘘气为风源，而这所产生的风，正是我们所谓地震者，恰也如此，它不会即刻消逝以尽。所以，直到所有的余风(余气)全消失以前，震动必然继续延迟，只是其强度渐以递减，造其终极而后止，这时所有余气已不足以引起什么一个可觉察的震动了。

风，也是肇致地下声响(啸鸣)的原因，这种啸响一般是在发生地震以前听到的，可也有时，听到了这样的地下声响，随后没有地震。当空气受到冲击，它会发出各种声响，它若冲击它物也会发声，因为每个冲击者，倒过来看，实际上它也必是被冲击(反击)者，冲击的作用是两相应的。声音之先闻于震动前的原因，在于它比所由以产生的风为较轻细，所以它较风为易于穿透土层而有闻于地外。方风之为气以出声，而示现其轻细性，它不难穿透地层，当它冲击着硬物，或各种形状的中空物体，它就造作各种声响，这样，地下有时就像在轰鸣，于是那些好说神怪故事的人们就宣传大地会吼叫。

在发生了一个地震的时候，偶而也有从地内爆发出水来的。

但这不可误想水是这个震动的原因。地震的原因总由于风,无论这风或施其力于地表①或施之于地下——恰如风为浪因,而不是浪为风因。实际上,人们也不妨设想土是地震的原因,水也是地震的原因,在一个地震之中,地就像水一样,被翻转的(把水倒翻也是翻转的一式)②。按实而言,地与水只是物因,两者不能主动而只是被动的,唯风为主因(动因)。

当地震同时而出现有特大的高潮,其故由于对吹的风向。引发地震的风,方向海边吹去,另一对风恰正把海水吹向岸边,地震 368b 的陆风,力不足以逐去海风,却也挡住了来势,于是潮头就在这交接处(岸边)垒积起来,汇集成一个巨大的潮体。在这风势的较量中,如果地震陆风势弱而退却,海上对风就把整个积高了的潮体驱到(压到)岸上,造成大水泛滥。这就是前曾在雅嘉亚遭遇到的那一次地震洪水③的情况。在雅嘉亚,那时吹着一阵南风,在它外面则吹着北风;④跟着,风就投入地内而出现了暂时的平静,于是正当地震发作的时刻,逢到高潮——吹向地下的这风为海上的风潮所阻挡,断了出路,所以这一回地震特为强烈。方两风交斗之顷,在地下的风激起了那一回的地震,浪涛则因风势为之助力,而泛滥成那一回的洪水。

地震只发生在地球局部,往往限于一小块地方,但风却不是这

① 参看下文 34 行以下一节。

② ἀνατρεψίς“翻转”,或“翻身”;解释上文的“被翻转”,这一分句,实为赘语。

③ 参看上文卷一章六,343b2 及注。

④ 368b6—7 行,原文“在雅嘉亚,那时外面(ἔξω)吹着一个南风,本地则有(吹着)(ἐκεῖ)北风”。依照牛津英译的校订把 ἔξω 与 ἐκεῖ 两字对调,翻译如上。

样的。当一个特定地方与其相联的邻近区域，有所嘘出，如我们前曾讲到的，①这些嘘气恰正遭逢局部的旱涝节令，于是而发生的地震，这就限于局部了。地震全得这样发生，但风不是这样的，霖雨与干旱，与地震一齐发生于大地；它们所由合成的各种嘘气一同奔赴于一个方向；太阳对于它们所能操持的势能，较之对于大气中的嘘出物为弱，太阳的运行既赋予它们以同一方向的冲激，其所操持之势能却因各所在的位置而有异。②

于是，当一个风量足够巨大以引起一个地震，它的颤动做横向展开，有如（人体）发抖；有些地方的地震，有时做自下向上的颤动，有如[人在]心跳（脉搏强烈）。后一式的震动当然是较少见的，造成自地下深处发起而向上的（纵向）震动，比之于横向震动，需要很多倍数的风量为之着力，要集合这么多的嘘气是不易的。任何时候，这一式的地震，如果真的遇到，总有大量石块涌上地表，像是从谷物风筛中吹出的皮壳。这一式的地震就是那一回堕毁了雪比罗周遭地区的大地震，这地区包括所称谓弗里格雷平原以及利古里的乡郊。

地震之发生于远海中诸岛屿者，较之于靠近陆地诸岛屿者为少见。这是因为海的容量巨大冷却了嘘气，而且海的重量也足以
369^{a} 把它们压碎，阻遏它们使不能集力；这样的风势能吹起大海的浪涛，不能轰成大海的颤动。又，海面是如此之广大，嘘气无处可趋

① 参看本卷章四，360^{b}17。

② 牛津译本诠注17—22行，云：这一节原文是错乱了的；揣其大意，其旨盖在比照而说明地震的地区局限，何故而异于风吹的广远。李氏译本依亚历山大《天象诠疏》，作了些校订，虽然句读似可通顺，但其说理仍然不明。

入其中，而从海上产生的嘘气则汇合于陆地来的嘘气了。反之，靠近陆地的诸岛，实际是陆地的一个相联部分，其间为之隔离者密迩，不能造成上述(大海的消散)作用。又，诸岛屿之在远海之中者，它们四围浩瀚，凡全海所不能察觉的震动，他们也是不会感觉到的。

这里，于地震的性质与其原因，以及它们最重要的相应诸情况，我已作了完全的解释。

章九

让我们现在来阐明闪电与雷，①以及旋风、火旋风②与雷击：③推究其故，所有这些出于同一本源。

如我们前曾说到的，④嘘气有二，曰湿与干，这两者结合而成的大气就内涵两种潜在性能。我们前曾阐明，当其冻凝，这就成

---

① 'Αστεραπή(诗句中拼作 ἀστραπή)“闪电”：字根是 ἀστήρ“星”，本义是“星光样的闪耀物”。英语 lightning，取义“闪光”与相符应。我们现在用常俗语“闪电”为之翻译，这电字全没有现代物理学上“电”字的命意。现代“电”字“electricity”出于希腊文 ἤλεκτρον(electrum)琥珀。古希腊人已知琥珀擦着皮毛后，能吸附它物，但他们并没有认识，这样发生了“静电”。世人明白这样的“电”，与暴雨时见到的雷电的“电”，属于同一现象，则须在二千年后美国富兰克林(B. Franklin，1706—1790 年)的雨中风筝实验。

② πρηστῆρ 见于第奥根尼引伊壁鸠鲁(Epicurus ap. Diog. L. 10，104)与卢克里修(Lucretius，6，423 以下)者，是一个从空而下的喷着火花的猛烈旋风。希萧特《神谱》(Hesiodus.，*Th*. 846)作 πρηστήρων ἀνέμων，我们从之译为“火旋风”。πρηστῆρ 希腊通用的俗义是雷电阵，此节别用其专属命意。

③ βροντή“雷”(tonitra)亦谓“雷电阵”(fulmen)；这里专用为“雷”，别以 κεραυνός，ὁ“轰雷”的多数，καραυνοί，οἱ 为“雷击”专用字。

④ 参看 341^b6 行以下。

云,①而云的凝成,于其远限处,集结得较为浓厚。[在热散出而辐射入于上层空间的区域,冻凝必较浓厚且较寒冷。这就是何以雷击与云飙(狂飙)以及所有类此的现象,都是向下运行的缘故;虽说所有的热都自然地向上升腾,可是它们必须从浓密处(厚云层)投发出去的。为之比喻,我们试以两指紧夹着果核,使之弹射,它们虽各有自己的重量,却都上行。]②热(干热嘘气),当其辐射,播散而入于上空。但任何一些干嘘气,在大气冷却过程中,陷入了大气之中,当云层凝缩之间,那些内陷了的干嘘气就撞击其四围的密云,由此碰撞而造成的声响(轰轰声)就是我们所称的雷。[以小喻大]这种碰撞,和你所见在火焰中发生的声响(呼呼声),以相同的方式造成了那个轰轰声;至于呼呼声,有些人称之为赫法斯托(火神)或海斯希娅(坛火女神)③的笑声,有些人则说是他(她)们的吓唬声。当嘘气吹向干燥的木段的火焰,木段开裂,就发生这样的声
369^b 响;相似地,在云中的风嘘出而撞击浓密的云层时,这就发生雷。云既不是整齐划一的,它的密度或浓或稀,甚或内存空洞间隙,所以这么发生的声响就有多种而是各异的。

这么就是雷的性质与其缘由。常例,这投射出来的风,燃起一阵明纤的弱火,这就是我们所称的闪电。当坠落的风,化而为闪电时,我们看来,它像是着了色彩的。闪电是这种碰撞以后产生的,

① 参看 346^b23 行以下;359^b34 行以下。

② 369^a18 行与 25 行显然是顺接的。[ ]内 6 行,当是后世诠家或读者添补的,实际是不必要的。

③ Ἡφαιστον 火神,亦为冶铁之神祖;亦可解作铁匠。Ἑστια 坛火女神,或主司坛火的神女。

那么，它应该后于打雷，但它所示现于我们的，却像是先于雷的，因为我们先见闪光，后闻雷响。你于三重桨的海舶，试观察其划桨，这就可明白其中的道理；排桨又已划向后浪了，我们才听到的还是排桨前一掉转的前一划水声。

可是，有些人却说云中是原存有火的。恩贝杜克里[①]设想太阳的光线有一些陷入了(被捕获在)云中。亚那克萨哥拉[②]的设想则是，他称之为火的，上空的以太降落入于下层的大气之中。于是，他们又设想，电是这个火透过云层的闪烁，雷是当这火被沃灭时，发出的嘶嘶声；这样说来，电与雷示现于我们的顺序是符合于它们实际发生顺序的，即闪电先于打雷。

以火被牢笼于云腔之内，为两家之说的基本，是可疑的。说火从上空以太引下来，这个观念疑难尤重。于其本性向上运动的事物(有如以太或火)，于今而它们为何下行，他们该向世人说明其理由；又这何以只在天空多云时发生，而不时常地发生？雷电现象在晴明的天候是不发生的。这种理论似乎是太草率的。说是太阳光线的热度，被切取而藏纳于云中，执此为雷电的缘由，也同样不足使人信服，这种理论也该被宣明为有欠考虑的。发生雷或闪电或任何其它事物，应该分别说明其各不同的成因。他们所倡议的成因是不能满足这一要求(条件)的。准此而言，人们该可设想；云层之下雨(水)，与下雪，与下雹，好像是出于一个总持的仓储，任何这些都是现成存着，可以随时交付，不待临时分别的造作。说雷与闪

① 第尔士，31A，62。

② 第尔士，59A，(9)，42(11)，84。关于亚那克萨哥拉，以太即火的观念，见于本书卷一章三，339^b21 以下这一节。

电是现存的物品，随时可供投射，若承认此说属实，那么凝冻而成的产物，如水、雪与雹，该可援例而为总储在云层中的了。又，收纳在云中，与收纳于较浓厚的云体之中是有所不同的，我们将何以为之分辨？水也是被太阳加热、被火加热的。可是，当热水一再收缩，直到冷透而至于冰冻，在这过程中，像他们所说的投射实不发生，而按照他们的理论，多少该凭比例投射一些。又，沸蒸，是被火加热的水，由水中所起的风造成的，这绝不是预存于水内的；他们固然不曾说沸蒸为噪声，而说是嘶嘶，可是嘶嘶，实即微弱型的沸蒸[当火在碰撞中被沃灭时，还能操持水湿，使之沸扬而作出声响]。①

还有些人，例如克赖第谟，他说闪电只是一个现象，没有实体存在。他们比闪电于这么一种视觉经验，人在夜间用棒打击海面，人们看见溅起的水似在闪亮；他们凭这比较经验，就说闪电是云中的水湿被打击而发出的耀眼现象。这些人们实不知反光的理论，现在大家多已知道这种溅水发亮是一种反光现象。水被打击而溅起，实际映入我们视线而为闪亮的，是那溅水对于某一光耀物体的反射。这种现象在夜里较为常见，只由于白昼的阳光较亮，掩了这些反光，所以我们就失于觉察。

这些就是前贤所持关于雷与闪电的各家之说；有些人认为闪电是一个反光，另些人则认为闪电是火透过了云层的闪光，雷是火

① 自370a7行起的这一长句，是很费解的。大概，亚里士多德的推理是这样的：我们知道沸煮不是由水中已有的火为之热蒸而产生的。可是恩贝杜克里设想，云（水的一个形态）中之火，发为“嘶嘶”声而成雷；嘶嘶既是水之微弱的沸煮声，因于外火，不由内火，那么彼所持说不合实际。

被沃灭时的声响,而那些火则是先已存在于云中的,不是在每一雷或闪电发作之顷碰上来的。我们的观念,则是那同一的自然物体,它在地表上则成风,在地下则引起地震,在云中则发而为雷;所有这些都得具备有这相同物体,即干嘘气。倘这干嘘气一路流行(吹进),这是风,行于另一方式,这触发地震;迨云层变化,在收缩与冷凝为水的过程之中,它被摒出,这就打雷而闪电,并作与此相同性质的另些现象。

关于雷与闪电,我们已说得够多了。

卷(Γ)三

章一

370b 让我们现在遵循前所适用的方式来研究嘘气演化于其它过程的效应。

当风性嘘气，小量的，间断地，时时发生而又散播广袤，当这风性嘘气还很稀疏而迅速吹散，这就肇致雷与闪电。① 但，这种嘘气如果发生为一实质的集团而且较为浓厚，这样的效应就发展为一个云飙风，凭当初离析而放散的速度，这个风力（风势）是猛烈的。

具备充足而持久的嘘气流的过程和与之相对反的，产生霖雨与大水的嘘气流的过程，是相似的。两者所凭以发生变化的材料②内涵兼有那两方面的潜能，于这材料，倘若给予一个冲激，而发两种不同效应中之任何一种，须按照材料中所内蕴的潜能那一种为较大而定：如其中潜湿较大，这就成雨霖，如其另一种嘘气（潜干）为主体，这就引致一个云飙。

当云中发生的风，对向着另一风吹行，其后果该应相似于一阵

---

① 亚氏于这里，以及其它章节中把雷电解释为干热嘘气聚集在云雾或风云中，被点燃而着了火的光景，现在看来，当然是不通达的。现代气象学解释雷电是电离了的大气层与云层水滴与冰晶的放电现象。云层离子分离正负电荷而积成了大气层与云层间一个高电压容器。迨电压积高到超过其绝缘度时，便击穿大气层而发出闪电。“电”的认识须在亚氏身后二千余年，在他当年是无由想象的。

② τὴν ὕλην“材料”；亚历山大《天象诠疏》(Alex.，134，15)拟这“材料”为“云”，本于卷二章三，$358^{a}21$，云兼涵着干与湿的两个嘘气。但依卷一章三，$340^{b}14$—32，与卷一章四，$341^{b}6$ 以下，气（大气）内也是兼涵有两者的。

宽阔的风被约束而经由衢路以入于一个隘巷的情况。在这样的境遇之中，这股阵风的前段或由于进入巷口的隘处，或由于那对风所作的阻力，而被逼着向外边侧冲出去，于是，这就形成为一个风的圆形漩涡。这个风的前阵被阻而不得更前，其后阵乃从后推之向前，这就逼得它不能不向无阻力处侧吹。风阵（气流）既如此阵阵相继以逼进，终于形成为一个圆转的单体（凡由单一个运动所造作的形状，必须是一个单体）：这就是在地上形成风的漩涡的始末（缘由），从云中发始的漩涡风是以相似方式进行的。可是，恰像一个云飙在形成时，风从云里继续不息地离析出来，在一个旋风中也这样，云继续不息地跟着风阵；①由于云的密度，风未能脱离以自出于云外，这先是被逼着做旋转的圆流（如上所叙述的情况），随后，由于云在失去热度的边侧处，常常冷凝，于是下降。② 由此形成的 371^a 现象，如果是无色的，是一个未成熟的云飙，这称为旋风（τύφων 台风）。凡在风从北方吹来的时候，旋风是不会发生的，天空若在下雪，云飙也是不会有的。因为所有这些现象总都是风，而风是干热嘘气；凝霜与寒冷，当其开始，就干扰而控制了它的发展。惟有寒冷为之主持，从北来的风才能引致下雪下雨；这是显然的，如果寒冷失去其控制，这就没有雪，也没有雨了。这样，当行将产生一个云飙，而未能完全自脱于云体之外，这就成为一个旋风：旋风的成

① 370^b17—371^a2 这一节是在讲论地表发生的风涡漩与空中（云中）发生的风涡漩，中间夹入 29—32 行，原文措辞（πλὴν ὅτι... τοῦ νέφους）是模糊的。揣其大意，当是在比较同是云中发生的飙风与旋风两者的差异，指说旋风是云跟随于风的；而飙风则是从云中迸发出来的。

② 参看卷二章九，369^a16。

因在于漩涡的阻力，它既不克自脱，就带着云，作螺旋形的下降以抵于地面。任何事物挡在这种风所径行的过道，全被它的冲激所掀翻，它的圆运动强力旋转而刮去任何与之遭遇的事物。

倘这风在下降过程中着了火——如果这风自体的结构恰正是较细密的——这被称为一个火旋风，当它着火而燃烧得旺盛起来，火光就使邻近的大气映有了颜色。

倘有一个结构细密的风，大量的被挤出于云体中，结果是一个雷击，如果这风的结构是很精细的，不会焦灼(那些被击物)，这种雷击，诗人们称为“亮雷”(ἀργῆτα)；①如果这风没有那么细密，这是要焦灼的，这种雷击被称为“烟雷”(ψολόεντα)。由于具有高细密度那一种风运行(迅速)，②而正因为这个速度，它未及燃烧(那个击着物)而已过去了，或还不够使之焦黑的时间，它已过去了；至于那另一种运行较慢的，则虽已灼热那个击着物，使之焦黑，但还嫌太快，未及使之燃烧。这样，凡经雷打的目标，其具有抵抗力的，受击就严重，那些不作抵抗的，就不受什么损害，举例以言之：据说曾经雷击的一支矛，③它的铜头是被熔化了的，其木柄却全无损坏，推究其故，木材的结构松疏，所以风(风雷)能穿透过去，而不加损伤。相似地，雷有击透了衣服的，衣服没有焚烧，却变成了一些

---

① ἀργῆτα“亮雷”：谓之诗人之语，见于阿里斯托芬剧本《群鸟》(Aristophanes, *Av.*, 1747)“κεραυνός ἀργῆs”(亮雷)。

② φέρετει“运行”以下当有缺漏，依修洛(Thurot)《关于亚〈天象〉评议》校补 διὰ τάχους“迅速”。

③ ἀσπίδοs“盾”，兹改作“矛”译，这才能符合下文的叙述。

破线条了。[①]

这些例示,可以作为确凿的证据,说明所有雷与闪电所显的那些现象,全是以风为本的。有时,我们也得有当场目睹的证据,火烧以弗所大庙就是一个近例;[②]这里人们观察到一片一片的火焰,从大火本体撕开,四处播散。这是显然的,我们已在另处申说过了,[③]烟是风,这是会得燃烧的风;当烟集结成团而吹动时,这就明白地看到是一种风了。在那一回遭遇的一个小型火灾中,火势却较为强烈,这是由于烧着了的材料为量较多。当风所炽发的火芒,碎裂开来,它所着处,就爆出而升起烈焰。这里人们看到火焰在空气中运动,掉落到邻近的屋宇上。我们必须确实地设想,风本为雷击的先行,而又跟着雷击随后赶来,只因为它是无色的,所以一直不为大众所明见。这样,凡雷将打击的事物,在受击前,它就在移动,因为那引致雷击的风,先雷而吹到了它身上。雷也能劈裂事物,这不是凭其噪声(雷响)劈裂的,这里发生了一个独进的单风而骤作这一打击,因此打击,才轰出响声;这种风雷打击物件,只把它劈开,是不会烧了它的。

我们关于雷、闪电与云飙以及火旋风、旋风(台风)与雷击,于此结束;我们已阐明了它们在物质本体上全属相同,也叙述了它们之间所显示的各样差别。

章二

现在我们该应讲到晕与虹,说明它们各是什么,并说明它们的

---

① 这一句,按照亚历山大《天象诠疏》索解。

② 以弗所大庙因雷震失火事,在公元前 356 年。

③ 见于卷一章四,341^b21,参看下文,卷四章九,388^a2;又《生灭论》331^b25。

成因，也还得讲到假日与日柱；所有这些，他们的成因全属相同。

首先，我们该叙述这些现象各自的实际性状。

环绕于太阳与月与明星的一个晕①的全圆圈是常可见到的，夜间和昼间，即午间或午后，同样可以见到；曙时与夕时，晕是较稀见的。②

虹（霓）③永不形成一个全圆，它的弧段也永不会超过一个半圆。日出与日落时，这圆是最小的，而弧段是最大的；当太阳较高地照着时，这圆大些，弧段较小。④ 秋分后，昼短，整个白昼都会碰见虹现；夏季，在午刻，虹是不出现的。没有人见到过两个以上的虹同时出现。两虹并见时，每虹各具三色，颜色之为彩为数，两都

372a 相同，但外虹色彩较为黯淡，而且其排列作相反的顺序。内虹的第一圈（带），也是最大的一圈，是红色的内圈，紧靠着这内虹的红圈，却是最小的一个圈（带）。其它诸圈就如此为相符应的排列。虹的彩色几乎是画家所不能调制的唯一色彩；画家于某些颜色是可用它种颜色调和而作成的，但红、绿与蓝不能凭调和产生，这些却正是虹

---

① ἅλως，ἡ(halo)“环日圆盘”。中国《晋书·天文志》称“晕”；有云“日晕五重”，又有云“月晕北斗”。中国古气象学以“晕”为将有风雨之兆。参看下文章三，372^b19—20。

② 晕是光的反射，散射混杂而成的现象。以折射为基本作计算，地面观察者与日月光源的角度；在棱镜面 60°角，可见晕为 22°，在棱角 90°时，可见晕为 46°。

③ ἴριδος，根于 ἶρις，ἡ 眼中虹彩，英语 rainbow“虹”，都现于雨后故名“雨弓”。《楚辞·哀时命》“虹霓纷其朝霞兮”，正谓早晨日出时见虹。旧注虹为彩弓之内环，霓为外环。中国神话以虹为雄性，见于陆地，霓为雌性，见于海上。

④ 这一句，盖有语病。虹弓，即其半圆，不随太阳的上下（高低）而增减或盈缩。ἡ ἁψίς 拱或轮车的辐合段，兹译“弧段”（圆的部分）κύκλου μέρος。参看下文 373^a4 行。（照文义，盖谓晨夕间，虹弓可及 180°；日高时的虹弓短于 180°。）

的色彩——虽然在红带与绿带之间,时或出现有一个黄色带。①

假日②与日柱③常出现于日旁,既不在日上面,也不在下面近地处,也不作相对反形象;④它们必不在夜间出现,而总是在日出或日没时出现,大多是在行将日落之际,傍着太阳附近发现。当太阳高照之时,它们是绝难见到的,虽则竟有一回,在博斯普鲁,人们看到两个假日与太阳一同升起,而且整昼照着,直到夕没。

于是,这里所说的就是这些现象的各别性状,与一般性状。它们既都由于反射作用引起的视象,其成因实际相同。⑤ 因为所反射的或是太阳,或是别的明亮物体,和反射所发的表层有异,

---

① 虹霓色彩为雨或雾滴之阳光折射与散射,与棱镜中所得阳光之折散者相同,其散开色带之顺序为红橙黄绿蓝紫(或云七色者,系蓝中析增青色)。亚里士多德简并之为三色:红(兼并橙、黄)、绿、蓝(兼紫)。但他有时也把黄色析出,说红与绿间有黄带。画家的原色为红、黄、蓝,不是红、绿、蓝。亚氏此句盖有误失;绿色是用黄与蓝调和而成的。红与绿与蓝,无论怎么调配,皆不能得黄色。亚里士多德所云两虹并见者:内虹为"正虹",是初次折射所示现;上叠而色序倒排者为二次反射所示现,今称"副虹"。正虹,红带在内,紫带在外;副虹,紫带在内,红带在外。日晕与月晕和虹霓现象、相同为光的折射与散射;中国古天文家(气象家)辨色:《晋书·天文志》,"日晕五重"。庾信诗:"星芒一丈焰,月晕七重轮。"

② παρήλιον, τὸ 或 παρήλιος, ἡ 谓日旁出现的一个日影;英译作 mock sun"假日",或称"sun dog"日狗;但"日狗"亦以称"断虹"。气象学上音译作 parhelion。

③ ῥάβδων 一支小棒,英译作 rod"棍";气象学上或称 sun pillar"日柱"。

④ 参看下文,本卷,章六,$377^{b}27$ 行以下。

⑤ 亚里士多德对于 ἀνάκλασις 反射,在《天象》全书中(例如在这一章节,以及卷一章六,$343^{a}2$)的命意,似乎是人的眼光辐射向目的物,不是目标,例如日或月的光辐射,投入了人的眼睛。这本是柏拉图的光的观念,见于柏拉图对话《蒂迈欧》篇(Timaeus,45B)。亚里士多德原来执持相反的意见,见于《灵魂》(*de Anima*)卷二章七。亚历山大《天象诠疏》(140)认为这样的观念对变,于应用光学几何(Optical geometry)来解释反射的一一实际现象的实验方式与效果是一样的。参看埃第勒(Ideler)《亚里士多德·天象》卷二,273—274 页。

它们就此表现为各别的形态。[①]

虹出现于昼间，也在夜里，有月亮为照明的时候出现，虽则早先的思想家们认为夜虹永不曾见过。虹，实际曾在夜里出现，但这就如此的稀有，因而人们失察了；正由于绝少见到，他们便否定了这现象。夜虹少见的原因，在于黝空隐蔽了颜色，而且虹的出现，需要多种条件的会合，[②]所有这多种条件须交汇于这一月份的月盘全圆[的望日]之夜。凡夜虹的出现，必然是在这样的日子，而且必然是在月初上与月将没的时候。所以，我们在经历了五十余年那么长的时期，只碰见过两番夜虹。

我们于上项陈述的事理，必须参征于光学，而后才能相信，我们的视象（视觉），实际是从空气，与其它物体之具有一个平匀表面

---

① 晕与虹是由光学反射与散射形成的；假日，日柱等则由折射所形成。在亚里士多德时代，已懂得了镜面水面等的光学反射现象；光波的设想，还远没有成熟，不能知道折射（refraction）与散射（diffraction）现象，所以把上述这些气象奇观，统归之于“反射”作用。近代物理阐明了：光经一狭缝时，长波与短波会得析离而为散射；通过棱镜的晶面，也发生同样的效应。这是晕与虹的光学原理。光波辐射通过不同介质，速度有所变异，这会发生折射。这是发生假日、日柱等的光学原理。在光学几何与气象物理学发展到近代，这类奇异天象已成为可解释与可计算的平常现象。

② πολλὰ δεῖ συμπεσεῖν“需要多种条件会合起来”到下一章 372^b12—373^a31，作成详细的说明。他所举虹，以及晕的示彩必有云雾中的雨滴作成一个反射与折射的镜面是明智的。现代气象学研究可以为之补充的：(1) 水滴直径在一毫米（千分之一公尺）以下的，对于一个折射光源，可当作一小小的球形灵视（望远镜的目镜片与物镜片），发生内部反射作用。这些小小的球面，因其直径大小而于长短光波作不同的吸收与反射，而在空气各层稀密有差的介质中，就造成折射与散射的同心环形彩圈，其颜色的排列依从于光波长短，红长波在内，紫短波在外。(2) 大气中，凡湿度（含蒸汽量）超过各个温度上的饱和点，就可凝出水滴。但实际上凝云都在湿气超饱和后开始的，或在热空气遭遇冰点以下的冷气团，才凝结成云雾，云雾中因此常含有很多微小的冰晶粒。这种冰晶体直径只能以微米计，这些六角形小粒的断面，联合起来，较小水滴为更好的反射镜面，也比小水滴能发挥更好的棱镜（折射）作用。

者，恰如从一个水平面上，反射而来到的，我们还须参征一些镜平面的反射现象，于某些镜面能由反射显示形状，另些镜面却只反射 372b 颜色。于镜之小小者，我们不能于较大的物象分区感光，这样的镜面就只能反射颜色，不能反映物体的形状。(凡物象之具有形状者，必其形状是可区划为小块的；倘这镜面能反映形状，这就该可加以区分的了。)但这镜面的反映，于物状既已不能作区分而它又不能不有所反映，于是它就只能反射其颜色了。[①] 在反射中，有些物体本具光耀的颜色，映出了原色的光耀，可是另些，或由于镜面颜色的玷污，或由于我们视觉的衰弱，发现为另一[不光耀]的颜色。

关于这些题目，让我们承应我们关于研究感觉所得的结论，于此姑予存照，而在当前只提示几个要义。

章三

让我们先讲述晕的形状，并解释它何以作圆形，以及当它出现时总是环绕着太阳或月亮，或相似地环绕着其它诸星体中之一星的缘由。于所有这些议题适用相同的解释。

当空气与蒸汽凝结成云，而这一凝结恰是匀整的，其组成的粒

---

① 这里，亚里士多德实际已是在叙述晕彩与虹彩的“折射”现象，那时虽还不明光行于不同介质中的速度，各个波长有所差异的规律，也还没有三棱镜这样的光学实验仪器，但从镜面或水面或某种晶体面，偶而见到阳光的播为多色，是可能的。当时的光学与几何(量地术)，都在作始的初期，还不能进行量性的(数理的)真确解释，他前后都把“折射”混作“反射”来解说。关于空气与水，作为光的传递介体，参看《灵魂论》，卷二章七，418b21—24 等节。

子(水滴)又是微小的,我们视觉的反射就此开始。这一凝成体,[①]于是成为降雨的预兆,倘这[由此所成的晕]断裂(破碎),这是风征,倘这淡消,这就指示天气随将晴朗。如果这个[云体或云层]既不淡消,也不破碎,这就照示蒸汽的凝结还在进行,而且将继续进行,直到势必降落,所以凭为将雨的征兆是合理的。也正为此故,这些[晕]较之其它[诸晕]颜色最为暗淡(黯深)。但,这若破碎,便成为起风的预兆:因其破碎而推求其缘由,可测想它的近处已在发风,只是尚未吹到这里。随后验之,这是确实的,跟着到达的风,正从破碎大处那一方向吹来。如其淡消,这主有晴天。这里,显然凝水的冷气未能抵挡干烈嘘出物的热度,那么,这就得云散天清。

373a 这些就是反射在其中进行并实现的大气情况(条件)。我们的视觉是从那环绕着太阳与月亮而凝成的雾中通过反射而获得的;所以晕有异于虹,它不像虹那样在太阳的反向出现。[②] 又,反射在任何方面(方向)都是对称的,这就必定展开而成一个圆圈,或圆圈的一个弧段。如果若干直线,从同一点画到某些点,与从某些点画向那同一点的若干直线,是等长的,这些点,由以构成的[相等的]

---

① 照上句中 συνισταμένου“凝结”成云(17 行),则本句的 σύστασις“凝成体”(18 行)应该承接而说“云”,但实际却在讲“晕”为气象的预兆;以下在解释,因何而为征。拟其间有一句阙文。(参看埃第勒,卷二,277 页。)

② 约翰逊,《物理气象学》(1954 年)第六章“大气悬浮体的折射与散射”(181 页),观察虹的必需条件:(1) 阵雨间,又出现阳光。(2) 正虹:太阳在背后,雨下在观察者的前面。(3) 副虹出现的条件与正虹相同:日照在后,雨下在前。副虹叠在正虹之上,色带作相反排列。(4) 三重虹是很浅淡的,在对着太阳的方向,偶可得见。颜色排列如正虹。(5) 四重虹,颜色浅淡得无可辨识,也可说是没有的了。

角，都将着落在同一个圆圈之上。① 试从 A 点至 B 点，画出 AΓB，AZB 与 AΔB 线，各作成一个角；使 AΓ、AZ，与 AΔ 线，各为等长；由这些线的终点画向 B 的 ΓB、ZB 与 ΔB 也等长。画出 AEB 线，由此所建成诸三角形，既同以 AEB 为基线，便应是等角的。从这些三角形的角点 Γ、Z、Δ 各画一垂直于 AEB 的直线，即 ΓE 线、ZE 线与 ΔE 线。于是，这些垂直线既出于相等的三角形，又且在同一平面上，应该是相等的了：它们各都与 AEB 基线上的 E 点，成一直角。这样，以 E 点为中心，Γ、Z、Δ 诸点就可画成一圆圈。B 点恰当旋运进程中的太阳，A 点是眼睛，经由 ΓZΔ 画成的圆周，就是我们视觉反射到太阳而映于云层的视象[即晕彩]。

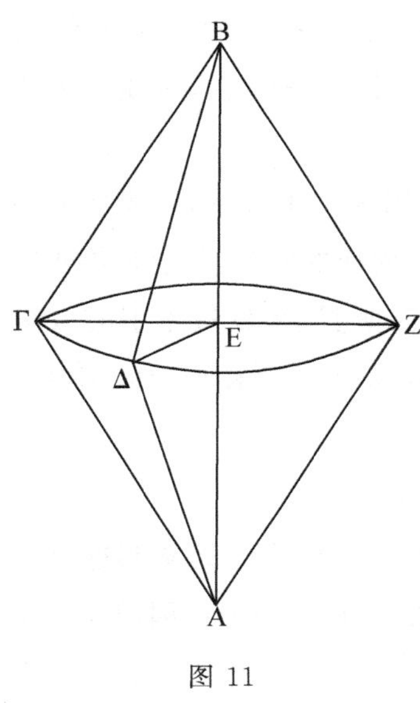

图 11

[云雾中的]反射粒子(镜映微粒)必须考虑之为一延续体；每个粒子(水滴)各是这么微小到几乎是看不见的，但当作一个相联接的延续体而示现其作用，这就总成为一个单独的平面。太阳，即那个明亮的光源，被这延续面的每一反射粒子映出的光点，在我们

① 这里，亚里士多德只是把自己对于“晕”的光学设想用图解为之表达如此。当时的几何语言也还是不完善的。他已确知“光源到镜面的入射角与镜面向观察者眼睛的反射角相等”，这样一个原理；于折射与散射的光学几何，他还不能想象。所以，这图当然不能正确解明晕的成因。

感觉上是不可区分的,[1]于是阳光(辐射)就得展开为一个延续的环形。晕环出现于离地较近的空间(云层),因为那里比较平静;晕若为风所搅动,就不能维持其示像的位置。[2] 挨着晕环的亮圈,有一个暗圈,这一暗圈有晕彩的光耀所反衬,显得比它实际的色调更暗些。

环绕月亮的晕,较日晕为常见,这因为太阳较热,阳光所照临处,大气中的凝云较快的消散了。由于同样的原因,晕也环绕于明星而形成,但星晕生于不足重视的轻云薄雾,其聚散不引起气象(气候)变化,所以它们异于日晕与月晕,不取作气候变化的预兆。

章四

这已讲过了,虹是一个反射。我们现在应当进而阐明这是什么一种反射,它的各种特性是怎样形成的,以及凭何原因而获得这些特征。

我们的视象是从一切匀整平面,有如水面与空气面,被反射得
373b 来的。气在凝结时,起反射作用;但人们在视觉衰弱时,即便空气还不在冷凝,也会产生一个反射。这就可举示为一实例;一个视觉衰弱,观象模糊的人,当他步行向前时,常看到有一影子在他前面,正对向着他自己。于他时常发生这一现象的原因,盖就是他自身

① 这里,373a19—23 实际也在说"折射"现象,但所应用的仍只是"反射"的语言,这样终久未能把这光学现象说明。亚里士多德所称"反射粒子" τὰ ἔνοπτρα,由于体段微小,只能反射颜色,不能映见形状(372a32)。

② 亚里士多德的大气分层,见于卷一章三(参看汉文注释),προs δὲ τῆ γῆ"离地较近处",于"晕"的实际高度,还是没说清楚。牛津英译本把这一句移缀于下句之后。

的映影;他身体虚弱,视觉就那么黯钝,虽是邻近的空气,也成为一个反照的镜片,他竟无法豁脱这样一个苦缠。① 远处的浓密空气,当然就这样的正常地具足一个镜面的作用;这恰可凭以解释,方东风起处,海上的岬尖(或顶堡)看来似乎抬高(浮上)了的,而且凡所遥睹的一切事物,都显得异常地大了些;在雾中和在夕阳时,所见事物正也如此②——例如太阳与明星,当它们[在地平线上]升起和没落的时刻,显得比在中天时刻大些。

但,反射,主要是从水上发起的,而且在成水(冷凝)过程中的水,[作为反射面]较空气[作为反射面]为优胜:因为在冷凝时所成蒙蒙雨的每一雨滴,较之迷雾,作为一个反映的粒子,必然成为一个较优良的镜。现在这是明白了,我们前已讲过,③这种镜面只反映颜色,不显示形状。于是,在行将降雨的时刻,云中的气已冷凝为水滴,而雨还没有直下,正当此刻,倘若对向于云,恰有太阳或别的如此耀明的物体,为这云镜所反映,这就产生色像,而必不照见形状。每一个反射粒子是小到不能目见的,我们所能见到的一切,是由它们所形成的延续性体段:于是凡示现于我们的,必需是一个单色的延续体,因为各个反射粒子,所映出的颜色和那整个延续体

① $373^{b}4$—10 这一视觉衰弱,观象模糊的人,参看《记忆与回忆》(*de Memoria et Remin.*)$451^{a}9$"渥留奥人,安底费隆"注。

② 李(H. D. P. Lee)英译本注"亚里士多德这里所设想光学现象,不明其如何产生。参看《集题》(*Problemata*)二十六,53"。汉文译者拟此节所说为站在海岸的人们所见的"海市蜃楼",是光线通过空气,水,或云雾,不同介质所产生的折射现象,西方称为"mirage"。中国最著名的"海市蜃楼"在山东半岛的登州(文登)岬(蓬莱),具详于宋苏轼《东坡集》中之"海市诗"。今登州人在适合的机会还会见到。

③ 本卷章二,$372^{a}32$—68。

的颜色是一样的。既然这些情况，在理论上是可能有的，我们可以设想，当太阳和云恰在这样的相互位置，而我们恰恰处身两者之间，反射作用于是就现出一个影像，虹就在这些情况(条件)下出现，更不要其它条件。

这里，已够明白了，虹是我们视觉对于太阳的一个反射作用。所以，虹常与太阳在对向，晕则环绕于太阳。两者都是反射，凭颜 374^{a} 色(色彩)的差异，为之识别，虹是从在远处，暗深的水反射来的，而晕乃出于近处的气的反射，气自然地是较轻淡的。

明亮的光，照透一个暗黑的介质或反射于一个暗黑的介面上(两事实际上并无差异)显示为红色，[①]这样，人们可以看到，从绿柴(活树枝)燃烧起来的火焰泛红，这就因为耀明的，清亮的火光混映着一大堆乌烟的缘故；透过迷雾，或烟幕，看太阳之作红色，也正由此。虹，既是一个反射现象，所以它的最外一圈也该是这个颜色，因为它的反射正来自一些小水滴；[②]但于晕，这个颜色是不见的。至于其它诸色，我们将留待后讲。又，这种冷凝，绕于太阳自身，[③]不能滞留，它或则浓集而降雨，或则旋即消散：只是对向于太阳而形成一水滴，这还得看一些时间历程。如其不然，晕该得具有虹样的着色。实际上，没有像彩虹那样颜色的完全的环晕，只短小的片断成像，称为“日柱”(棍棒ῥάβδοι)者，是有的；因为这种成像

---

① 见于《感觉》(De *Sensu*)，440^{a}10，《颜色》(*de Coloribus*)，章二，792^{a}8 行以下。

② “雨水也是暗黑的”这里承上文，隐括有这么一个分句(许多小水滴的联接相当于积深了的水)。

③ περὶ αὐτὸν τὸν ἥλιον“绕于太阳自身”，这里只是说，地上的人，仰看日晕的现象，“自身”是可删的。

出于迷雾,而迷雾则是起于水或其他暗黑的物质存在于其周围的气氛。具备了这些条件,我们认为这就可得见到一个完全的虹,[①]有如我们在灯烛外圈所见到的那样的虹。在冬季,环绕着灯烛确实形成有一个虹,尤其是在吹着南风的日子,这于那些眼睛水汪汪的人最易于清楚地见到,因为他们视觉萎弱,这就那么容易被反射所映。环灯烛的虹彩之成因,在于空气中的湿性和灯烛所生的煤烟两者混合于火焰而形成了一个反映的镜面,其暗黑色乃是凭烟灰发生的。[②] 这样,灯烛光不示现为白色而作紫色,形成为有如虹样的彩环,但由于反射的影像既属淡弱,[③]那个镜面,又属暗黑,所以,红色是缺失的。在海面上划桨击水而产生的虹彩是凭与天空虹彩相同的关系位置出现的,但于颜色而论,乃与环绕灯烛的虹彩较为相似,这显示紫色,不现红色。在桨与虹之间发生了若干微小水滴,形成为一个延续的反射表面,这个表面当然完全是一些现成的水构造起来的。如果有人把一股水洒为溅沫,喷入一个房间,这房间朝向太阳,于是一部分就照映着阳光,一部分在阴影之中,这也会产生一个彩虹。当任何人按照这样情况洒水入室时,凡站在阳光映着与阴影临界之间的人他就能看到一个虹彩的出现。这个成虹的方式实际与划桨成虹的方式是一样的,原因也属相同,那个

① 参看上文 374^{a}1,虹是透过一个暗黑介质,例如水的反射。

② 按照这句的大意:虹因湿性(湿气),因烟灰以形成,烟灰的暗黑色供应了一个反射镜面的作用。修洛《天象》校本,于 τότε γὰρ γίνεται ἔνοπτρον(形成为一个反映的镜面),加有删除括弧。亚历山大校本不予删除。

③ 依牛津英译本:"灯烛光当然是淡弱的。"

用水洒落所起的作用,正与划桨相似。①

以下的研究,我们将阐明有如我们前已叙述的虹彩诸色,②以及其它颜色,是怎样在虹内示现的。我们必须记住,前所讲过的一些道理,③并承认以下这些原理;(1) 白光反射于一个暗黑表面,或透过一个暗黑介质,产生红色。(2) 我们的视觉(目力)随距离之加长而减弱,渐以损小其效能。(3) 暗黑色是对于视觉(目力或目光)的一种阻抗(否定),眼前出现黑暗显得我们目力有所亏缺;凡处于远距离的目标看来较暗,这就因为我们的目力未能到达它们(那些物体)那里。这些原理,该应在考察感觉过程中,加以验证,这些题目的讨论,实际属于感觉理论;对于我们当前的研究,于这些原理的讲述,就到此为止,不须多说了。何故而远物看起来似乎暗黑些、小些,[不整齐物]看起来较为整齐,有如在镜中看到的那样,又,何故而云在水中被反射而见到的影像,比我们直接看到的较暗黑,对于这些问题,无论如何,这些原理已出示了其理由。这后一例是特殊地清楚的;凭反映来看物象,我们的视觉是减弱了的。至于影像的这种变化,究属由于物体或由于我们的视觉,这是

① 卷三章四,于虹彩与晕彩,先汇集了有关的实录,而试作光学与几何的分析与图解。至 $374^{a}25$—36,例之于常俗所见环灯烛彩圈,与划桨击水所引发的水上彩圈,把这些客观事实,归纳起来,作成了对于反射[与折射]的综合论断。$374^{b}1$—8,用水喷洒入于一室内,半向阳半遮阴的空气之中,也能看到虹彩,这就实证了日虹、月虹和日晕、月晕的反射镜面[与折射介质]确就是云雾中水滴的聚合所造成的镜面[与棱镜]作用。这一章恰正导始了近代对于各方面科学研究的归纳与演绎、分析与综合、理论与实验,两相交会的并行进展方法。读者原谅,他对于折射与散射的误失,而重寻全章光学(反射)的要旨,庶几于二千年前亚里士多德的学术思绪,知所敬佩了。

② 见于本卷章二,$372^{a}1$ 行以下。

③ 参看 $373^{b}9$,$374^{a}3$。

没有关系(差别)的;两方面各所引得的结果相同。大家也不可忽视以下这一现实;于一朵近接于太阳(在高空中)的云,当我们直接注视到它,它显为白色,没有泽彩,但当我们看它在水中的反映,这明明是带着虹彩的。理由是显然地就在这里,我们的视觉凭一角度透过反射所感受的影像,是如此的减弱了,凡暗黑的显得更为暗些,凡是白的则白性减少,而向暗黑靠近了。当视觉恰正够强健时,这里的颜色变入于红,如果不够强,则入于绿,倘又更弱,乃入于蓝。自此以外,色调更无它变;有如大多数的演变,①色变的全过程也分作三个阶段,更多的阶段是不可得见的。这就是虹何以为三色的缘故,也是,假如虹而叠见,各作三色,但叠虹的两幅色带排列,乃成相反的缘故。正虹②的外圈色带是红的,外圈周围是最大的,对这一色带的视觉接受最强的反射(所以是红的):凭相应的意义,着落之于第二第三带,就各现示其相符的色调。这样,假如我们所拟诸色所由示显的缘由为不误(正确),③则虹就必然是三色的,而且必须只是上述的那三种色。虹内出现黄色,④是由于其它两色相互对照(陪衬);红色与绿色相衬(对照),虹就显得淡亮了。(虹内黄色,处于红与绿两色之间。)⑤这样的对照,可举示一个实例,当云最浓黑时,所成的虹是最纯正的,在这情况中所现的

---

① 参看《说天》(*de Caelo*),268^a9 行以下。

② ἡ πρώτη“第一虹”,即正虹,亦称“内虹”(ἡ ἔσω) 参看 372^a1—5,375^b6。

③ 见于 374^b9。

④ 依现代光学,于虹彩色谱,在红与绿色之间应为橙色与黄色以“互相陪衬”或“对照”(διὰ τὸ παρ' ἄλληλα φαίνεσθαι)解释橙色,也是可以的。在亚里士多德当时,大概把橙与黄看做了一个色(黄)。

⑤ 这句略同于 372^a9 句,拟是一个后添注,资以解释上一句的。

虹彩,其红带乃较多黄彩。这样,由于周遭云氤的暗黑为之对称,整个红带就显得清亮;比照于浓重的云容,虹彩乃转觉轻淡了。当虹行将消散的时候,红带[最先]湮失:此刻白云为之作衬,挨次于红绿乃转出为黄带。可是,关于衬色的最好说明,还得举示月虹的情况。月虹显作全白色,这就因为它是在夜里乌云中出现的。[谚云]"火上加火",良有然者,以黑衬黑,以暗陪暗,便使彼次于暗黑如红色者,显得明亮而且清白了。于颜料,同样的效应也能见到:在不同图案的织锦或绣裳材料显现的色彩,有说不尽的千差万异:譬如紫色,在一个白底片上或一个黑底片上是大不相同的,光线的差异能肇致类似的色彩(色调)差异。绣花的人们说起他们(她们)在灯光下工作时,常常辨色有误,心想取这么一个色,却把另一色的线挑选了出来。

这里就是虹彩何故而为三色,以及限止于只是这么三个色的说明。两叠虹(重虹)的色彩,以及其外虹(副虹或辅虹)的色带作相反的排列而且色泽较为黯淡,也凭同样的缘由而为之阐释了。重虹所表现的副像减弱,和我们视觉器官与远物间,因距离加长而
375b 视象减弱这样的效应是相同的。① 由于外虹的反射历程须进行到较远的位置,它的刺激视觉能力因此而有所减逊,视象所现颜色自然较为黯淡。由于从较小圈的内带抵达于太阳的刺激能力较强,所以颜色的排列成为倒序。最接近我们视觉的颜色,是从靠着正虹(内虹)最紧的色带,即外虹的最小色带,反射来的,这就当然是着了红色的。于第二、第三色带,所以解释其顺序者也如此。

① 参看本章上文 374b9 行以下一节,虹彩诸原理的第二条。

[作图:]B为外虹,A为内虹,即正虹;作为颜色的标志,我们以Γ为红,Δ为绿,E为紫。黄色的示现将必在Z处。

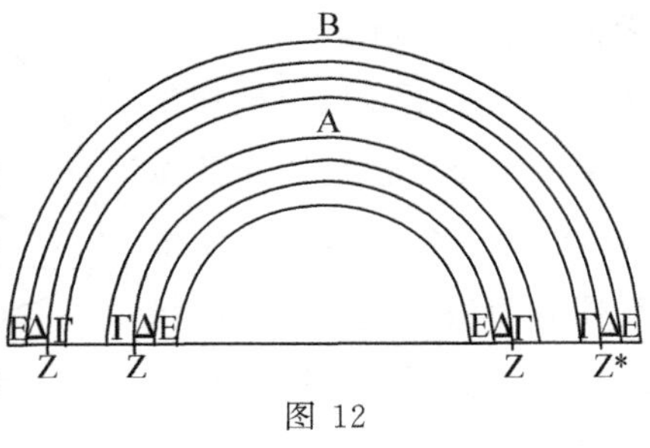

图 12

三或更多的叠虹①从来没有见过,第二虹既然已较第一虹为黯淡,那么第三虹想要反射以抵于太阳,其为力实太萎弱,而是势所不能达到的了。

章五

虹,永不能作全圆,或超过半圆的一个弧段:我们可以作图来阐明这个道理;虹的其它诸性状也可凭这图而得以了解。

Ⅰ.(1) A作为一个半球(天穹半球),着落于地平线圆周之上,地平圆周的中心点是K;H是升起到地平线上的另一个点。②以HK线[及其延伸]作为一轴,用K[当作锥尖]圆转为一圆锥体,联K与M诸点,作诸直线,M诸点[为锥体的一圆底],从天穹半球表面上,由之而循(HKM)那些钝角,反射还于H;由K起而止于M诸点,皆着落在[那锥底的]圆周线上。倘这个反射现象开

① 参看本卷章三,$373^{a}4$ 行注。

② 在Ⅰ(1)节,($375^{b}19$—29)所作图,立意在用几何光学来证明,虹在日出没时应为半圆,日没前或日出后,角度较高时,须小于半圆(见于 $375^{b}16$—18)。图上K点,在亚里士多德想象中为站于地球上看虹的人眼,H为日(或月)在地平线上出现的光源。在地平圆周以上所看MMM诸点为虹所示现处。诸M点,以KHM锐角旋转而成的锥体,其底圈上半圆如虹弓所示迹。

始于(H)一个升起或落下的天体[例如太阳或月亮],凡在大地的水平线以上被切割下来的那个[锥底]圆圈的弧段,将是一个半圆。倘那个天体升得高一些,这弧段将较短于半圆,倘它升到中天,这弧段将是最小的了。

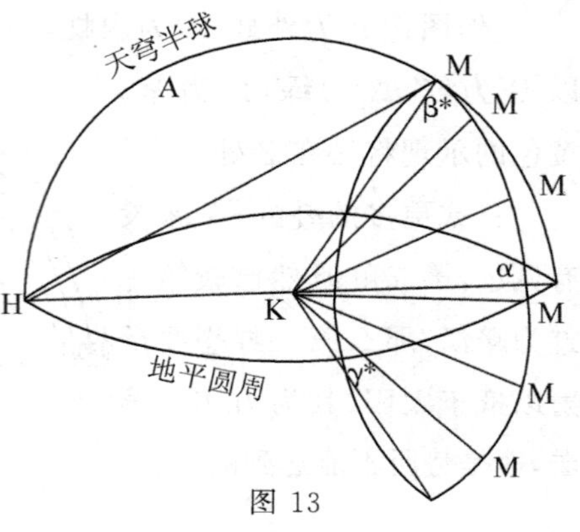

图 13

(2)让这天体恰恰在 H 点升起,KM 线则反射到 H,由此而形成有 HKM 这样的一个三角平面。① 延展这三角平面,将可在天球上面切出一个大圆:我们在
376a 这里,称之为 A。(由 KMH 三角决定的,通过 HK 构成的诸平面都发生同样作用,不必专求某一平面)于是,从 H 点与 K 点向 A 半圆线上,M 点以外,任何一点[例如 P],画出直线,这些直线[HP 与 KP]相互间的关系,将是不同于 HM 与 KM 两线之间的。若 K 与 H 为定点,

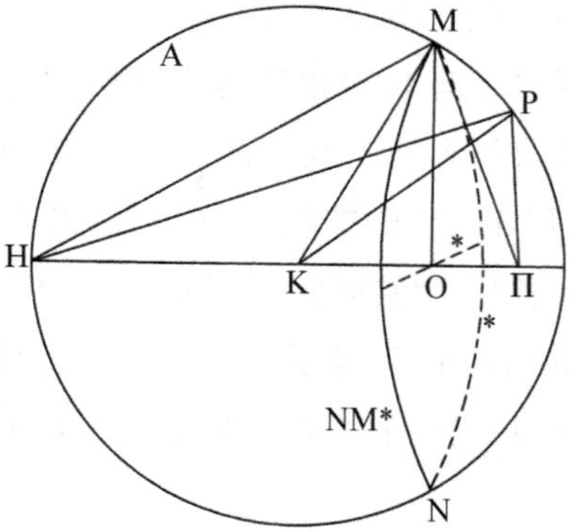

图 14

① 这里删去了 ἐν ᾧ ἡ A“在 A 上面”这个短语。上文(375b9—20)标 A 为天球(天穹球面),这于 HKM 三角平面而言是不合的。牛津英译改为“天球上的一个大圆”τοῦ ἐφ' ᾧ τὸ A 这样的短语合乎理解,也合乎下文 A 的新标记;但在这一句中,还是可省的赘语。

则 HK 线为定线，而 MH 线也跟着给出了，还有是：MH 对 MK 的比例也就有定数。M 点，接触于天穹圆周线[而绕 HK 轴旋转，可得在天球面上]切出另一个圆周，我们称这一圆周为 NM；两个圆周的交会点是在 M，M 既是一个定点，那么 NM 圆也就被给定了。① 但，从同一 H 点和同一 K 点，在同一平面上画向 MN 圆周以外，另个[点，例如 P，所旋转成的]圆周，那些直线间的相互比例将是不同的了。

(3) 在上一图(图 14)外，画一条直线(ΔB)，分作两部分，Δ 与

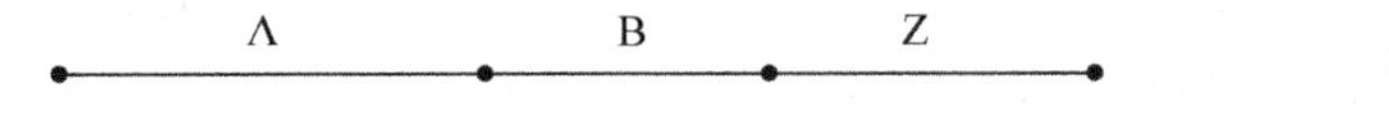

图 15

B，其比例为 MH∶MK。MH 较大于 MK，因反射是从锥体的较大那个角上映照出去的，这是 KMH 三角形中[的钝角，即]较大的一角，[所以 Δ 较 B 为大。]②延伸 B 线而作 Z 线，使 Z 线之长，加之于 B，即 B+Z，对于 Δ 的比例恰与 Δ∶B 的比例相同。延伸上一图(图 14)中的 HK 至于 Π 点，使 B∶KΠ，同于 Z 比 KH。联接 Π 点与 M 点，作 MΠ 线。于是，Π 点将是从 K 点引出诸线所作圆的轴心，而其下垂线又正应着落于这轴线：Z 对于 KH 的比例，与 B 对于 KΠ 的比例是和 Δ 对于 ΠM 的比例相同的。如其不然，假设

① 这里原文太简略，只是所说的交会圆周，显然是指(1)由 HKM 三角形所构成的平面切割着天球而画出的 A 圆周(上文 $375^{b}33$ 行)与(2)，上一图(图 13)所作的圆锥基底圈，即 MMM 诸点所成圆。因此我们在译文中补了若干[　]。

② μείζων ἄρα καὶ ἡ Δ τῆς B 原文有此累句，好些校本保存这么一句。兹从福培斯(Fobes)校加[　]，予以删除。

Δ应与一条较ΠM或长些或短些的直线作此比例,(或长或短是没关系的,只要不是同ΠM一样长)作ΠP为这样的一线。于是HK与KΠ与ΠP将是各别相应于Z与B与Δ,在相互间的比例。但Z、B与Δ相互所作比例是这样的,Δ∶B,仿于Z+B∶Δ;那么,相应地ΠH之于ΠP,相仿于ΠP之于ΠK。由此,如果从K点与H点画出HP与KP线,止于P点,这样画出的两线的长,其相互间的比例将相仿于HΠ对于ΠP间的比例,因为三角形HΠP和KPΠ三角形,两共有那同一的Π角。这样,ΠP之于KP间的比例,也将相仿HΠ之于ΠP间的比例。但MH与KM也作如此的 376b 比例,因为HΠ∶ΠP和MK∶MH的两比例,是恰相当于Δ之于B间的比例。所以,从H与K点,凭相互间同样的比例,画出诸线止于MN圆周上,而又止于别的点上,那是不可能的。所以,在这论题中,既然Δ必须对于MΠ作成如此的比例,它对于较长或较短于MΠ的线就不能得相同的比例(或较长或较短是没关系的)。于是MΠ对于ΠK的比例和ΠH对于MΠ的比例是相同的[最后,MH之于MK的比例(也相同)]。①

(4) 这里,倘使以Π为轴心,用MΠ这距离(作半径),画出一个圆圈,这个圆将接触到从H与K点上反射来的所有各个角度。像上已显示了的那样,如其不然,而认为从A半圆上各个点画出诸线,都能相互间获致相同的关系,那是不可能的。这里,倘使你于HKΠ这直径上,旋转A半圆,所有从H与K点,反射到M点的诸线在所有角度上,是会得作同样比例的。KMH角则将恒定

① 依福培斯(Fobes)校,删"καὶ λοιπὴ ἡ τὸ MH πρὸς MK",加[ ]。

不变,HΠ 和 MΠ 在 HΠ 线上所作角也将是恒定的。这样,在 HΠ 与 KΠ 上的诸三角形相应地等于 HMΠ 三角与 KMΠ 三角形。它们的垂直线将下落到 HΠ 线上的同一点,并且全都相等。使它所着落的这个点,标为 O。于是以 O 为中心的圆圈,在这圈上,就得有为地平线[①]所切割着的 MN 半圆。[②]

[因为太阳能施展及于近地的部分,而消融大气,它的能力管不到在上的部分。所以虹圈就不能成为全圆。夜间,由月亮映射的虹是稀有的。月亮不能常是满盈,它管大气的势能太微弱。当太阳管大气的能力最强盛时,虹是最著明的:因为大部分的水湿留着在大气之中。][③]

Ⅱ. 又,使 AKΓ 为地平线,又使 H 点(太阳所在)上升到稍高
于地平线的位置。于 HΠ 成为一条轴线。这里(作图,和)证明,
大部分与上节相同,但 Π 圆的轴心将处于地平线 AΓ 之下,因为 377a
H 点已上升到地平线之上。圆圈的轴线(HΠ)和中心(O),[④]以
及环绕HΠ,当太阳升起时所作圈的中心(K),全都在同一直线之

---

① ὑπὸ τσῦ ὁρίζοντος“被地平线……”,福培斯校作 ἀπὸ τοῦ ὁρίζοντος“在地平线之上”。“地平线”于这句内总是不通的。牛津英译本删除原文地平线字样,改成为“在这圆圈上,相当于 MN 这一段的半圆”。ὁρίζον(horizon)应是天宇与地平面间的界线,即地平线;这里,在图 14 上,实际应是 MPNH 圆,即 $375^{b}33$ 所叙述的“天球上切出的大圆,A”。

② Ⅰ(1)节,和所作图 13,亚里士多德已证明(用光学几何),太阳现示于地平线上时,所见虹必为半圆或小于半圆。1、2、3、4,三节和图 13 与 14 于上述原理作补充证明,显见 HKM 三角形在任何平面画出,其 M 点必落在 MN 圆圈上,而 MN 圆由地平线为之切开,地平线以上一部分,必为半圆。

③ $376^{b}22$—28 行,这一节显然不是原文所该有的,上下既无可承接,措字造句也与它章差异,依埃第勒校订与牛津英译本校订,加删存[　]。

④ 这个圆圈即前图所作圆锥体的圆基底线。

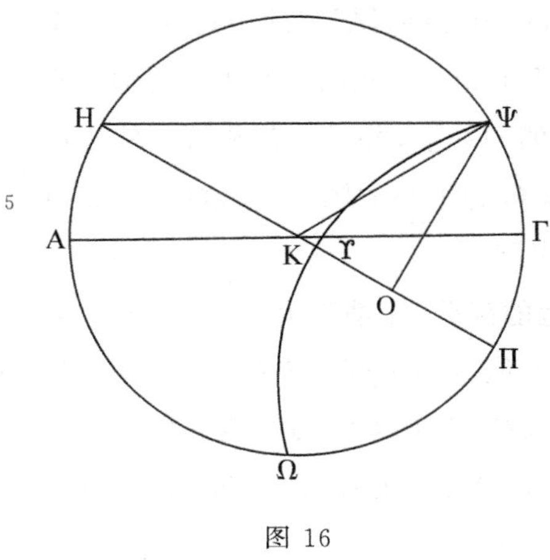

图 16

上。但因为 KH 既高出直径 ΑΓ 之上，中心点将落到原先的地平线 ΑΓ 之下，而着于 ΚΠ 线段的 O 点。在地平线上的弧段 ΨΥ，于是就该小于一个半圆：因为 ΨΥΩ① 本是一个半圆，而现在却被 ΑΓ 地平线切去了一些。这样，当太阳升出地平线以上，ΥΩ 这一段将是看不到的了；当太阳升高到中天，那个可见弧段将是最小的：因为 H 点愈高，那个圆圈的轴线与轴心将降得愈下。

Ⅲ. 在秋分以后，短晷的日子，虹可能在白天的任何时刻出现，但当春分到秋分之间的长晷日子里，中午是见不到虹的。推究其何故而作如此的现象：当太阳的轨迹行于赤道以北，那个可见弧段是较大于半圆的，而且还逐日增大一些，至于那个不可见段就得短些；当太阳行迹过了赤道以南，上部的那个可见弧段就缩短，而在地下（地平线下）那段不可见弧却在太阳南退时，与日俱增而加长了，在夏至前后的日子，所以，这弧段就有这么大，在 H 点抵达中天，即这弧段的半中，Π 点已经低落于地平线下好些了，这因为（天穹）弧段大了，从中天到地上的距离也得加大。但在冬至前后

① 福培斯据若干旧抄本，作 ΨΥΟ 与 ΥΟ；按图上的标志，贝刻尔本（Bekker Text）和牛津英译本各校订 O 为 Ω。

的日子，必然跟着发生相反的结果，因为太阳轨迹在地面以上的这弧段，就不怎么大：因为太阳从 H 点只要上升一个短小距离，就抵达于中天。

章六

假日与日柱的出现也当假设为出于相同的原因。

假日是由我们的视觉反射到太阳而造成(示见)的。示现日柱的原因是由于我们视觉反射，在我们前曾说到了的①条件上抵于太阳，反射从某些水面(液体表面)到达一朵云中，这时太阳附近正 377^{b}
有好些云朵：我们直接看这些云朵，它们显现为无色的，但当它们反射入于水中，这就会现出尽多的柱形。两者之间，只有一个差别，云的反射入于水中，则示现有色彩，日柱示现于云中的则是其本色。这种情况发生于云体组成不匀的时候；这些云有一部分浓重，一部分稀薄，有一部分多水湿，一部分少些。当视觉反射到太阳，太阳的形状，[由于反射诸粒子的微小]②是不显现的，但它的颜色是显见的；③太阳明亮的白光，在我们视觉反射于一个不匀的反射物面时，乃显示它部分为红色，部分为绿或黄色。④ 视觉透过一个介质或在这种介质的表面反射过来，这是没有差别的，在两者

① 见于本卷章四，$374^{b}9$ 以下各行；$374^{b}20$ 说到了镜面反射和水面反射。

② 依福培斯校本删除[διὰ μικρότητα τῶν ἐνόπτρων]。反射诸粒子(ἐνόπτρων)即它们集体所形成的"镜面"，在本书本卷中，这字作如此的两解。

③ 见于上文，本卷章二，$372^{a}32$，$373^{b}17$。

④ 参看本卷章四，$374^{b}30$。

的任何一个景况中，相似的颜色都会出现，倘其一现为红色，另一也将出现红色。

所以，于日柱而言，不说它的形状，只说它的颜色，这是由于反射面的不匀性造成(引起)的。当大气浓密而同时又是匀整的，这就会现出一个假日；由此，映照着它的亮色(白光)。反射面的平匀性产生单色的影像：浓重的雾，虽不全是水，也几乎是水了，我们的视觉，从这样的重雾中一时而投射于太阳，这就得作为一个整体反映出来，这样的反映就出现太阳的本色，恰如我们的视觉投射于一个磨光的铜镜表面，凭这镜的凝重性所得的反映，太阳的颜色是明亮的(白光)，所以假日的颜色也如此明亮。由于同样的缘故，假日比之于日柱，更是下雨的一个预兆，假日周遭的大气正在较为合适于产生雨水的情况。又，在南侧的一个假日，比之于在北侧的，更是下雨的一个预兆，因为在南边的大气，比之于向北的大气较易凝变以成雨水而下降。[①]

如我们已说过了的，[②]日柱与假日，两者都出现于日出与日没的时候，既不在太阳上面，也不在下面，而是在太阳的旁边。它们的出现，既于太阳不靠得很紧，也不离得太远。倘使凝雾逼近太阳，太阳将消融那凝雾；如果离开太远，视觉也就反射不到了。当

① 377^{a}31—^{b}27 解释假日与日柱(“棍棒”)这一节说到云雾(镜面)若为匀整的，阳光反射为亮白(单)色，若不匀整，乃映发色彩 377^{b}4，云反射入于水中则示现有色彩(参看 378^{a}9 凝雾镜面)。这些，亚氏所谓“反射”(reflection)实际上已杂合了“折射”(refraction)与“散射”(diffraction)论题。

② 见于本卷章二，372^{a}12 行以下。

反射表面在远处而是小小的，视觉便由于距离增加而减弱，这就是日晕不得在太阳的对反处出现的理由。这里，倘上面的凝雾于太 378a
阳靠得够紧，太阳将融消那个雾；如果相距远了，视觉将减弱，力不足产生反射以抵于太阳。但在太阳的旁边，①则那个反射镜面将离日足够远，俾不被融消，而于视觉来说，则又足够近，俾能保持着全形以抵于太阳，这样的视线历程还稍近大地，在它经行空中时，就不会被分散了。反射历程在太阳下面进行，也不能靠大地太近，靠得太近，太阳会将融消那些反射物料，可是，那些反射物料（凝雾镜面）如在天空高处形成，②视觉会得被分散。事实上，当太阳上升到了高空，虽在它的旁边也不会出现假日：因为，我们的视觉这时不是在近地处进行的，这样，待视线抵达反射面时，视力已经萎弱，它的反射（反映）已经全没劲了。

这里，我们已完全举示了，嘘出物于冲嘘过程中在地面以上的空间区域内所发生的种种效应；我们还须叙述嘘出物，当时被闭阖在地球内各个部分时，所发生的种种效应。

闭在大地内部的嘘出物，恰与它在上空区域所产生者，作两类分那样，产生两个不同类型的物体。我们主张（认为）嘘出物（嘘气）有两，其一为蒸汽物质，另一为烟气物质；循此两类型的嘘气，在地内衍生了各相符应的两个种属的物体，其一为石质矿（不熔性矿），另一为金属矿（可熔性矿）。凭其内蕴的热性之作用，干嘘气

① 依福培斯，删 ὑπὸ τὸν ἥλιον“在太阳之上”这短语。

② 依福培斯，增 γιγνομένης συστάσεως “形成”（或“成形”）。

产生所有各种“石质矿”（ τὰ ὀρυκτά掘出物），①例如各种不为火所熔融的石块——雄黄（雌黄）②、红赭石（黄赭石）③、红矿粉、④硫磺，以及所有这一种属的其它矿石。大多数的石质矿是具有相似成分所形成的有色灰尘或石块，例如朱砂。“金属矿”（τὰ μεταλλευτά）则是湿嘘出的产物。这一种属，全都是可以火熔的，而且可压延（延展）的，例如铁、金、铜。这些都是湿嘘气被封闭了的产品，特别是封闭于石块内的，为石块的干性压得紧实之后，又使之结成为固体，恰如露凝固成了霜，其间只有一点差异，霜是在湿性分离以后干固的，金属乃在分离以前就产生了。既然它们合存着湿性与干性，所以金属一方面可说是水（液态），另一方面说来，又不是水：它
378b 们的原材料是可能转变为水（液态）的，但既成了金属，这就不能变为水了，它们也不同于味汁，只是已成了水的，品质（形态）上的某些变化。铜与金的产生不由这样的方式，而是嘘气各在转变为水以前就固凝的结果。所以一切金属皆涵有干嘘出物，它们各都可

① ἡ ὄρυξ，本义为任何自地下“掘出的事物”，拉丁语 fossilis 正与相当；这里实指“不熔性矿石”。今 fossiles，专指“生物化石”，古希腊生物化石包括在“掘出物”内，例如煤。ἡ μεταλλευτόs “采矿所得物”，古希腊语以专指“金属矿”，如金、银、铜、铁等；按照亚氏此节文义，以此字与不熔性矿相对，应为“可熔性矿物”（τηκτὰ），今以称金属“metal”的英语名词，源出于古希腊语动词 μεταλλάω“采掘”或“开矿”。

② σανδαράκη (realgar，or orpiment）雄黄（二硫化砷）或雌黄（三硫化二砷）。

③ ὤχραν (ochre) 赭黄石或赭赤石（rubrica）。

④ ἡ μίλτοs（ruddle）红铅粉，或红石粉，或红土。希腊人取矿石或沙土之有颜色者，研细之为颜料；以上两物皆着有定色，而不明，亦不论其实在成分（不知其确为何物）。

用火炼,两皆内存着土。唯金为例外,金不怕火炼。[①]

对于这些物体的一般说明已够多了;我们现在当分离每个种属,各别地加以详细研究。

① 本书,卷三章六,378^{a}16以上所讲述者大体上是我们现在所谓大气层圈(atmosphere)中所见现象,即"气象学"(meteorology)。亚里士多德于地震也原之于"气"因,不属于地质活动。378^{a}17以下,转到现今所谓"地质学"(Geology)的部分。他把世界万物区划为升到地表上空与闭阖在地下的嘘出物"两个类型物体"δύο διαφορὰς σωμάτων(378^{a}18)。这两类型物体,各是地水气(风)火四元素的单体或合体(化合或混合)。于地层内"掘出物" τὰ ὀρυκτὰ πάντα,他又统分之作"两个科属" διπλῆ πεφ υκεναί,其一为"不熔性属" γένη τὰ ἄτηκτα(即"石样物" οἷον λίθων),另一为可熔性属,τηκτά,即μεταλλεύτα 金属矿。这里,于近代化学而言,他混淆了可熔融与可溶化两辞。金属矿是可熔而不可溶化的(fusible but insoluble);石质矿不可熔融而是可溶化的(infusible but soluble)。

他以四元素析万物时,于近代化学而言,可释气(风)为一切物质的气体状态,水为其液态,土为固体。但以"火"为物质元素之一,以与"水"作配对,当然是谬误的。火只是一切可燃物的燃烧(氧化)"现象",不是"物质"。这一化学史上的大错,我们将另行论列。"四元素"都不得称为"元素"(万物析出的无可再分析的单体)。本章与下卷章节中亚氏所著录的相似微分合成物,金、银、铜、铁、锡、铅、汞,与硫,恰正是现代化学所验证了的"元素"(elements)。

卷(Δ)四

章一

我们在讨论诸元素时,已阐明了物性有四原(因),由此四性原的相互组合,这才产生四元素:① 四者两分,热与冷为主动(阳性)二性原。湿与干为被动(阴性)二性原。这是可以研究几个实例为之证明的。(1) 我们观察到,凡物,无论为同一品种或不同诸品种,其定型(定性),组合与变化莫不由于热与冷(两阳原),至如其

---

① 参看卷一章二。四元素的通理:每一元素各具有其基本物质和一双相对性原,火取热干,气取湿热,水取湿冷,土取干冷。参看《说天》(*de Caelo*),iii—iv,《生灭(成坏)》(*de Gen. et Corr.*) ii,1—6。关于热冷为主动,湿干为被动性原,参看《生灭》卷二章二,329^{b}20—33,与约契姆(Joachim),附加于 329^{b}24—26 的注释。

希腊古哲米利都人公元前第七世纪泰里(Thales,624—547?)主于,原始有水,大地水围。

亚那克萨哥拉谓,水与气两先于万物而存在于世界。

亚那克雪米尼(Anaximenes,585—525)主于"气"先。火为气之疏散,水与土为气之凝聚。赫拉克里特(Heracleitus,540—430)亦主于"气"先,然其所谓气乃包括了云雾与蒸汽。恩贝杜克里(Empedocles 第五世纪)始兼举土(地)水气(风)火四元素他也称之为物质四"根"roots。到公元前第四世纪,亚里士多德制定四元素与四性能为物质这样的理化体系,竟传递了几乎二千年而不变。

公元后第十七世纪英吉利波意耳(Boyle R.,1627—1691)著成《存疑的化学家》(*The Sceptical Chemist*,1661),始否定四者(土水气火)之为元素,重订元素的定义,应为"某些不由任何其他物质所构成的原始单体,即完全纯净的物质"。[这一定义,否定了土、水、气之为元素,他指明了亚里士多德所举示的诸土诸水与诸气实际都是某些真正单体(真正元素)的化合物或混杂物]又,元素应具有确定的可觉察的实物,而且这些实物是用一般化学方法不能再分解为更简单的某物![这一申明,否定了"火"之为元素,火只是某些化合或混杂物或某些单体的分解或化合时所见的表象,火无实质,引火之物,与火后灰烬,才是实物。]自后到第十八世纪拉瓦锡(Lavoisier, A. L.,1743—1804)在既分离了水所由组成的氢氧二气,又燃氢于氧中,合成了水,这才确立了波意耳所订的元素新定义。开辟了现代化学的盛业。

润湿、干燥，硬化与软化，也莫不由于这两性原：另一方面，凡干物与湿物，无论它们是各在隔绝的独立存在或在相互组合之中，都是定性（定型）的被动事物，也是被变化以及接受上举诸（阴性）作用的事物。（2）我们于这些性原的本质所作定义，一加考验，该能明白这样的道理。我们说，热性与冷性是主动的（阳性），就因为组合的一义是主动的；湿性与干性则是被动的，因为那些事物被描摹为或作抵抗或不抵抗，都于某一方式受有被作用了的影响。

于是，这就清楚了，于四性原而言，两为主动（阳），两为被动（阴）。既经建立了这个原理，我们必须叙述主动性原施展的作用和被动性原（因彼此作用）的受形（成型）。第一，于是，“简单的创生”（ἡ ἁπλῆ γένεσις）与自然演变，以及相应的“自然灭亡”（φθορὰ κατὰ φύσιν），正是这些性原所发挥的作用（所获致的结果）：植物与动物，以及它们所由组成的各个部分，两都显示有这些作用的过程。这些性能，如果得有适当的组合比例，而作用于某一个物体，其底层材料，恰又正如我们所已说到的，具有受动的品质（阴性功能），这样发生的一个变化就成为自然的简单创生。热与冷（阳性功能）施其功力于物质材料，能引起变化：如果它们的功能有所短缺，力不足以操持物料，其结果便将是半煮的①或未消化了的。但，最通常地相反（相对）于简单创生的是衰坏。一切自然破灭的过程都引向衰坏，例如老废与凋萎，而一切复合的自然物体，①除

① 参看本卷下文章三，381a12，μόλυνσις“半煮”，例如烧肉，外熟而内不熟。牛津英译本 imperfect boiling“没有完全沸煮”。

了它们因遭遇横祸而丧生外,终乃归于腐朽:这当然是很可能的,生物或其肌肉、骨或其他部分为火灼伤(遭遇意外)而致死亡,如其平安无事而循乎自然正常的规程,则盍由衰坏以尽其天寿,而最后乃至于灭亡。所以,凡在衰坏中的事物,都先行湿润,于是而终至干瘪(干枯);回溯它们的创生,正也是从这些性原开始的,干性原,作为主动因素,作用(施展其功能)于湿性物质而竟为之成型(定形)。

依托环境的帮助,有时被定性(被动)事物(功能)占了为之定性的事物(主动功能)的上手,"灭亡"(ἡ φθορά)便从此开始(在某种意义上的)阴阳——被动与主动性——失调,违离了适当的组合比例,肇致其机体的部分灭亡,于这样的境界就说是衰坏(σῆψις)。除了火以外,万物必皆衰坏;土、水与气,全须衰坏,对于火来说,这些元素都是材料。衰坏是由体外周遭的热毁败了一个润湿物体内的自然热而引起的。受到了这样的作用,于是这一物体就缺少内热,而落入寒冷,而肇致衰坏,内寒与外热相同(相通),都是造成衰坏的缘由。② 所以,凡物之趋于衰坏者总是渐益干燥,直到最后还复为土或灰堆:当物体离失了他的自然热(内热),他体内的湿液就蒸发,(因为内热的作用就在吸引湿液而收入之于体

① 这里作为衍文删去了 τῶν ἄλλων τούτων 所有(一切)"其他这样的物体",这一短语。旧抄本上都有这一短语,似为后世注疏家添入,以解释上文 τάντων"一切(全体)"这疑字的。

② 亚里士多德在本卷这一章,表明了物质宇宙与生物世界交相作用而肇致万物的生灭成坏。在这一章内,用哲学言语陈述的,只是些"原理"。亚氏的逻辑:"普遍不离于特殊","个体蕴存着通式(公理)"。凡他经抽象归纳而作出的原理,必一一据有实事实物的实例。这里所举示的原理,我们寻究其所依据的实例,具详于《动物之构造》

内，现在既然不再能行使这种作用）而更没有为之补充的了。在寒冷的日子，比之于在温热的气候中，衰坏较少（较慢）：因为，在冬季，周围体外的空气与水分是这么少，其中的热量就这么小，几乎不起什么干燥（坏死）作用，若在夏季，外热（与其作用）就较大。又，凡物之冰冻了的，不会衰坏（腐烂），因为它的冷性胜过外围空气中的含热，这样外热就不能对它有所施展（发生作用）了：但主动功能就该有足够的工力，转变（变化）那个被动事物。在沸煮中或烫热的事物也不腐坏，这因为外围空气的热度低于那个事物的热度，那么，外热对之是无可措施而使之有所变化的。相似地，凡在运行或流动中的事物，较之静止的，为不易衰坏。由于大气中的热 379b
性动能，有逊于那事物内发的热度，也就不克引起任何变化。凭相同的缘由，可知凡物之量（体积）大者，较之量小者，其为废坏也较少（较慢）：巨大（大体积）的事物内在的火与冷性也为量巨大，足以抵制外围拟欲施展于它身上的功能。所以，把小量的海水储之器

（比较解剖学）、《动物之生殖》(*de Gen. Anim.*)（比较胚胎学）等，他的许多生物学著作。

这一章中的“自然热”κατὰ φύσιν θερμότητος或“体内热” θερμότητος οἰκείας 在亚里士多德《动物之生殖》卷二章三中称为 θερμότητος ψυχικής“生命（原）热”。卷二章三，737^a1—3：“凭火的热烧成的，或是固体或是液体之中，从来不曾检到任何活物”，这可证明，“火是不能创生动物（有生命物）的”，而太阳热和动物热则确乎创生了动物。“……这该可明白，动物的内热既不是火，也不是从火得其要素。”又卷二章六，742^a14：“因为湿热物质都内涵有气（炁），气（作为阳性功能的涵热元素）就施展其活动（作用）于那些被动的物质（材料）”。卷五章四，784^a25：“人们由于疾病而茁生白发〔鬓〕，……于疾病中，全身既缺乏‘自然热’，各个部分，虽最小的构造（例如发〔鬓〕），也都因寒冷而感到衰弱。”又《动物之构造》(*de Part. Anim.*)，卷二章三，650^a4—6：“因为食料的调煮（与消化）与转变，有赖于热性，所以一切生物，动物与植物，倘别无与之相妨碍的缘由，就必须各自备有一个自然热原。”总结，物体皆由四元素，凭四性原为之组合；而生命则原始于水与热；迨其死亡必由失水（过火或干枯）与寒冷（失热）。

中，很快就变坏了，若大海中大容量海水则是不坏的；于其它各种的水，情况也一样。在衰坏中的物质，其自然热被挤了出来，这些热缀合起从中解散开来的一些物料，于是创生某些活物（动物）。①

关于创生与灭亡的叙述，我们姑止于此。

章二

现在我们该应挨次而叙述上章所举诸性能，当施展其功用于作为材料（底层）的既经复合的自然诸物体上，所产生的效果（所形成的模式）。

---

① 亚里士多德《动物志》（*Hist. Anim.*），卷五章一 $539^{a}21$—24："动物也是这样，有些父子相承，各从其类；而另些则自发生成，不由亲属蕃殖。自发生成者，有些由腐土或植物质中蕃育出来，例如若干虫类，另些由动物体内各器官内的分泌物（排泄物）中蕃育出来"。《动物志》，卷五章十九，$551^{a}2$—13："另些虫类不由亲生，而由自发生成：有些从草木上的露滴生成；另些出于腐土与粪秽；又另些出于活树或枯木，有些生于动物的毛发之内，有些在肌肉之内，有些在分泌物内。"分泌物内自发生成之一例，有如肠蠕虫。《动物志》（汉文译本，194 页）$539^{a}23$ 脚注：从腐殖土中发生的动物，详见于《动物志》$547^{b}15$，$548^{b}25$ 等节者，实为软体水族，而各别为多孔、腔肠、棘皮动物及软体动物之腹足纲。由动物体内分泌或排泄物中发生的寄生虫（$551^{a}1$ 以下一节）则为肠蠕虫及一些节肢动物。参看《动物之生殖》（*de Gen. Anim.*）卷一章一，$715^{a}23$—25。

ζῷα αὐτομάτα"自发生成动物"当然出于错误的观察，但，这在古人全凭两眼的视觉，以搜索物象时，这种错误是自然的。中国古谓"腐草化萤"其为错误，正也如此。17 世纪意大利自然学家芮第（F. Redi，1626？—1697）表现了肉块生蛆必由于蝇类在其上产了卵的实验证明蛆为蝇的子卵所成，欧洲人才初步解除"自发生成"这一积误。更后，到法国生物化学家巴斯德（Pasteur）把显微镜广泛引用到微生物学这个方面，世人才确知任何微小的生命，都未能自发生成。

这一节的这一末句，承上文看来，似乎不相衔接。作者先在论说包括有机与无机物，一般的生灭成坏，到此乃突然专指生物（动物）中的"自发生成者"（antomata）。这里，我们详引了《动物志》等篇所举"自发生成"诸例，可显见这一末句正提供了"自发生成"的理论。

热性的效应是调炼(消化),这有三类:熟成、沸熔,与焙烤;冷性的效应则是未调炼(未消化),为类亦三:糙胚(鲜嫩)、淋烫,与干炙。可是,大家必须谅解,所有这些措辞(名称),于所讨论主题的分类(分级)各过程(手续),实际不能概括它所有各种景象;所以上列这些名辞,不仅关涉到它们所有俗用(正常)的涵义,还得包括与之类似而可相取喻的一切情况。①

---

① 亚里士多德于阐述了他对宇宙间天象与地质的认识之后,在这末卷的前四章中,凭他的物理化学思想体系来解释万物的创生与灭亡。古希腊自然学家(哲学家)面对物质宇宙的形形色色而追索其所总持之者,或主于水,或主于火,或主于四元素合同为作用。其主于"火"者,谓世界万物岁岁年年、每日每时,都在转变,组合或离解,所有这些变化,皆因于"火"元素。这样,以炉火为中心的厨房,就成了他们宇宙化学的模拟实验室。亚里士多德于此作出了两个方面的进境:(1) 他从火中抽象而得热性(从水中抽象而得冷性),于事物(物质)的种种变化,一主于"热"。万物生灭悉由"热·冷"的消长。(2) 希腊古化学家于(甲)动物的进食与消化(排泄)通于(乙)矿石与金属的冶炼。所用烹饪的字汇与冶炼的字汇相同或相通。亚氏于(甲)(乙)相通以外,又通之于(子)草木与其籽实的生长与成坏。我们可以看到,在这第四卷中,亚氏的理化思想及其语言,多来自食物的烹调,动物的消化和果类的胚育与成实,矿物的初冶与精炼。他从厨房到冶坊,又到园圃,对"火"与"热"("水"与"冷"),逐渐扩充其观察与经验。

在我们已学了近代理化知识的人们看来,这些往古简朴的想法,其中的真理与错误都是可以了解的。可是,这里实际发生了一些翻译上的困难。卷四章二,379^{b}12—18总举的 πέψις 调炼(消化)等八个字,在古希腊人的习惯上是两通于上述(甲)(乙)两项或三通于(甲、乙)与(子),三项活动(功用)的。πέψις 的多种涵义,常俗义是烹饪或调制食物,菜肴,或配合饮料;在生理学上指消化、排泄,在生物学上指同化作用,在病理学上谓清脓解毒。ἕψις 在烹饪而言沸煮(蒸,炖,……)食物;在矿冶而言,熔融矿石。ὠμότης 常俗命意谓未经烹调或烹调得不够的食品,或未炼熟的生铁等,或一切不精纯的粗制品,或半制品;在园艺上谓未成熟的果实;在生理学上,指未消化物。其余五字类此。在汉文中绝少有与之相符的双关字或多关相通的词汇,为之对译。而且原文这一节中,还申明,读者(听众)对于这些措辞需要依类推广其涵义。因此,我们只能制造一些组合新辞,并在后还加(　)补充其别义,或前后章句中,于希腊文同一名称,应用不同汉文字汇。

于这些(两项效应、六道过程)让我们顺序而分别为之陈说。

调炼是一个(阳性、主动)事物,用它的自然热,施展于与之相对应的被动(阴性)物体而肇致的“成熟过程”(τελείωσιs),这些物体的被动性质恰正适合于感受那个事物所施展的作用。于是,这物体一经被调炼,它就完全成熟。这个成熟过程是由那一事物的内热发动起来的,虽则外热也可能为之辅助,例如热浴和与之相类的活动,可有佐于消化,但主要的功能必得之那一事物的内热。调炼过程的终结(成果),有些是完成了一事物,在其形式与实是而言的本体。另些实例则是事物之经此调炼者,其潜存的形式得以实现,譬如含有水湿的某物,当它经受烹调,或沸煮而至于烂熟,或经受了其它加热的方法,由是而其中的成分获有某些品质和某些定量,于是我们说,这已经调炼好了,这对于某些生物(人)是有益的(食料)了。葡萄成熟后,内含的甜汁,肿瘤内聚汇起来的脓包,树液滴泪而凝干以成的粘膏:①类此种种,都可举为调炼的事例。②

各个事物,如果其中的水湿组成(因加热而)得见实效,实际上

① 参看本卷章十,388^{b}19 τὸ δάκρυον“树泪滴脂”注。

② 参看上一注释,πέψιs“调炼”(concoction)的多方面涵义。“有些”句的实例,指园圃中苹果树,经生长,开花,结果,而成熟为一个具足其“名·实”的苹果。“另些”句指厨房内,肉经烹饪而成为可以进食,可供消化的肉汤。γλεῦκος(mustum)为葡萄汁,亦以说其它各种果汁。这例举为“有些”之例,也举为另些的例(草木生长需要加热,和烹调需要加热是相通的)。“调炼”的兼义是“消化”,而排泄残剩物则是消化的效果,故又举了 πύον“脓包”与 λήμη“粘膏”(树液分泌所凝成)。

这就“调炼”施展了功能；这里恰好显示其物正是那主动事物为之定性(定形)的材料，只要这与之作适当比例的定性功能，持续着有所施展，其物终久将成全(回复)其自然(秉赋)。这样，尿、粪，和身体的诸废物(排泄)，一般是健康的征象，于此，我们认为它们的内热已发生了实效，既经消化，乃排出这些无可应用的物品。凡经调炼了的事物必然比它以前为较厚实、较暖热，热性的效力就在制使事物较紧密、较厚实、较干。

于“调炼”(πέψις)，已讲得这么多了。“未调炼”(ἀπεψία)，意谓调炼失败了，由于自然热不足，事物未能成熟，热量不足，当然就转为冷性了。这种“不成熟性”(ἡ ἀτέλεια)是一切自然物质材料所具有的相对反的被动(阴性)诸性状之一。

这里，结束我们关于调炼与未调炼(失于调炼)的叙述。

章三

熟成(πέπανσις)是调炼的一式。对于籽实(果)中营养要素的调炼被称为“熟成”，调炼，原就是使之达到成熟的功能，当果实中的籽核能够生产同品种的另些果实，这就完备了熟成过程：我们于“成熟”(τὸ τέλεον)的这样的命意，对其它事例都是适用的。这里，我们于果实称之谓“熟成”的，于许多其它曾经调炼(加热)的事物，也说它“熟”了；在这样的过程中，它们所受的处理方式相同，但这称谓，如我们上已关顾到了的，只应以隐喻来取得其了解；当事物(物质)经由自然热性与冷性功能而得以定型时，于其成熟程度的各个级差，迄今还没有各别的专门称谓(技术辞汇)。于肿瘤的脓泡和炎症的粘液分泌，[1]以及类此的所谓“熟”了的事物，是由自然热调炼其中的水湿部分制成的，于这类事物，调炼功力是不能为之定形的。当这些事物熟成时，凡其原材料是气态的，则其所产生者属于液态，凡原为液态的，则其所产生者属于土样的；一般说来，凡经调炼，原是稀薄的，就得较为厚密。在这过程中，自然物体把其中某些材料同化入于其自体之中，而把另些排除之于自体之外。

于熟成，已讲得这么多了。熟成的对反是“糙胚”(ὠμότηs)，其命意谓果实内的营养要素失于调炼，这些要素原是些未定性的液体(水湿)。所以，糙胚或是气态的，或是水状的，或是两者混合：既然熟成，是说某些事物终至于成熟，那么，粗胚便当是不成熟之意了。不成熟是自然热有所不足的效应，这就是说热度与应使熟成的液体(水湿)相较，短缺了比例。(凡液体——水湿——若不掺入
380^b 某些干物，都不能自行熟成：因为水是唯一不能浓缩的物质)[2]这样的比例失调，或由于热量太小，或由于须予定性的材料太大：于是，这种糙胚果汁是稀薄的，既不够热，就毋宁是内涵冷性，而不适宜于供作食料或饮料。“粗胚”相似于“熟成”，也涵有多义。这样，尿、粪，以及诸炎症的粘膜分泌，都说是粗涩的，于这些所以加之以如此称述，其理由各是相同的：因为自然热对于这些原材料没有施

① φλέγμα 本义“火焰”；医学名词为粘液分泌。希朴克拉底《医学要理》(*Hippocrates*，*Aphorisms*)谓，诸炎症，如气管炎、肠炎、脑垂体炎都会发生这种冷湿的病理分泌(粘液)。古希腊生理学说人体有四液：血液、粘液、黄胆汁(实为肝脏分泌)与黑胆汁(melancholer-black bile)即苦胆汁。粘液为四液之一，常见者为呼吸管道之分泌，自口腔吐出者。

② 这一句上下不相承接，故加(　)。关于水的性状，参看下文，章六，383^a12 及注。

展到使之获得(回复)足够的稠度。我们更进一步来说,砖与乳以及其它许多物品,当其未经加热,未改变其原胚的式样(性状)时,我们也统称之为"粗"的("生"的),必待砖胚烧过而得其硬固之后,我们才说它是"成"砖,鲜奶煮后,得其稠度,才说它是"熟"奶。经过煮沸的水不会浓缩,可是,一经煮沸,我们不再称它是"生水"(不熟的水),因为热已加到足够(正该是"熟水"了)。

这里,结束我们关于熟成与粗胚及其若干缘由的叙述。

沸煎(ἕψησις,溶煮),作为一个通用名词,义谓在一事物的液体中,用湿热,对它所含未定性材料加以调炼,但,作为专用名词,只以指说事物之凭沸煮方法以行烹调者。如我们前曾说到的,[①]这种材料或是气样的,或是液态的性状。调炼功能则出于水湿[②]中的火。凡烹饪之于锅内焙烤者,是凭外热为功用的,外热加于受烹调事物的内含水分,使吸收之于自体,而至于干讫:另一方面,凡事物之被沸煮者,产生相反的效应,其内含的湿液,被外围之水的热度抽引了出来。这就是沸煮了的食品,何以较焙烤的食品为干燥的缘由:凡沸煮了的事物,因为外热强于它们的内热,就不曾把水湿收入它们自体之内,——如果它们的内热较强,外围的汤水将被吸进。

不是任何物体都可加以沸煮。物体之不含水分者,如石块,是不能沸煮的;物体之虽有水分而太硬固者,如木段,也不能沸煮,那样的硬性,热功能对它是无可施展的。必其物所内含的湿液,能接

① 见于上文,380a29。

② 即用以沸煮所烹调物的水。

受外围水中的热功用者，才可行沸煮。当然，金、木，以及许多其它事物，习俗也说它曾经沸制。① 但它所经历的实际是一个不同的过程，只因为没有为其间的差异，另铸些辞汇，姑且引这常辞为之隐喻而已。我们也于液态事物如牛乳与果汁说它们业经“沸煮(煮熟)”，当它们被外围着的火所加热之后，转变形式而发生另些新味，这么引起的效应，和我们方才说明的沸熔(沸煮)过程，多多少少地是相似的。(于诸物加以沸煮或调炼的终极(目的 τέλος)是各不相同的：有些以进食为目的，另些则作为饮料，又另些又别有其作用，例如，我们说药物正在沸煎。)②于是，凡事物之可加以沸煮者，必在既煮之后，变得较密实、较小、较重，或这事物内部具有两种不同组成，一部分对于加热过程作出一种反应，别一部分乃作相反的效应，若然如此，那两个组成便分离，一部趋向于浓缩，另部分乃在淡化，例如牛乳，这么就析为乳清与乳酪。于橄榄油，所有这些沸煮的方法，都不见什么效应，它不会自行沸制。这里说明了凭沸熔以行调炼的情况：沸煮在一人造器皿中进行，或在一自然容器中进行是一样的，两者所施展的加热作用没有差别。

“淋烫”(μόλυνσις)③是对反于“沸熔”的、失于调炼的一个相应品种：淋烫的本义，与沸煮相反而言，该是由于外围液体热度不足，

---

① 于制作金银器物时，须在坩埚中熔融金银，古希腊语 ἕψησις 义实双关，既是沸煮(boiling)，也说熔融(melting)。用木材治家具常先行汽蒸或烘烤，使在岁月久后，不致弯曲，而能保持平直的原形。

② 从牛津英译本，加这句以( )；修洛校本也认为这句与上下句不相承。

③ μόλυνσις 上文 379a3 译“半煮”，谓外熟内生的烹调方法。于此节，牛津本译 imperfect boiling“不完全沸煮”，李本译 scalding“淋烫”。

故尔其中未定性的材料失于调炼。(上已说过,①热度不足,显见有冷性存在其中。)这种调炼的活动方式有别于前式,开始时,调炼热赶出来,尽了它的能力,可是,或因为外围液中的寒量大,或因被调炼的事物冷性重,竟尔未能完成其功用:淋烫所引起的情况是这样的,外围液体中的热量够可促使被调炼物发生变化,却不够均匀地煮(烫)熟其全部。所以凡被淋烫的事物,比被沸煮的事物较硬,其中所含水湿,析离的较少(浑涵的较多)。

这里,结束我们关于沸熔和淋烫的性质与其缘由的叙述。

"焙烤"(ὄπτησις)是由外围的干热进行调炼。这样,事物虽是在开始调炼时,用沸煮的方法使作初步的变改,若其末后完成,不由液体中的热,而应用的是火之热,我们就说,这不是沸煮成的,而是烤熟了的,如果,有时火炙太炽,这就烤焦了:这成品最后总是较干,可见其功效实有赖于干热。凡烘烤的事物必然外表较内里为干,至于沸煮的事物,则情况相反。于手艺而言,焙烤较沸煮为难;因为近逼着火的外表,干得较快也较透,所以要求这加热过程做到里外均匀是不容易的。烤时,外表的细孔(罅隙)收缩,而旋即闭合,被烤物体的水湿,就被牢笼于内中而无法脱出。焙烤与沸煮当然是由人工操作的,但,如我们前曾讲过的,自然的活动也有类同的形式;它们显示相似的现象,②可是,我们竟未能为制适当的通

① 见于上章,379a19。

② 亚里士多德认为人工往往仿于自然,所以习常以人类生理活动名词或动词通用于自然活动,例如植物营养生理过程类同之于人类(动物)营养生理过程。这些,于我们后代读者,在这方面既已习熟于已分化了的观念与相应的差别词汇,总是有些不通顺的异感的。参看 379b17 汉文脚注,以及本卷本章 380a11—22 等。

用辞汇，或差别名词。人类的生理活动就有些是仿于自然的。人体内，食物的消化（调炼）[①]相似于沸煮（沸熔），这是在一个高温的液湿介质中，凭体内热的作用进行的。有些不消化（失于调炼）的情况则类似淋烫。有些人说，蠕虫是在消化过程中产生的，此说不确；它们是在下胃中的排泄物（粪）腐坏时产生的，随后它们又爬向上面。消化是在上胃进行的，粪物乃在下胃中腐化。这样的生理现象，我们曾已在别篇内说明。

这里说过了淋烫之相反于沸熔，于调炼之一式，我们称之为焙烤者，也有一个相应的对反方式，但这不易为它找到一个合适的名称。人们有时可以见到事物之付于焙烤而不得正法者，只受到一番“干炙”（στάτευσις），这当然是由于缺乏热量之故，或由外火不足，或因为那受烤的物体内涵了过多的水分，干炙难以完成调炼的功用：这么一些热量，使被调炼物引起一些变化是够大的，但，若要炼使成熟，这就嫌它太小了。

于调炼与失于调炼，于熟成与糙胚，于沸煎（热溶）与淋烫，于焙烤与干炙，这里已说得够多了。

章四

现在我们该应进而叙述被动（阴性）二性原，湿与干所取的诸形式（所行的各个品种）。

---

① 亚里士多德于厨房中的“烹饪手续”concoction（调煮，熬炼）与胃肠中的“消化过程”digestion 通用 πέψις 一字。这在我们现代习用的语言是两不相通的。所以我们于此著录了两个译词，由读者自行选用其中之一。

自然物体的被动(阴性)性原是湿与干,所有的事物统都由此两者合成,事物的本性,依这两者在物体内,孰为强弱,谁是主体而为变化,有些物体主于干性,另些乃为湿性。一切性原之存在于物体内者,或为现实的,或则相反地而为潜在:例如在“熔炼”(τῆξις)过程中,其一为熔融性,另一为被熔化性。湿原无抗性,干原乃有抗性,[①]它们之间的相互关系,约略相似于鱼肉与其辅料(酱醋油盐)之调和而成佳肴:湿性使干原成形(合式),它们相互为补益,各作为对方的一种胶和物质,恰像恩贝杜克里在他的《物性赋》('Εν τοῖς Φυσικοῖς)中所说的那样,“水为调结,面乃成糊”。[②] 这样形成的物体实际是两者的化合。于四元素而言,土总是被认为独富于干性,而水则特盛于湿性。[③] 正由此故,在我们这个世界上,所有确实的自然物体需有土与水,作为它们的组成元素(而每一物体又必显现其性状有两者之一作为它的主要组成),也正为此故,动物们不存在于气中或火中,只存在于地上与水中,它们的身体实际由土与水为之组成。一切具有定形的物体,基本上必赋有硬性或软性,凡湿性原与干性原化合的成物必须是或硬或软的。任何事物,它的表面受压时,绝不内陷(退缩)者,谓之“硬”(σκληρόν),任

① 参看《生灭》(*de Gen. et Corr.*)卷二,章二,329b30—32。

② 参看第尔士,《先苏》(Diels, Vorsokr.)31B,34。

③ 《生灭论》卷二章三,331a3—6 云,气性湿,水性寒;可是同书同卷,章八 334b34,于水元素而言,乃示为湿性。亚里士多德于《天象》全书,统以水具湿性立论,只是卷四章七,383b20 以下数行说橄榄油的一节隐约地说着水有寒性。近代专研亚氏学者或论《天象》卷四,非亚氏手笔,上述水性或湿或寒的分歧,也是认为“此卷非真”的学者所持诸论证之一。亚氏各门著作,本书间前后章节,以及各书间相关涉章节,或论据,大体皆贯通而相符应,其中一事一物,某节某句之偶有错失或差异,于长篇巨帙中,不能全免。

何事物，凡其表面陷落(退缩)者，谓之“软”(μαλακόν)，但其所以陷落，必不由于它物与之换位；水是不软的，加水面以压力，它不会下陷，只是为它物所排出而与之换位。① 凡物之具有如此性状，而无与对比者，为绝对的硬与软；凡物与另些物相较比而为硬为软者，则是相对的硬与软。事物之间，相互而言，其硬度与软度，未有定准；人们各凭其感觉，判断一切可感觉物的性状(质量)，这是明显的，硬与软是人们参考于自己的触觉，武断地决定的，我们执着自己的触觉以为中，凡超过它的，就说，这物硬；凡比之不够的，就说，这物软。

章五

22 一物体，从它本身的外限(界面)的或退缩(让)或不退缩(不

---

① 动词 ἀντιπερίστημι《里特尔与斯高特希腊文字典》(*L. and S. Gr. Lex.*)有两义，(一)本书，卷一章十二，348^{b}3，说冷热性原，名词 ἀντιπερίστασις 依《里・斯》，第一释义，我们译“相互反应”。(二)卷二章四，360^{b}26，说干湿性原所在位置，ἀντιπερίσθαι，依《里・斯》，第二释义，译“相互置换”。卷四章四，382^{a}12，说水非软性，受压时体积不缩小，只是压入物进于水中，把同容量的水排出于原位之外，汉文译“相互换位”。本书卷一章十二，349^{a}8，ἀντιπεριστάσει 符于上述第一义“相互反应”。亚里士多德《物理学》(*Physica*)，208^{b}2，209^{b}25，211^{b}27 各卷章中，名词 ἀντιμετάστασις 与本书，ἀντιπερίστασις 拼音稍异，实同于第二义，相互换位。(三) 本书，卷一章十，347^{b}6，卷二章四，361^{a}1，译此动词为“包围并压紧”，本卷章五，ἀντιπερίσταναι 译“集中而紧压着”。卷一章十二，348^{b}16，被动式 ἀντιπεριστάμενον，为热“所包围着的‘冷’，被集中于”内部，取义盖在第一第二义间。一二两义，似不相通，实际还是可以相衍化的。亚氏各书用此字甚多，《呼吸》(*de Resp.*) 472^{b}16，《睡与醒》(*de Somn.*) 457^{b}2，458^{a}27，《集题》(*Probl.*) 909^{a}23，936^{b}16，943^{a}11，或为名词，或为动词，咸取第一或第二义。但因各不同的论题，后世笺疏家或译者，都得各有所衍变其所措意以适应各章节的文理。参看《亚里士多德全集》鲍尼兹索引(Bonitz Index)，65^{b}14。

让)而言,它就必须是或硬或软。又,物体具有其确定的外限(界面)者,必须是固体。这样,既然一切明确而且成形了的物体须是或软或硬,而软度与硬度乃固体化的效果,那么倘使不经固体化的过程,任何明确的组成(结合),物体是不可能存在的。到此,我们就该研究固体化这论题了。

一切事物于物因(底因)而外,还有其它二因,即效因与本因(性因),效因即事物所由运动或变化之原,而本因(性因)则为事物所凭以得其形式之原。① 这些,于事物之固体化与散体化,以及于干燥与润湿作用也是可以适应的。效因(动因)施展于干湿两性原之际,事物之被施展而凭干湿之用,所得的效果,业已陈说在前:② 凭以施展如此功能的主动两性原为热与冷,由此而产生(达成)事物之本体,就以热与冷在其中之或存或亡为凭。

固体化是干燥过程的一个形式,我们该先研究干燥。凡接受干燥作用的事物,必然或是湿的或是干的,或又干又湿的(两涵干湿的)。我们通认为水,大大地是一湿性物体,土则大大地是干性:于物体之能为燥为湿者,水与土为被动性原(阴性)。于这方面来说,我们既设想过水与土两皆内涵冷性,那么,冷性应更近属于被动物性。但我们前曾叙述到,③冷的主动性能,会得意外地或偶然

---

① 亚里士多德谓一切事物各有四因(αἰτία),或称四元(ἀρχή),曰:物因(底因 ὕλη)、式因(本因 εἶδος)、动因(效因 ὑφ' οὗ)、极因(善因或目的 τέλος)。详见《形上》(Metaphysica)卷八,章一至六,1042ᵃ1—45ᵇ25。这里举及三因,未列极因(目的)。参看《形上》汉文译本 377 页《译后记》,23。

② 见于本卷章一,378ᵇ20,"相互组合"谓固体化;各作"隔绝的独立存在",谓散体化。

③ 参看卷一,347ᵇ2—7,348ᵇ2—确良 8。

地发作；有时冷性功能集中起来，并包围了热，就这么的，大家说，事物被冷所烧或加热了，虽则这热烧方式，异乎常热所作的方式。[①] 水和一切水样的液态物，都可施加以干燥作用，一切含水的事物，无论其水由外加或出于本身，都可行干燥过程（例如毛绒润湿，这水是外加的，若牛乳之中，则水乃原有）。水样液体的实例，可举示酒、尿，奶清，以及那些通常没有沉淀物，或只见微少沉淀而且是不粘稠的；另一类液体，如橄榄油与沥青，沉淀甚少，而它们却是粘稠的。事物之被干燥了的，必然是或由加热或由加冷，两者都凭内热或外热为之主动（阳性）性原（功能）。事物之说因加冷而致干燥者，实由它们的内热作成的，例如湿衣，其中的水与衣实际各别地存在，如果这水为量殊小，周围的冷，就把这少些的水驱赶出来，而蒸发以去。

于是，如我们所论，干燥常凭热或冷来行施，内热或外热常是干燥的主动原因，而凭以蒸发水分。所云外热，其示例，可举沸煮（蒸馏），所云内热，是说物体内所涵水分是凭其自身的热度施行蒸发的，当自身的热度消耗时，水分也已化汽而去了。

于干燥已说得够多了。

---

① “冷·热”别于温度的高低差；“干·湿”则是事物中含水量多少的差别。亚里士多德时的物理与化学，于此已有所认识，但未能建立计量温度的标准与含水量的测算方法，还没有量性语言来作叙述。用常俗语言来作科学解析，故尔行文如此艰难（晦涩）。但也正是半通俗半科学（半量性）的文章导引近代科学，铸出了许多计量标准与方法。由此而应用近代物理化学的量性语言（热力学语言）来说明本书 382^b2—23 这一节“冷热对干湿的作用”就自然地通畅了。

章六

液体化过程取两形式:其一是凝结以为水,另一是一个固体的融熔。分别两者而为之说明:气被冷却,开始凝结;至于融熔,与之同时,若反转来讲,恰正就是固体化。凡物之可以固体化的,必(1)为水样液体,或是水与土的混合(化合)物,而所以成其固凝者则由于热或冷。这样,凡物之因热或冷而固凝者,其融解[①]须凭恰与相 383a
反的功能:那些由于热为之固凝的事物,当凭水,即湿冷,为之融解(溶化),至于那些由冷为之固凝的事物,则其融解(熔化)必须用火,即加热。[有些事物看来似乎由水为之凝固的,例如沸煮的蜂蜜;但,实际上,这不是水,而是水中之冷性使之固凝的][②]

(1)水样液体,[③]于是,不能用火来使之固凝,火能融解(消溶)水样液体,而同一功能,用同一方式,施之于同一事物,不会产生相反的效果。又且必须减热才能使这些物体固凝,那么,显然,只有加热才能使它们液化;那么,能致水样液体固化者,必由于冷性。

① λύετα“融解”出于动词 λύω。亚里士多德于水溶(dissolving)固体物而成溶液和火熔(melting)固体而成熔液不作别异观念;因此,在本章与第八第九章,于如此两不同的过程(手续)统用 λύω“融解”这一动词,在他看来,于我们现代化学上不相同的两事,383^a4,solution λύεσθαι 水溶即溶化,与 melting by fire ὑπὸ πῦρ λύεταν 火熔即熔融,是相同或相通的,只本章下文 383^b7,12 实为例外,他说到,固体物有“可水溶的”(τὰ λυτά),又有“不可水溶的”(τὰ ἄλυτα)。

② 这句盖出于后人窜入。参看本卷章八,385^b1 以下。蜂蜜中含水量甚少,加热到夏季常温就稀薄而流动似水,降温到冬季的气候,就凝固如牛脂羊脂,主要由于其中的甘油(glycerine)成分。

③ ὕδατος“水样液体”,上章 382^b14ὕδαγος εἴδη 举例,有橄榄油、沥青等,主要是油脂类。这里,句内动词 λύεται 融解,兼通溶消与熔化两义,则亚氏用意应也包括金属的高温度熔液。

这恰正是水样液体固结时，密度不会增加的缘由；事物中的水分蒸发时，它就得增加密度，剩留的干缩了的组合物质，便开始靠紧而趋于密重；只有水样液体[①]是不增加密度的。

(2)土与水的合成物，可由火，也可由冷，使成固体，由此两者所致的固体都得增加密度，在固化过程中，有些方面相同，另些相异。热抽出水分，当水经蒸发而去了，余下的干组成就靠紧而增加密度；冷作用的过程则在驱除物体中的热原，热散开时，水分也随之以去。这样，凡物体之软而不是液态(水样)的，当其中所涵水离去之后，它就硬固起来(固体化)，泥(砖坯)经焙干，就是这样，它(砖)不增密度。若液态(水样)混合物，有如牛乳，就得增加密度。又，凡由冷原肇致密实或固凝(硬化)的物体，如加以热烧，常先转润湿(还于软态)，复成为泥(陶瓷坯)，迨既焙烘，先是蒸发了水分，随后变得较软。(这就是在窑中，陶瓷坯有时变形的缘由。)[②]

这里，于土与水的合成物之以土为主体者，是由冷为之固体化的，凡这些因为热全离它们而散去了才凝固得像冰冻的泥块一样的事物，当热又还到了它们体内时，就融解(熔化)，但，因为热全被蒸发以去了的，随之而由冷以致硬的那些事物，除了加以炽热以外，它们是不能融解(液化)的，加热只能使之软化，例如铁与动物的角。熟铁乃竟是可熔(融解)的，先加之热而变软，继而复使坚

① 原 ὕδωρ“水”，从牛津英译本校订，改作 τὰ ὕδατος“水样液体”。

② 383^{a}20 以下，两句中的“泥”(ὁ κέραμος)，谓烧砖的泥土或陶土，和制陶瓷器皿的陶土或瓷土(白泥)，和了一些水制成的砖坯或陶瓷坯，列入窑中，烧到某度的高温时，就软化，在未到融化时，停止加温。迨渐渐冷却之后，就成耐压的砖瓦与坚硬的陶瓷器皿。这样，亚氏说它们的性状是由热成软，由冷成硬(固体)的。

硬。就凭这个方法，铁炼成了钢。(在铸炼过程中)炉渣[①]沉到底里，从下面予以清除，这样几番反复冶铸，铁经纯炼，这就成了钢。383[b]
可是，他们不能尽多番进行这样的冶炼，因为铁经每一回纯化，就得损失重量，消耗很大。但铁的品质愈佳，其中的杂质必然更少。[②]抗火石也会熔化，点滴地形成为液体：既成为液滴而下落后，

---

① σκωρία(scoria)炼钢炉中烧结的"渣(碴)"较熔铁为轻，应是从上面清除的。此云"从下面清除"是因为古代冶炼热度未达到铁料在液样的温度之故 。

② 本章383[a]32—65，这一节，应是研究古代矿冶史的极重要资料，但迄今世界各国治科技史者，还疏漏了未经充分地应用这一史料。现代鼓风炉中，炼铁的燃料是焦炭，铁矿石在炉中是完全液化了的，鼓风炉所生产的铁猪(铁块)，含碳量很高，硬而脆。把这些称为生铁(铁猪)的块块，投入贝塞姆转炉或西门子平炉中，再度熔融到液态而清减其中的含碳(carbon)量，至仅存0.25%至1.5%之间，这就成为我们现代人所说的"钢"(steel)。在炼钢过程中，原涵于矿石中，剩留在生铁之内的某些杂质，当铁料完全液化后，便被挤出而浮在铁液之上，结成瘤样的矿渣(或石渣 slag)。清除了这些杂质，铁经纯化，减低含碳量，铁就不再那么硬脆了，如此铸成的钢料就可轧制为各式钢材。

古代铁冶异于现今的高炉，他们用木炭为燃料。那时候炉膛内的热度是绝不能达到现在炼铁与炼钢炉摄氏1600度的。铁料却必须到达这样的高热，才能熔成流动的液态。鼓风炉直到中古时代才出现；随后于十八世纪才有用焦炭代替木炭为燃料的冶坊。自此而下，世上才发展大规模的钢铁铸作。古冶的情况：在小山坡下选定一处顺风向的位置，掘一浅坑，深约两尺。在坑边叠石，砌高，逾地面约二尺至三尺。这就是炼铁的炉膛，炉壁四周，都衬有一层耐火泥。膛前后循中线挖有一条火衖，从外面引入空气，并吹散烟气。把铁矿石打碎为小块，混合着木炭，一起投入炉内。于是点火燃烧。他们让自然通风，或用皮囊吹风，由人工操持，不断地交互为压吹与开裯。这样的火力，能使铁矿石烧到红炽，近于软浆状。矿石中杂质熔点低于铁质，便先渗出，木炭渐消耗，软铁小粒块相互粘连起来。有些冶匠能加入一些"药"石(粘结剂)促使杂质渗出而结为渣团(slag)或称矿瘤(gangrene)。这一冶炼过程，历时约8至12小时。待炉稍冷却，打开先用耐火泥加封的炉顶，可见炉底部有些炉渣，上有"铁花"(bloom)，又上是未熔融的矿石。那些称为"铁花"的块块，既还内含相当多的杂质，也附有，或夹着，一些瘤渣，须用锤击，加以清除。收集这些铁花，分批投入较小的炉内，再加热到红炽而软柔，取出置铁砧上加以锻炼，以清除内含渣滓。锻炼须反复进行多次，这样，减少了其中的含碳量和杂质，最后的软铁称为"熟铁"(wrought iron 铸过了的铁)。

熟铁柔软，不适合于铸造工具与兵器。古冶工于是再把这些熟铁置入木炭炉内煅烧，熟铁吸收了一些碳素，稍稍硬化，如此的手续也得反复进行几番，待它获有足够的

这便又固凝而且坚硬如归。① 磨盘石（αἱ μύλαι）也全熔化而成液体：当它们随后凝结成固体时，色黑，但纹理却像石灰石（青石）。②［泥与土也熔化（融解）］③

事物之因干热以行固体化者，其固体，有些全不消溶于水（液体）有些则溶化于水（液体）中。陶器，和某些种类的石块，由烧结

碳素，硬到可以制作工具与兵器的程度，这就成了“钢”（steel）。这样，古代的锻炼（锻打）熟铁以成钢材者，是一个加碳过程，恰与现代炉炼生铁以成钢锭之为去碳过程者相反。近代考古，掘得古遗铁镞而加以分析其内含杂质与炉渣很高；掘得古兵器而加以分析，证明其含碳（carbon）量相当于现代中碳钢的含碳量。古冶工盖凭经验或传授，从事锻炼，当不自知其所作为是一个加碳过程（carbonization），所以他们每一回锻造，不能必其成功。又，阿尔卑斯山东麓，诺里克（Noricum）以生产好铁著称于希腊罗马文明时代。就在这一地区，考古学上有所谓哈尔斯丹（Halstatt Civilization）铁器文化的先进部落。现代的分析化学证明那里铁矿石中，含锰量高，是诺里克产生优质铁的原因。合金改善铁的性能，这也是古冶能凭经验行事，而不知其原理的一端。制造刀剑须要有锐利（加硬）的锋刃，古冶用淬火的方法，在水中或某种溶液中激冷，这在希腊与罗马古典著作中都有讲到的。

亚里士多德这一节关于炼铁炼钢的叙述，和现代考古者所能追究而得知的古冶坊情况是符合的，似乎他身亲观察到当时的冶铸过程。可是，我们于他所措辞汇，如τήκεται“融解”不能凭现代高炉与炼钢炉中，1600℃高温铁液来理解，于 εἰργασμένος σίδηρος“熟铁”στόμωμα“钢”等字，也不宜看作与现代的熟铁和钢是恰正相同的事物。στόμα 见于荷马《伊利亚特》xv，389 者，是枪尖或刀刃，即兵器的锋锐部分。在亚里士多德同时代著作中 ，这字是极少有的，须在他以后的作家如普卢太赫（Plutarch）等才用这字来说经过锻炼的铁所产生的硬锐成品。希腊古籍中，讲到冶炼的章句极少；希朴克拉底《关于生理》i，13，有所涉及。后于亚氏者，柏里尼《自然志》（Pliny，*Nat. Hist.*），xxxiv，也有一些零星的资料，都还不如亚里士多德这一短章为简明可取。

① πυρίμαχος，ὁ 照字义是“火战”，拟为“抗火石”。亚里士多德伪书《异闻志》（*de Mirab. Ausc.*）48，举及此物或拟为炼铁或钢时，用以去渣的烧结剂（flux）。或认为这应是硅酸盐类能耐高温的石块。

② ἡ τιτάνος 古希腊人于石膏（硫酸钙）、白云石（碳酸镁）、石灰石（碳酸钙）等这类白色晶体石块，统称为铁坦诺石。此处在炼铁章节内提到，或是专指石灰石（中国俗称青石）或白云石，这两者都是可以作为烧结剂投入炼铁炉中的。

③ 依修洛校订，与牛津译本，加［ ］。

(焙烘)土坯而制成的,有如磨盘石(οἱ μυλίαι)[①]是不溶的:但涅脱隆(νιτρόν)[②]与盐是溶化于水(液体)的,不是所有一切液体都能溶消它们,只有冷液可行溶化。这样,它们是可融解于水或水样液体之中的,但不能融解于橄榄油内。湿冷与干热,性能相反,必然,其一使之固凝者,另一使之消溶(液化);相反的原因产生相反的效果。

章七

凡组合(合成)物之内含,水多于土者,只能用火增加其密度;若其内含土多于水,则火能使成固体。涅脱隆(碱)与盐,以及石和泥土(既然是固体),那么它们必内多土质。

油类(橄榄油)的性质(性状)是最难论定的[③]。若说这内含水多,则油该可冷凝而为固体;若说它土多,那么该由火来为之固结。可是,实际,两者都不能使成固体,两者都只能增加其密度(使之浓缩)。推究其故,油内当是内充有气的,所以它浮于水面之上,正因

---

① $383^{b}7$αἱ μύλαι 磨盘石,承上文,由熔液冷结而成的,盖为火山喷出岩浆所成的石块。这里,$383^{b}12$ οἱ μυλίαι 磨盘石,说是由土坯融烧造成的,不溶于水。这该是用内含硅酸盐的陶瓷土烧成的硬块。以上两类,古希腊人都取作磨盘的材料。

② νιτρόν 是碳酸钠或碳酸钾晶体矿产,苏打(soda)。希罗多德(Hdt.)《史记》,ii,86,νιτρία 是埃及谟孟菲斯(Momemphis)钾盐矿坑。后世沿用此字 nitre 则指硝石(硝酸钾)矿。古希腊人用草木灰浸出水为洗涤,也称为 νιτρόν,灰中含碳酸钾,能去污,故英译作"lye"(去污剂)。

③ ἐλαίον 橄榄榨出的油,荷马史诗中说,此油为膏润身体之用。其后希腊及马其顿地区,皆以橄榄油为食用油。这样 ἐλαίον 也成了食用油类的通称。关于油(橄榄油)的性状,异于水和其它液体,参看《动物之生殖》(*de Gen. Anim.*),卷三,2,$735^{b}13$ 以下。

为气是自然地向上升起的。于是,冷就把油中的气,冻凝为水,而增加其密度,混合了水的油,其组合物的密度,比之单纯的水或油,都得大一些。油,一经加火(加热),或陈年老化后,也增加密度,并且发白(发亮):它所以发白(发亮)是由于内含的一些水分已经蒸发尽了;它所以浓厚是由于它的内热消散时,内含的气转成了水。于是它们的前因相同,后果也两相同,只是,由前因至于后果所操持的方式,则两不相同。可是,热与冷虽两都能增加其密度,却两都不能使之干固(太阳晒不干油,霜也冻不了油),推究其故,这不仅由于油性粘稠,更还因为它内含有气;由于油有粘性,能阻止蒸馏,所以火就不能把它沸煮而挥发以去,或使之干结为固体。

水与土的组合物,应该按照其中哪一个元素是主体,为之分类。有些酒类,例如葡萄酒的新酿(葡萄汁),经过沸蒸,它就成了固体。① 于一切类此的事例,在干固过程中,被驱除了的是水。这可以做这样的证明,你如收集它被驱出的汽,这汽就凝结为水;②而剩留的任何沉淀物③则必然是土样的。但,有如我们前曾讲到的,④这类组合物中,有些也能因冷而增加密度,并至于干燥。冷

① τὸ γλεῦκος 鲜葡萄酒或果汁,亦以称甜酒,见于章二,379b31;这里列为酒类,而属之于土与水的组合物。章五,酒,列为“水样液体” ὕδατος εἴδη(382b13),果汁不属酒类。这里所说“固体”实际是葡萄汁或其它果汁,或甜酒,经蒸发了水分(浓缩)而析出的“葡萄糖”(glucose)。

② 参看卷二章三,358b19 行以下。

③ βούληται“遗物”,这里译“沉淀”。亚里士多德于溶液或混合液,经浓缩或蒸干,所得沉积或残遗物,和液体经冷冻而成冰块的过程,通称之为“固体化(凝固过程)” τῆξις。

④ 见于 383a13。

性能不仅可以使物硬固,也能转化物中所含汽以为水,而增加其密度。又且能干燥物中的含水:我们又曾叙述到,[①]固体化就是一种干燥过程。于是,事物之由于冷而为固体者,凡不增加密度的,例如尿、酒、醋、灰滤水与奶清,必内涵多水(而少土);[②]凡增加密度的(但又不为火所蒸发的),则有些多土,另些乃为水与气的组合物——例如蜂蜜,内涵多土(而少水),油则内涵有气。乳与血,两皆是土与水的组合,而大都是多土的;由涅脱隆(碱)与盐造成的液体(溶液),也是多土的。[与这些为类相同的某些液体也会结石。]这样,牛乳,倘未分离出奶清,而置之火上,奶清将被蒸发以去。牛乳中的土质成分,也可以用凝乳素[③]使之凝聚(成酪),医师们的制酪方法是加凝乳素于牛乳中而后加以沸煮:奶清与乳酪,通常就是这样离析的。从牛乳分离了以后的奶清,(如果继续置于火上)不会更增密度,却将像水一样蒸发以尽:如果牛乳内含的奶酪量小,或竟无奶酪,那么,这一份牛乳的组成必是以水为主体的了,这是没有营养价值的。血液的性状[④]相似于乳,当其冷却而干燥时,凝为固体。在各种血液中,鹿血多水,温度低一些(是冷的,)它就不行冷凝。所以鹿血内不含纤维素,纤维是由土质组成的,是固体。这样,凡血液中清除了纤维的,就不会凝固,因为它不复能干燥,剩

① 见于 382^b1。

② 382^b13 举酒,尿、与奶清为水样液体;水样液体,须是无土的。

③ ὀπός 凝乳素:古希腊人用以制酪者,一为小牛胃中酸化了的初乳,第四胃中实际已消化了的内含,尤为重要,又一为草木乳样酸汁,例如无花果汁。凝乳素,今称凝乳霉;小牛胃膜可取为粗制凝乳霉原料。

④ 血液的性状,参看亚里士多德《动物之构造》,卷二章四,关于鹿血和纤维素。(ἶνας,伊纳斯),参看《动物之构造》,卷二章四,650^b15;《动物志》,卷三章六,515^b34。

余的物质是水样的，这与乳类而清除了奶酪的情况恰正相同。为此作证明，可举示死人的血，它只是粘液和水合成的，作血清样，自然对于它，失了控制，未能更为之调炼。又某些组合物是可溶化
384b 的，例如涅脱隆(碱)，另些是不溶化的，例如陶器；于这些物类而言，某些是可软化的，例如角，另些不能使之软化，例如陶器与石块。试论其故，这还是应了“相反的原因产生相反的效果”，这一道理，这样，凡由冷与干两性能使之固结的，必须由热与湿两性能使之消解。这样，凡凭依火与水(两个性质相对反的元素)，作为溶化剂者，惟以火为固之物，必由水溶；惟以冷为固之物，必由火(热)溶；若火与冷，两皆可使固凝，则其为物，必然是最难溶解的。这样的物体，当热已蒸发了其中大部分内涵的水湿而离去这物体后，冷又把它压缩得严实，这就闭塞了水湿以后进入的罅隙。为此故，虽是热也不能溶解它们，热只能溶化那些由冷为之凝固的事物；水也不能，水只能溶化那些由干热为之固结的事物，由冷为之固结的物体，水不能溶化。但，铁是热熔的(加热则液化)，冷却时固结。木材是土与气合成的，所以是可燃烧的，但不能溶化或软化。木材，除了黑檀(埃彭尼)[①]之外，是浮于水的。黑檀不浮；其它木材中，内含气元素较多，在黑檀中，气已被嘘出，土的成分就增大了。陶瓷全由土组成，它们经过干燥后就渐渐硬固；通过陶瓷内一些微小孔罅，气可以逸出，水是进不了的，火既然具有使之硬固的功能，也是进不去的。

---

① ἡ ἐβένος(ebony)埃彭尼树与其木材，初见于希罗多德《史记》，卷四，97。埃彭尼树产于非洲埃塞俄比亚者最著名；印度也有，为热带丛林中珍贵木材，中国称黑檀或紫檀。檀木纹理细密，重实超于它树，以制家具为最佳材料。

这里结束我们关于固体化与液体化(熔化)的叙述,说明了它们所为演变的原因,也举示了什么些事物示现这些演变。

章八

这就由此可以明白,物体的形成是有赖于热性能和冷性能为之操作,使之增加密度而固体化的。所有一切物体既然由这两性能制造起来,它就当然含有热性,有些缺热的事物,就得内持冷性。这样,热与冷作为主动(阳性)成分,湿与干则作为物体自身的被动(阴性)部分,凡物就统涵这四性能。于是,相同微分(相同部分),①以及植物与动物,还有金属,如金、银以及其相似的类属,都是水与土以及它们的嘘出物(气与火)所组成。金属,②如我们在另章所曾讲到的,则是闭置于地下的矿产。所有这些物体,相互间是各异的,第一,它们相异于,对我们的诸器官,作出各别的性状感

① ὁμοιομερῆ"相同微分",参看本书本卷,下文第十章,388^{a}10—20,第十二章,389^{b}29—390^{b}23。《动物志》,卷一章一,言动物构造具有三级组成,汉文译本,第十三页,注,可有助于对"相同微分(相同部分)"的了解。(一)宇宙间凡所实见的物质,绝非单纯物质,而是土,水,气,火四元素,以不同比例,分别混成的复合物,各具有或冷或热,或干或湿的性能。(二)由此类混合物组成"相同(同型,同质)部分"(ὁμοιομερῆ),于无生物而言,如金、银、铜、铁皆是。把金银等作任何微分,所区划开的部分,各各相同。于植物(有机物)而言,如树汁,纤维等皆是;于动物(有机或有生物)而言,如血、肉、皮、骨皆是。(三)由此简单的相同部分再度构合,则成复杂的"不相同(异型,异质)部分"(ἀνομοιομερῆ),如植物之根干枝叶,动物之器官与各个内脏。这些不相同部分,综合起来,就成为有机的各个个体。

② τὰ μεταλλευόμενα"矿产"而实指"金属"(metals),出于动词 μεταλλεύω"采掘"。以金属为嘘出气所成而埋藏于地表以下的物体,见于卷三章六,378^{a}15 以下。

应。(一事物之为白、香、有声响,甜、热或冷,就依凭于它外表作用于我们感觉器官上的反应。)第二,通常类列于被动(领受)的内蕴性质者,我指说于它们的可熔化性、可凝固性、可拗曲性,以及类此诸性质,也是各异的,——所有这些,相似于湿与干,都属于被动(领受)性质(品质)。这些被动性质(内蕴),正是骨肉、筋腱、木材、树皮、石块,以及所有一切微分相同的其它自然物体所由分化的依据。

这里,让我们把物体各种性质,配以一一对性(表明其所能与所不能),列举如下:

1. 能或不能固体化
2. 可熔或不可熔
3. 可凭热使之软化或不可软化
4. 可用水使之软化或不可软化
5. 可拗曲或不可拗曲
6. 可折断或不可折断
7. 可破碎或不可破碎
8. 可印刊或不可印刊
9. 可塑或不可塑
10. 可挤轧或不可挤轧
11. 可压延(延展)或不可压延(延展)
12. 可拉延(延伸)或不可拉延(延伸)
13. 可剪(开裂)或不可剪(开裂)
14. 可切割或不可切割
15. 黏结或松散

16. 耐压或不耐压

17. 可燃烧或不可燃烧

18. 发烟或不发烟

大多数的物体是凭这些品质为之分辨的，于是我们将接着来一一叙述它们的这些性能。

我们已经于第一第二两对性质作了一般叙述，①但，现在我们还要回复到这两事，重加讨论。事物之成为固体而硬化者，都是受了冷或热的影响(处理)的，热燥驱除了它们所含的水湿，而冷则驱除了它们所含的热量:实际上，它们就是这样被处理的，或失了水，或失了热；凡以水为主体的事物则因失热而固凝，凡以土为主体的事物，则因失水而硬化。物体之因失水作用而硬固者，可以水湿为之融解，但这一类事物中，若其组成体内的罅隙，极度微小，窒使水湿粒子无路可入，②例如陶瓷器皿，这就不是水湿所能融解的了；除了这样的例外，凡因干燥致硬的物体，例如涅脱隆(碱)，盐与干燥了的泥坯，都可由水湿为之融解。物体之因失热作用而固体化

① 见于本卷章六与七。

② 参看章七，384^b1—10。πόρος 常俗的意义是通路或小径，或“津渡”。在本书本卷中，作为物理学名词，我们于 381^b1 和这一章这一节，385^a29 译为罅隙(细孔“pore”)在章九 386^a15，^{b}2，387^b2，19，21 我们译为罅缝(纵向裂缝)。ὄγκος 常俗意义是一个重量或一个体积。我们在这里译作“粒子”(particle)。后世有些哲学家把 ὄγκος 论为与古原子论者，德谟克里图(Democritus，公元前第五世纪)的 ἄτομος“原子”同义。亚里士多德不是原子论者，这里的“粒子”，只指一个微小的事物，不是不可切开的(indivisible)万物之原。

者，可加热以使融解，①例如冰、铅、铜。这里，讲明了够能固体化的事物和能融解与不能融解的事物。

385b 事物之不作水样，内无水样液湿，它们宁是以热与土为主体，而不以水为主体者，例如蜂蜜与葡萄汁(甜果汁)，这些物体是不能固体化的[它们是些处于发酵状态的事物]；②又，事物之虽然内涵有水，而实以气为之主体者，如油、水银(汞)，与粘稠诸液体，如沥青和粘树汁所制胶合膏，这些物体也是不能固体化的。

章九

凡以土为主体，不以水为主体组成[如冰]者，可凭热使之软化：它们内涵的水湿却不可蒸发至于尽绝(如碱与盐)，也不可为量过小，至于比例失当(例如陶工的泥坯)；又，若它们不吸湿而可拉伸，或虽无过量的水而可延展者，将能凭火使之软化。可举以为示例者，有铁与角。③

于能融解和不能融解的事物而言，有些可于水中软化，有些不能于水中软化；铜可熔融，却不可水溶，但羊毛与土是可以水软的，因为它们都能吸水。铜，虽可融解，却必不能水溶：但事物又有能

① 这一卷中亚里士多德于“液体化”，不管是盐“溶”于水，或铜以火“熔”，通用τήκεται“融解”同一个字，我们现在的译文是分化之为“融解”、“溶化”、“熔化”三词分别着对应的。

② ζέοντά 源于 ζέω“沸而发出气泡”；兹取发泡义，译为“处于发酵状态事物”这一分句符合于蜂蜜与葡萄汁两例，须是后人注入的。

③ 以下删去 καὶ ξύλα“与木材”短语。上文 384b15—16，说木材是土与气所组成，不符合于这里所说的以土为主体而内涵少量水分的物类。上文又说明，木材可燃烧，这也不合这里所说加火使软的过程。

溶于水而不能水软的,例如碱与盐,凡物之不因吸水而变软的,它就不会在水中软化。反之,有些事物,如羊毛与谷粒,水可使软而不能溶化它们。任何土质事物较水为硬的,凡内有罅隙(细孔)较大于水的粒子者,水就能使之软化。但物之能为水所溶的,必是通体有孔(罅隙)的。[①] 说是土质物体可由水为之融解,也可由水为之软化,何故而碱乃可被融解(溶化)而不被软化?这当由于碱是通体有孔的,它的各个部分都可即刻被水浸入而扩散;这土内的罅隙是纵横交互的,这样,由于水的进路(浸入)有异,所发生的作用也就不同了。

有些物体是可拗曲的,也可伸直,有如芦苇与杨柳;有些是不能拗曲的,有如陶瓷与石块。事物之不能拗曲与伸直者,它们一经弯曲,就不能拗之使直,若原是伸直的,就不能拗成一个曲面(曲线),说一个物体是弯曲的,这就不管它是向里弯或向外弯,拗曲与伸直只是拗之使挺直或拗使成弧形的动作。所以,拗曲是或向凸或凹的变形功能,事物原有的长度是不变的,我们倘若添加"或向直"这样的叙述,这将表明一件事物可以同时又弯又直,这当然是不可能的,曲与直是不并称的。"弯直"(τὸ εὐθὺ κάμψις)这样的动作是没有的,这必须分为两番操作,拗曲与伸直,说一个物件被拗曲了,这就须是或向里弯或向外弯,其为形变则是或凸或凹。于是,这些就是物体的能或不能拗曲和能或不能伸直的说明。

---

① 这一节原文难读,主要在τηκτὰ这同一个字,而兼缩了融解、水溶,与火熔的命意。这一句原文盖有缺漏,按照上句与下句行文,我们加了"是有孔的"(ἔχει πόρους)。

有些事物兼可折断与破碎，另些只能两行其一，或能折断，或能破碎。木材可被折断，但不会被破碎，冰与石块，可使破碎而不能被折断，至于陶瓷则既可折断，也可破碎。两者的分辨是这样的，折断是区分，一物分为（两）大部分，破碎则是分散为两个以上的任何数目的部分。于是，事物，当它在固体化过程中，内存有许多（纵横）交互的罅隙（罅缝）者，乃是可破碎的（这些罅隙实使事物可得作这样的拆散），事物之内存延续的纵长罅缝者，便可予以折断，至于事物之内存两种罅隙的，这就兼可两事。

有些事物，能被刊上一个印记，有如铜与蜡，有些事物是不能加以刊印的，例如陶瓷与水。一个印记是在物体的表面上留着的或深或浅的刻痕，这是由加压或撞击，或通常所谓接触造成的；这样的事物，或是软的，①如蜡，或是硬的，如铜，事物之受到刊印，只限于其表面的一部分。事物之不接受刊印者，或是硬的，有如陶瓷（陶瓷的表面绝不内陷），或是湿的，如水（水被刊入时，它就让位，任何部分都不留印痕）。凡接受印记的事物，有能保持其印记者，当可用手为之模制，它们是可塑的；至于那些不易被模制的事物，有如石块与木材，或容易被模制，而不能保持其所刊的模印者，如羊毛与海绵，它们是不可塑的，但却是可挤轧的。

现在，说到事物之可被挤紧者，它们在受到压力时，能自行紧缩，它们的表面，收拢而不会折裂，也不像水那样一部分让位于另一部分。压力（ὦσις）是一个动势，保持在与之接触的物体上的作

---

① 原文 μαλακά“软的”与下文 σκληρά“硬的”相对；无误，参看 382a10。福培斯（Fobes）校本作 μαλακτά“软化的”，不合。

用;撞击(πληγή)则是一个突然的冲动所发生的作用。事物之内 386b
有罅隙(洞孔),而且罅隙之内确乎是虚空着,全无物质,若加压力于这样的事物,它们就可以把自己的物质收缩入自体内这些罅隙所保留着的空间,这样的事物便可被挤紧;有时,这些体内罅隙不是空虚的,例如一块湿海绵,它的诸洞孔中充满着水,这样的事物,由于它的内填充物质较自体物质为软,也必然可以凭压力以紧缩其自体。海绵、蜡、肌肉,所以全都是可挤紧的:凡事物之不受挤轧者,或由于它们内无罅隙(洞孔),或它们虽有罅隙,其中却填充有较自体为硬的物质,这样构制的物体,加之压力,它们就没法紧缩以入于自体的罅隙。这样,铁不受挤轧,石块、水或任何液体,也不受挤轧。

凡事物之表皮(外表)可在同一平面上延展的是谓可压延事物,至于那些可拉延的事物则是它们的表面顺乎着力的方向延伸,而不至于折断。有些事物是可压延的,例如毛发、皮革、筋腱、面团,与胶合膏;有些是不可压延的,例如水与石块。有些事物既可压延,又可挤紧,例如羊毛,另些则不兼两事,例如粘液(粘物)可压延而不可挤缩,或如海绵,可挤缩而不可压延。

相似地,有些事物是可拉延(延伸)的,如铜(青铜),①有些则是不可拉延(延伸)的,如石块与木材。有些事物,它的表面受到同一个打击,便能退让而同时向外展开,另些受击后不能这样的,乃

① χαλκός,ὁ(copper)铜是世界各民族最先炼出的一种金属。先民在古代所得的自然铜或炼成的铜合金(青铜 bronze——铜锡合金;黄铜 brass——铜锌合金)统称 χαλκός 铜。实际上,他们的兵器与器物,以青铜所铸者为多。

是不可拉延事物。一切可拉延事物都能接受刊印,但不是一切接受刊印的事物,都可拉延,木材可举以为这一例示;[①]但一般说来,这两(技术)名称是可以通转(互用)的。于事物之可被挤紧的而言,有些是可拉延的,有些则不可,蜡与泥是可拉延的,羊毛则不可拉伸(延伸)。[②]

有些事物是可剪(开裂)的,如木材,有些是不可剪(开裂)的,如陶瓷。所云可剪(开裂)是说,在分裂工具力所未及之处,这些事物能继续其超逾处的分裂;被分裂了的一事物,在分裂工具达到某一点时,在点外的分裂过程,这物体就超前地自动进行。至于切割,那就不是这样的。不可剪(开裂)事物是不具备这种性状(性能)的。一切软物都不可开裂(这里,我指说着绝对的软,不是相对的软,因为铁便是相对地软的),一切硬物也都不可开裂,可剪(开裂)的便不得是那些液体,或可刊印的,或可破碎的事物,那么,这就只应是不具备横断结合,而具备纵向结合诸细孔(罅隙)的物体了。

硬或软的固体,当其须予分划开时,不需要在工具所及的超前开裂,或破成多个碎块,这样的事物是可切割的;一切不润湿的[③]

---

① θλαστὸν"可刊印"或"接受刊印",不是用刀雕刻,而是用锤击,在物体表面上打下一个印记。现代材料力学或材料试验就凭这印记的深浅来推算物体的"硬度"。木材可用刀切割,见于下文,论"可切割性"τμητόν一节。本节所说"可拉延性"ἐλατόν,于现代材料力学试验中为"elasticity"(拉伸强度)。

② 以下依修洛校订与福培斯校订,删去 οὐδ' ὕδωρ,羊毛下文所接"水也不可拉延"。

③ 这分句是照...μὴ ὑγρὰ ᾖ..."不润湿的"译。照贝刻尔(Bekker)校本 ᾗ ὑγρὰ ᾗ 译,"润湿的事物",这分句的命意是相反的。

事物是不可切割的。有些事物如木材,既可切也可剪(开裂),但一般说来,该是纵向拆裂为可剪,横向断割为可切;事物是可以区分成许多小块或小条的,凡可剪的必其合成的那一物体出于那些小部分的纵向集结,如果那些小部分作横向集结,那必是可切割的了。

如果一个液态或柔软的物体而可以延展的,这是一个粘结事物。一切事物之内蕴有相锁合的诸部分者,其组成就像是链环的聚结,这便应是粘结事物的特性;它们容许作相当大限度的延展与收缩。物体之不具备这样特性的,是松散事物。

耐压事物是指那些受挤压而能保持它们在加压(被挤)以前的原性状者;凡是全不能忍受挤压的,或一经挤压,就不保持它们在加压(被挤)前的原形状者,这些事物是不耐压的。

有些事物是可燃烧的,有些是不可燃烧的,例如木材是可燃烧的,羊毛与骨也可以,至于石与冰则是不可燃烧的。一切物体之可燃烧者,必内含细孔(罅隙),火得以透入其中,而且它们的纵向细孔(罅缝)内所涵水分又必须少到不足以沃灭那着身的火。若事物之无罅隙者,或虽有罅隙而内涵足够的水分以制火者,就不可燃烧,例如冰与鲜青深绿的枝叶。

烟是内含水湿的物体,逼近(曝接)于火时,发放出的,但这和物体水分的蒸发是不分开的(混合着的)。蒸汽是一个湿嘘出,当一个内含水分的物体曝于燃烧热时,发散出来,而入于大气和风中的;但烟①被驱出(嘘出)而入于大气中后,它随时间的

① 照E抄本,θυμιάματα"烟";照福培斯校本,θυμιατὰ"发烟物"。湿与干的混合嘘出物,参看卷二章四,359^b27-33。

衍逝，终以干熄或转而成土，它既不是水汽，而是另一型式的嘘出物，就不能变而为风（风是一个有定向的延续的气流）。但发烟过程是干与湿混合在一起的，因曝于燃烧热而行的嘘出：所以
387b 这种嘘气殊不润湿，可是着于它物是会使之褪色的。属于树木一类物体所作的烟乃是“焰”（καπνός）。这里，我把骨与发〔鬓〕以及一切类此的事物列入于这一名称（树木样物体）之内：于这些事物，现在还没有一个通用名称，①可是它们实有所相似（相拟），所以我把它们析合为一类。恩贝杜克里（'Εμπεδοκλῆs）有云：“发〔鬓〕与（树）叶与（鸟）厚密的羽毛以及（鱼）鳞，各掩被其壮实的肢体。”②脂肪的烟是煤灰样的，油类的烟是熏气样的。油经加热后，不会沸腾而渐稠厚，正因为它不蒸发而放散出烟的缘故：反之，水就发蒸汽而不发烟。甜酒，内含有甘脂，它的行为，正与油相同，会发烟，酒会燃烧，着了冷不会凝成固体。甜酒虽名为酒，实无酒味，也没有酒的效验，不像平常的酒那样会醉人。（这稍能发烟，所以会着火生焰。）

可燃烧物体，在末后解消而成为灰烬。所有一切能化为灰烬的事物，原先都是由热或由热与冷而成为固体的，我们察知这样的事物都是被火所控制着的。对于一种名为“红玉”（ἄνθραξ 暗红宝石——“炭精”）的宝石，火所能施展的影响是最小的。于可燃烧物体而言，有些是可炎烧（易烧）的，有些不可炎烧。有些

① 这一通用名称，在现代，就是“有机物”，包括动物与植物，以相对于矿物等之为“无机物”。亚里士多德在这里假 ἡ ξυλώδους σώματους“树木样物体”以概括植物与动物所由组成的各个部分（物件）。

② 见于第尔士《先苏》，31B，82。

可炎烧事物是能“被炭化的”(ἀνθρακευτά)。凡能发散出火焰的物体是易燃(可炎烧)的;那些不能发出火焰的就不易燃。凡不易水湿而内藏着烟的物体,也是易燃的。沥青、油,与蜡,如与它们不类的事物调和就更易燃。一切易燃事物中,大多数是会发焰的。这一类物料,内藏较多的土与焰者,可被炭化。有些能被熔融的事物,例如铜(青铜),不是易燃(可延烧)的,有些易燃物料,例如木材,不能熔融;又有些物料如乳香,则既能熔融,又能燃烧(发出袅烟)。推究其故,木材内的水分是团聚的而且均匀地布列的,这样就可以干烧,至于铜内的湿质为量殊小,而且散在各个不连续的部分,这就不能生焰,若乳香者,乃具备有两方面的条件。凡发烟的物体,由于其中含土殊多而不能熔融者,是易燃的。由于它们内涵的干性是攸通于火元素的,当干性一着热度,这就发生火:那么,“火焰”(ἡ φλόξ)便是燃烧着的风,或着了火的“焰”(καπνός)。于是,木材的“烟”(ἡ θυμίασις)实也会成焰,蜡和乳香以及类此的物料,它们的烟也会成焰,沥青,以及内含沥青的物料,或相似的组合物料是“煤烟”样的(ἡ λιγνύς),油与油类物质的烟是“熏气”样的(κνῖσα),还有那些物料,自身的干性太小,(干性是引火与着火的条件,)不能随意燃烧,但混合了其它物料,它们也就可燃烧,这种物料的烟也是熏气样的:脂肪就是油性与干性物质的组合体。又,发烟物的主体是湿的(例如油与沥青)燃烧物的主体是干的。①

① 按照本卷章八,所谓辨析物体性状(品质)18 个项目,随即一一详说,到本章 387^{b}13 实已叙述完毕。387^{b}14 到本章末,388^{a}9,亚里士多德倒回于第 17 第 18 两个项目,把燃烧与发烟,又作出了补充的分析。

章十

如我们前已说过了的，[①]这些就是相同微分诸构体，从触觉方面，所可分辨的各种不同品质(特性)；它们也可进而凭味觉、嗅觉，和颜色，为之分辨。所谓相同微分诸物体，举例以示之，我于金属类，当取铜(青铜)、金、银、锡、铁、石与相似诸物料，以及它们的副产物，于动物与植物的各个部分，可举肌肉、骨、筋、皮肤、肠、发〔鬘〕、纤维、血脉，正由这些相同微分，于动物乃得构成为脸面、手、脚，以及类此的不相同微分诸构体；于植物而言，乃得构成为树木的干、皮、叶、根，以及类此诸事物。非相同微分诸构体[②]的制成，当别有原因；制成相同微分诸物体的物因是干与湿，亦即水与土，这些事物都最明显地表现这两元素的特性(品质)，它们的效因(动因)则是热与冷，相同微分诸实体就凭这两功能的作用于水与土而制成的。现在，让我们来研究，于微分相同诸物体中，哪些由土组合，哪些由水，又哪些兼由两元素。

既已是制成品的诸物体必然或是液体，或是软或硬体：那些或软或硬的诸物体，如曾已说过了的，[③]是历经了固体化过程的。

凡能行蒸发(发汽)的液体是由水制成的；那些不全蒸发(发汽)的则是由土制成的，或是土与水混合制成的，例如乳，或是土与

① 见于本卷章八，385[a]8。

② 这里，388[a]20，原文 ταῦτα“这些物体”，依亚历山大《天象诠疏》(Alex. 219，20)应指上句内的“不相同微分诸构体”τὰ ἀνομοιομερῆ。埃第勒(Ideler)与牛津英译本，解“这些”为“不是相同微分的诸构体”。

③ 见于本卷章五，382[a]25。

气合制的，例如木材①，或是水与气合制的，例如油。凡可因加热而增其密度（稠厚）的液体，必是一个混合物体（在诸液体中，葡萄 388b
酒的性状示现有一个疑难，②例如新酒（葡萄汁），它既会蒸发，也会浓稠。推究其故，所称为“酒”（ὁ οἶνος），实际不能概括在一种液体之内，各种不同的酒，各具不同的性状。新酒比之老酒，内含较多的土，所以加热最使稠厚，但冷却使之凝固的影响就最小；例如在雅卡第亚③的新酿内涵大量的热与土，当焰火熏使（蒸发而）渐干时，储酒器内表面就结皮，加热增稠的影响就有这么大，酿家必须刮去酒皮，才能酌饮。于是，若说一切酒都有些沉淀，那么沉淀量的为多为少，恰可凭以判断各种酒的组成，究孰以土或水为主体了）。凡液体的密度，因冷而增稠的必属土质：物体的密度若因热因冷，两会得增稠，那么这物体必是超于单个元素（两个或几个）元素合成的，例如油与蜂蜜与甜酒。

（甲）凡由冷却的影响而硬结成的固体，当是水所组成，例如冰、雪、雹，与霜；（乙）凡由加热而硬结成的固体，须是由土组成的，例如陶瓷、乳酪、涅脱隆（碱）、盐；（丙）凡由两者的综合影响而固体

---

① 依维哥谟加托亚里士多德《天象》四卷诠疏（Vicomercatus, Arist., Meteor, Comm, Lib. IV.），这里“木材”ξύλον 疑误，揣拟为 μέλι“蜂蜜”。埃第勒校订，认为维哥谟加托的揣测是合理的，符合于前文所已论及的诸章节。

② 参看 384^a5，387^b9。

③ 'Αρκαδία 雅卡第亚，在古希腊杜哩族（斯巴达人）所居住的南半岛，伯罗奔尼撒的摩里亚（Morea）多山地区，其地峰回路转，溪壑幽清，田园肥饶，居民稀疏，以农牧为生，安分知足，乐兹娴静。古希腊人咸忻慕之，以为人间生世之胜境。其地富于谷麦，无衣食之虑。家各有葡萄园，酿酒满窖，储为终岁常日之饮。故言酒者，率举其地乡酿之以浓稠著称。其地于现代希腊，名雅卡斯耶（Arkathya），在伯罗奔尼撒之摩里亚州中部，邻近有市镇曰“三城”（Tripolis）。

化的，须是两者组合起来的，[①]它们既兼含有两样成分，那就两者都可使之固结。（事物之因冷却而固体化者，须归入这一范畴，在冷却过程中，水湿也随之逸去，于是它们就两缺了热与水分：盐和事物之全由土为组成者，这便只有在失水的情况时固结，反之，冰的硬固便只有在失热时造成。）（丁）固体而其中水分全被蒸发了的，例如陶瓷，或琥珀，须是由土组成的。（琥珀和所谓树泪滴脂，[②]两皆相同于摩尔香膏，[③]乳香[④]与树胶诸例，是由冷却成形的：琥珀显然属于这一级类，琥珀内有络结于其中的昆虫，正表现它是在凝固过程中被围困了进去的。[⑤] 被河流中的冷性所驱出的热度蒸发了其中的水分，于是就像沸煮了的蜂蜜滴落水中——这样就固体化而为凝胶的珠滴。）这类固体，有些是不能熔融或软化的，例如琥珀和有些石块（矿石），例如山洞中的钟乳石；[⑥]这些也由同样的方式形成，它们的热度被冷性驱出，而水分也随之脱去了，它们不因火为之固体化。于其它物体而言，[⑦]为之凝固的原因却凭外

---

① 参看 383^{a}13。

② τὸ δάκρυον 本义是泪滴，故英译本作"tear"，这里实指香膏树，例如巴撒姆（balsam）的皮内分泌液汁，滴入冷水中所成小珠粒，其色泽类似中国俗称之松香（松脂）。

③ σμύρνα（μύρρα）摩尔香膏。巴撒姆属之摩尔品种（Balsamea myrrha），产于北非洲埃塞俄比亚，与阿拉伯半岛这种树皮与树干间分泌的乳状液，干后如松脂，有强烈香气，古埃及、希腊与犹太人用以涂抹尸体，也用于医药。

④ λιβανωτός 乳香（英译 frankincense"自由香"），由波斯韦里（Boswelia）属树脂制成，内含芳香属挥发油。古埃及人以为发烟剂（炷香）。

⑤ ἤλεκτρον，τὸ 琥珀，为树脂化石。古昔，此物石化时常杂入树皮、草、虫等物。

⑥ οἱ πῶροι 钟乳石，亦称石钟乳（stalactites）。石灰岩洞上部缓缓滴下之碳酸钙溶浆，随下而随干燥（蒸发），累成下垂之石柱。其滴落下洞底部者则燥积而为石块或向上之石柱。

⑦ 谓可溶融的固体，例如盐。

火。(戊)固体内含大量土质,而其中的水湿没有蒸发尽的,加热可使软化,其例有如铁与角。(乳香和与之相似诸物体,宁如树木那样,它会发气。)(己)最后,事物之可凭火为之融解者,须类列之于融解物体之内,它们一般是以多量的水为主体所组成,虽有些,如蜡,当是兼以水与土为之组成;反之,事物之可凭水为之融解(溶 389a
化)者,该当是以土为之组成的。又,事物之,或水或火,两不能使融解者,当是土所组成,或土与水两共组成。

于是,或为液态或为固态的一切事物,若说其性状(品质)的分析全已包涵于我们上诸叙述而毫无遗漏,那么,我们实已完备地列陈了这样的辨物准则,大家可凭以判断一个事物究属是由土或由水,或由不止一个元素组成的,也可凭以判断它或凭火,或凭冷,或凭火(热)与冷,制使成型的。

于是,以下诸物体是由水组成的:金、银、铜(青铜)、锡、铅、玻璃,①与许多种类的无名石块,所有这些物体,全是凭热为之熔融的;有加于此,这里还须列举,有些酒、尿、醋、灰滤水、奶清,与血清也是水成物体,所有这些统都凭冷使成为固体。于下列诸物,因含大量的土:铁、角、指甲、骨、腱、树木、毛发、树叶与树皮,此外还有琥珀、摩尔膏、乳香,所谓滴珠样树脂、钟乳石,以及地土产物,如荚

① ὕαλος(ὕελος,ὑάλεος),先见于希罗多德《史记》(Hdt.,iii,24)者,谓是透明的石晶,埃及人用以保藏尸体,使之不朽。见于阿里斯托芬剧本,《云》(Aristophanes, *Nub.*),768行者,是透明晶石所制聚焦引火(阳光),中凸的镜片,见于柏拉图,《蒂迈欧》(*Timaeus*),61B者,为矾石结晶(vitrum),英译就作glass。近代化学考古,凭斯脱雷波《地理》(Strabo, *Geograph.*)与柏里尼《自然志》(Plinius, *Nat. Hist.*)考证古埃及在公元前一二千年间已有应用石英(硅砂)制成的玻璃,故于亚里士多德《天象》,卷四,据物理化学的古代史实,译此字为玻璃。

豆与谷类(在这土产类中,含土量随其种别而作不同的比例,有些可加火以使软,另些则会发烟,而是由冷制成的,但它们总是全属土质):有加于此,还有涅脱隆(碱)、盐,以及那些不由冷却而固体化的石块,它们又是不被熔融的。血液与精液,于另一方面的事物而言,都是土、水与气组成的,血液之内含纤维者,土的成分大(这样它是凭冷却而固硬的,水可使之融解(溶化)),血液之不含纤维者,水的成分大(所以是不会凝固的);精液是经冷却而凝固的,当其热性消失时,水分也随之脱离了。

章十一

我们必须进而检验,那些固体与那些液体,或属热性或属冷性,考察我们前曾讲到的有关理论。(1)那些水组成物体,一般说来,属于冷性,若具备有外来热源的除外(例如灰滤水、尿与酒);(2)那些土组成物体,一般是凭热为之制作的,自属热性,例如石灰与灰烬。

这该是大家都懂得的,冷的一义是物因。干与湿之为物性是被动的(阴性),它们基本上隐括在水与土中,两者具有明显的冷
389^b 性,一切事物凡由这两元素之一造成的都能制冷,除了另有外来热源的事物,例如沸水,或经灰滤过了的水,灰滤水就从灰中获有了热性;凡曾燃烧过的每一事物,它总是或多或少地内藏有热。腐朽物料中产生蠕虫,正由于其中出现了热量,恰又就是这个热破坏了这物料所本有的自然热。①

① 参看本卷章一,379^b6,及汉文注释。

(3)凡事物之组成不止一个元素的,都内含有热,它们的大多数是由热调炼以成的,也有些是腐坏过程的产物,有如身体内的排泄。[①] 这样,有如血液、精液、骨髓、凝乳素以及相似的诸物品,当它们保持其正规的自然状态时,它们是暖热的,但,它们一旦破坏了,失其自然本态,便也失其暖热,到此它们所保留了的就只是其物质因素,即土与水了。所以,关于这类物品,有些人认为是冷的,有些人认为是热的,直到它们保持其自然本态未变前,它们确是热的,但当它们失热之后,它们就凝固。[②] 这是确乎如此的。可是,如我们曾已论定了的,凡事物之物因(原料)主于水者,属于冷性(水是火的极端相反),而事物之主于土或气者,必内含较多的热。

有时过度地冷的事物,忽然变得过度地热,它们遭遇到大量外热的影响——凡最坚固的刚性物体,如其失热,就又是最冷的了,但,如果曝之于火,它们却发出最大的热:这样,水比之于焰,发热较多,石块比之于水,发热更多。

章十二

既已讨论了这些事物,让我们对于肉与骨以及其它微分相同物体,进而作一番分别的叙述。我们能从它们的创生(生成)说明,这些微分相同物体是由哪些组合起来而属于哪些级别,而于每一个则各说明其属于哪一个级别;微分相同诸物原是由诸元素组成的,而它们自身又供应为一切自然物品的原材料。

① 参看亚里士多德《动物之生殖》(*de Gen. Anim.*)卷一,章十八,724^b21—28。

② 见于389^a20—21。

但，如我们所曾提到过的，既然一切微分相似物体的原材料是四元素，它们的现实本体就得依从于形式定义（本因）。这于自然的较高级产品常是明显的，凡事物之属于工具者，必有其为之应用的某一目的。于是，这也就更明显了，一个尸体只是在名义上（虚名）的人而已。同样，一个死人（尸体上）的手，也只是名义上的手，恰如一个石雕的笛子不妨也姑称之为一支笛，这笛却只是这样一个具形的工具。于肉与骨而言，这分辨就是没有那么明显了，于火与水而言，又更不明显。这因为凡物之以材料（物因）为主者，其极因（目的），是最不明显的。却说物质就专只是物质，而现实本体就专只是定义形式（公式），于是事物之处于两间者，就须察其靠近于某一端而论其相互关系；究其实际，每一事物各有其极因（目的），那么，水或火就不专是水或火，而肌肉或小肠也不专是肌肉与小肠而止。推此意而说脸与手，同样的义理甚且更为切要。所有这些事物实际是凭它们的功能（作用）来定型的，各物的得其存在，实际上本于其所能行使的各殊的功能而订定其成效，例如眼睛，本之于其视觉的实效；若有一事物不能执行它原应担任的功用，那么它就只是虚名的某物而已，有如一个死人或一个石像，只是虚名之为一个人而已。一个木制的锯，尽也可正式地称之为一锯，实际上它只是锯的一个替身，以功能论，这样的事理，于例如肌肉，或例如舌，是一样合适的，但于舌而言，功能的作用却较肌肉为重：以此论火，这也是一样合适的，然而火的自然功能，实际比之肌肉就较不明显。于植物与无生命（无机）物，如铜与银而言，它们之所以成为植物或铜与银，就其各具有各自担任某些主动或被动的功能（作用）而言，恰也像肌肉与筋腱，是一样（相等地）合适的，但，倘欲求其精确的形式定义(式因),这就不那么明显了,必须待到那个物体腐坏已甚,全不能献效其原有的功能,所保留的它的诸性格已经几希了,于是仅存的只有它的外形,这才能见到它的物因——原材料。举例以明之,古尸有时忽然解体而成为他们墓室内的尘埃,有些果长得熟透了,不复能保持它们外表的观感,于是而露出它们的真相(果核),乳类也这样,在腐坏之后,形成为一些固体事物。

既然物之固体化必由热性与冷性,于是若具有热与冷和两者所兴起的运动,这就够可产生这类一切事物了,这是说一切微分相同的部分(物件),如肌、骨、发〔鬓〕、腱以及相似诸部分:所有这些,如已叙明的各种品质(延伸、延展、破碎、硬、软,以及其它)的差异而为之分辨,这些差异的各种品质,恰是由热与冷和两者会合所兴起的运动为之制造的。① 但于由微分相同诸物体合组成为微分不相同物体而言,谁都不会设想,例如头、手或足,也和那微分相同物体的情况全属一样。冷与热和它们的运动,是由以造制铜或银的,可是一个锯或一个杯或一箱的成因,这就不能说全靠这些了。这里,推究其成因,人工(工艺)是它们的一因,于其它物类,自然是它们的成因,或另有其它的某种成因。

于是,知道了每个相同微分物体所各该列序的级类②(种属),

① 这里,于物体(事物)成因着重于热与冷和两者所兴起的运动,即物因与动因(效因)。《动物之生殖》卷二章一,734^{b}29 以下,亚里士多德,于动植肢体或器官或脏腑的成因是兼重极因与式因的。于本书此节只简略地提到式因(本因)与极因(目的)。

② γένος 作为分类名词是包涵若干品种的"属",兹译"级类"或"级别"。由相同微分,无机物如矿石,进于有机物,如植物与动物,不相同微分的复合物体之三级组成,参看本卷章八,384^{b}30 注。

我们该进而为它们一一作成分别的叙述，给出血、肌肉、精液，以及其余各物以各别的定义与其原来(物料)。我们若于一事物瞭知其创生与坏灭中的原料(物因)或式因(本因)，或最好是兼知两者，而且又识得其效因(动因)，则我们就能通识那一事物的由来与其本质了。[①] 至此，我们已阐明了相同微分诸物体，必须相似地更考察不同微分诸物体，最后乃及于由不同微分诸物体所组合的事物，有如人、草木，和如此的有机(有生命)物类。[②]

① 这里，全章于成物四因，未及重言极因(目的)；诠家或谓极因为目的论者，如亚里士多德之重要论据，或此篇(卷四)非亚氏手稿。辩者确认亚氏论事行文，持其大要，于其节目，或轻或重，或不及遍举者，时或有之，不应以某章节中一二句逗，论全篇真伪。

② 参看《生灭(成坏)》，卷二，章九；《动物之构造》，卷二章一。

《天象论》索引

$38^{a}-90^{b}=338^{a}-390^{b}$

（指原书行码。汉译词请在其附近查找）

索引一　人名、地名、神名、星名、书名、风向、月份

'Αβδηρίτης	Abderites	阿白第拉人	德谟克里图 Democritus，65^{a}10
'Αθήνη	Athens	雅典	43^{b}4
Αἰγαῖος	Aegaius	爱琴海	54^{a}14,20
Αἰγὸς ποταμοί	R. Aegos	羊（爱咯）河	44^{b}32(Aegospotami)
Αἴγυπτος	Egypt	埃及	51^{b}28， 34； 'Αἰγύπτιος Egyptiau 埃及人，43^{b}10,28。ἀρχαιοτάτους εἶναι τῶν ἀνθρώπων'Αἰγυπτίους 埃及人是世界上最古老的种族。52^{b}21
Αἴγων	Aegon	埃根	50^{b}11
Αἴδηψος	Aedepsus	埃第伯苏	66^{a}29
Αἰθιοπία	Ethiopia	埃塞俄比亚	49^{a}5，62^{b}21；Αἰθιοπικός，Ethiopian 埃塞俄比亚人，50^{b}11
Αἰσχύλος	Aeschelos	埃斯契卢	42^{b}36,43^{a}27
Αἴσωπος	Aesop	伊索	56^{b}11(寓言作家)
'Αμμώνιος	Ammon(-ius)	亚蒙地区	52^{b}32(低地)
'Αναξαγόρας	Anaxagoras	亚那克萨哥拉	39^{b}22， 42^{b}27， 45^{a}25，48^{b}12,65^{a}17;19,69^{b}14
'Αναξιμένης	Anaximenes	亚那克雪米尼	65^{a}18
'Απαρκτίας	Aparctias	亚巴尔底亚风	（正北风）63^{b}14，29，31，64^{a}14，^{b}4，21，29，65^{a}2，

Δευκαλίων	Deucalion	第加里昂	52^{a}32 洪水(神话)
Δίδυμος	Twins (constellation)	双子星座	τῶν ἀστέρα τῶυ ἐν τοῖs διδύμοιs 在双子座中的两星,43^{b}31
Δωδώνη	Dodona	杜陀那	52^{a}35
Ἕβρος	R. Hebrus	希伯罗河	50^{b}17
Ἑλλάs	Hellas(Greece)	希腊	51^{a}7, 52^{a}9; Ἑλλαδα τὴν ἀρχαῖον, the old Hellas 希腊旧邦,52^{a}32
Ἕλλην	Hellen	希伦	52^{b}3; Ἑλληνικοs, Hellenes 希腊人(希伦的后裔),50^{b}15。(τὸν Ἑλλενικὸν τόπον the Greek world 希腊地区或世界)52^{a}33 以下。
Ἑλλήσποντος	Hellaspont	希腊斯滂	66^{a}26;ἑλλησποντίαs 希腊海风,64^{b}19
Ἐμπεδοκλῆs	Empedocles	恩贝杜克里	57^{a}26,69^{b}12,81^{b}32,87^{b}4
Ἑρμῆs	Hermes	赫尔梅(信使)	(mercury,水星)42^{b}33
Ἐρύθεια	Erytheia	埃吕塞西	59^{a}28
Ἐρυθρα, τὰ θάλαττα	Red Sea	红海	52^{b}23,54^{a}2
Ἑστία	Hestia	埃斯希娅	坛火女神,69^{a}32
Ἐτησίαι	Etesiae	爱底西亚风	正西风,61^{b}24, 35, 62^{a}12, 19,23,30,63^{a}12,65^{a}6
Εὔβοια	Euboea	欧卑亚	66^{a}27
Εὐκλῆs	Eucles	欧克里	43^{b}4
Εὔξενος	Euxine Sea	攸克辛海	(今之黑海)50^{b}3,54^{a}17
Εὔριπος	Euripus	欧里浦	66^{a}23
Εὐρόνοτος	Euronotus	欧罗诺托风	东东南风,63^{b}22
Εὖρος, ὁ	Eurus	欧罗风	东南风,63^{a}7,^{b}21,64^{a}17,^{b}3, 19,24, 73^{b}11。εὐρύs(east wind, 东风,晨风)宽阔的风,70^{b}18
Εὐρώπη	Europe	欧罗巴洲	50^{b}3
Ἔφεσος	Ephesus	以弗所	71^{a}31
Ζεύs	Zeus(Jupiter)	宙斯大神,修士大神	木星,Jupiter,43^{b}30

Παλαιστῖνη λίμνη	Palastine lake	巴勒斯坦湖	今"死海"(Dead Sea),$59^{a}17$
Παρνασσος	Parnassus	巴尔那苏山脉	今兴都库什 Hindu Kush(印度山脉),$50^{a}19$
Πελοποννησος	Peloponnesus	伯罗奔尼撒	$51^{a}2$
Πίνδος	Pindus, Mt.	品都山	$50^{b}15$
Πόντος	Pontus	滂都海	$47^{a}36$,$^{b}4$, $48^{b}34$, $51^{a}12$, $54^{a}14$,20;滂都地区 $67^{a}1$;τὰ βαθεα τοῦ Πόντον 滂都海的深渊 $50^{a}31$,$51^{a}13$
Πρόβλημα	Problemata	《集题》	$63^{a}24$
Πυθαγόρας -ρειος	Pythagoras, -goreans	毕达哥拉,毕达哥拉学派	$42^{b}30$,$45^{a}14$
Πυρήνη	Pyrenees	比利涅(比利牛斯)山脉	在西班牙(伊伯利亚半岛)北境,$50^{b}1$
Ῥῖπαι	Rhipae, Mt.	里贝山	$50^{b}7$
Ῥοδανός	Rhodanus	罗丹河	(拟为今隆河 R. Rhone)$51^{a}16$,18
Ῥοδόπη	Rhodope	路都贝山	在今保加利亚境内,$50^{b}18$
Σαρδονικὸς, ἡ θάλαττα	Sardonicus, the Sea	撒杜尼海	今称撒丁(Sardinian)海,$54^{a}21$
Σελλοί, οἱ	Selli	赛里族	$52^{b}2$
Σέσωστρις	Sesostris	赛索斯特里	$52^{b}26$
Σικάνη	Sicania	雪加尼河	$59^{b}12$(在西西里境内)
Σικελία	Sicily	西西里(西基里)	$59^{b}15$, $66^{a}26$。Σικελικός Sicilian Sea, 西西里海,$54^{a}21$
Σίπυλος	Sipylus	雪比罗	$68^{b}31$
Σκίρων	Skiron	斯启罗风	西西北风,$63^{b}25$
Σκόμβρος	Scombrus	斯孔白罗山	在今南斯拉夫境内,$50^{b}17$
Σκυθία	Scythia	斯居泰	(黑海以北地区)$50^{b}7$,$59^{b}18$,$62^{b}22$
Στέφανος, ὁ	the Crown	皇冠星座	$62^{b}10$
Στρυμών	Strumon, R.	斯脱吕蒙河	发源于斯孔白罗山脉三河之一,$50^{b}16$

Ταναΐς	Tanais	泰那河	拟为今苏俄境内流入亚速海的顿河(R. Don), $50^{a}24$,$53^{a}16$
Ταρταρος	Tartarus	鞑鞑罗河	地狱下层河流(神话), $56^{a}1$,18,假为世界河海地下储漕
Ταρτησσός	Tartessus	泰底苏河	拟为今西班牙瓜达尔基维尔河(R. Guadalquivir),流入加第斯海湾,$50^{b}2$
Τρωικὸς πόλεμος	Trojan War	特洛亚之战	(荷马史诗)$52^{a}10$
Τυρρηνικός θαλ.	Tyrrhenian Sea	第勒尼海	$54^{a}21$
Ὑρκάνιος θαλ.	Hyrcanian Sea	许加尼海	今里海(the Caspian Sea), $54^{a}3$
Φαέθων	Phaethon	费崇(曜光星)	日神之子,$45^{a}15$
Φαίδων	Phaedo	《斐多》篇	柏拉图《对话》之一,$55^{b}32$
Φᾶσις	Phasis, R.	发雪斯河	拟为今格鲁吉亚(Croatia)境内流入黑海的芮昂河(R. Rion),$50^{a}28$
Φλεγραῖος πεδίος	Phlegraius plain	弗里格雷平原	在意大利境内,邻近"利古哩地区"(περὶ τὴν Λιγυστικὴν Χώραν) $68^{b}31$
Φοινικίας	Phoenicias	腓尼基风	南南东风,$64^{a}4$,17
φύσεως, τῆς	Physica	《物理学》	(τῶν πρώτον αἰτιων)"自然的诸本因",$38^{a}1$(亚氏自己的讲稿)
Φυσικοῖς, ἐντοῖς	Physicus	《物性赋》	(恩贝杜克里著作)$82^{a}2$ ("On the Nature of Things")
Χαονία	Chaonia	嘉奥尼亚	$59^{a}25$
Χάρυβδις	Charybdis	嘉吕白第	$56^{b}13$
Χῖος	Chios	季奥(启沃)岛人	$42^{b}36$
Χοάσπης	Choaspes, R.	饶司贝河	从巴尔那苏(兴都库什)山脉流下的诸河之一, $50^{a}24$
Χρεμέτης	Chremetes, R.	恰利米底河	$50^{b}14$

'Ωρίων　Orion　猎户星座　43b24,61b23,30

索引二　辞义与题旨

'Αγγεῖον　receptacle　容器,储漕　49a34,b15,53b21,57b4,58b35

ἄγω　to bring on　行使,引向,领取　59a28, 62b1, 63b6,73a11,80a26

ἀδιαίρετος　the indivisible　不可分析的　43b34,44a1

ἀδυναμία　impotence　无能　85a11;ἀδύνατος the impotent 无能者,40b1,43a21,b7,45a32,b12,18,53b17,31,55a11,b33,56a19,32,57a6,b21,33,62b14,65b19,29,72b2,76b3(the impossible 不可能的)12,80a22,b26,86a4,b22,87b20

ἀήρ　air　气,空气,大气　气与水两元素的共通属性,38b24。气的性质近于火元素,39a18。在天球层圈内,气与火相互的位置,39a33—41a36。寒冷凝缩空气,41b36,42a29。气的镜面作用(反射),42b6,73b8,74a2。与干嘘气相延续,44a11。大气的外层潜在地为火,45b32。日晕、月晕的现象有赖于大气相应的组成,46a5。大气于夏季较干,春季较湿,48b27。大气组成(性状)的变异,或成风或成云,或降水,49a16,60a27。气圈(大气层)54b24,涵有蒸汽的空气,64b27;冷汽充溢 67a34;因而凝结 73a28—。云中之气,73b20。在南方和在北方的大气,77b26。油内涵气,84a16。树木(土质物)或木材内皆有气,惟檀为例外,84b17

ἄθλαστος　not to be indented　不可刊印的　85a15,86a18

ἄθραυστος　incapable of fragmentation　不可破碎的　85a14

ἀθροίξω　to muster, to gather　集结,成团　45a9, 46a22, 47b6, 11,49b4,54b6;ἄθροισις 集结成团,40a31;ἀθρόος,mass, collective 集体,团块,54b12,55b26,31,57a24,61b18,66b28,68b4,70b7,71b1,77b18,78a5,87b27

ἀθυμίατος　un-fuming　不发烟的　85a18

αἰγιαλός　seashore, beech　海岸,海滩　67b13

ἀίδιος　eternal　永恒的　39a25,53a15,56b8

αἰθήρ　ether　以太(第五元素)　39b12—30;65a19,69b14,

			20（以太为充溢于高天的神性而火似的元素）
αἰθρία	fine weather	晴天	42^{a}12，34，43^{b}19，47^{a}26，64^{b}9，67^{b}9，69^{b}23 αἴθριος 净明，寒空，58^{b}1，64^{b}10，29
αἷμα	blood	血，血液	84^{a}16，25，31，89^{a}19，^{b}9，90^{b}16 αἱματώδης 血液样的，42^{a}36
αἴξ	"goat"	"山羊"	与"火把"δαλοί 并举的一些奇异天象，41^{b}3，28，31
αἴσθησις	sensation	感觉	41^{a}14，44^{a}5，66^{b}30，72^{b}10，74^{b}16，82^{a}17，85^{a}1，4，90^{b}1。αἰσθητός 可感觉物，72^{b}1，73^{a}23，82^{a}18
αἰτία	cause，origin	原因	38^{a}20，^{b}26，40^{a}21，^{b}18，31，41^{a}15，29，^{b}4，42^{b}24，44^{a}2，^{b}18，45^{a}11，46^{a}26，^{b}2，20，47^{a}30，^{b}15，48^{b}26，49^{a}7，^{b}21，52^{a}12，25，53^{a}26，33，^{b}14，54^{a}33，^{b}3，55^{b}20，56^{a}30，^{b}17，33，57^{a}14，58^{a}3，^{b}13，59^{b}22，61^{a}4，^{b}10，25，63^{a}18，64^{a}13，^{b}30，65^{a}5，25，^{b}13，66^{a}12，^{b}3，67^{a}10，22，^{b}4，69^{a}8，^{b}4，22，70^{b}33，71^{b}19，73^{a}30，74^{b}18，75^{a}32，77^{a}29，79^{b}2，81^{a}11，^{b}13，88^{a}21，90^{b}14；前因相同，后果也相同，83^{b}32；相反的原因肇致相反的效果，83^{b}17，84^{b}3；作为"第一动因"（ἀρχὴ κινήσεως）的天层元素，当是地层一切动变的"第一原因"，39^{a}23
ἄκαμπτος	inflexible	不可拗曲的	(not to be bent)85^{a}14，^{b}28，86^{a}8
ἀκάτακτος	unbreakable	不可折断的	85^{a}14
ἄκαυστος	incombustible	不可燃烧的	85^{a}18，87^{a}18，22
ἀκινησία	inmovableness	不动性，稳定	40^{b}18，66^{b}6
ἀκοή	sense of hearing	听觉	69^{b}9，ἀκούω 听，闻 48^{a}25
ἄκρα	summit，peak	山顶，峰头	73^{b}10
ἀκριβεῖα	accuracy	精确	62^{b}25；ἀκριβόω 精审，确论 63^{b}32
ἄκριτος	unmixed	不混杂的	61^{b}30
ἀκτίς	ray，radiation	光照，辐射	40^{a}29，45^{a}29，^{b}6，48^{a}17，

			69b14，25，74b4；τῶν ἀκτίνων sun's rays 太阳光线，46b24
ἀλέα	hot，warm	热，暖	41a19，47a20，48b4，62b27，66b5，79a27，ἡ ἀλεεινός 暖热物，具有热能的，48a19，b4，9，49a4，8，63a17，64a23
ἀλήθεια	truth	真理，真实	56b17；ἀληθής true 真实的，43a35，52a21，58a16
ἅλμα	jump，leap	跃起	喻彗星光芒倏忽升空，43b23
ἅλς	salt	盐，食用盐	59a13，29，b4，83b13，20，84a18，85a31，b9，16，88b13，89a18。ἁλμυρός 盐味（咸），53a33，b13，54b2，18，55a33，b4，57a6，18，29，34，58a6，27，b14，34，59a6，21，b4；ἁλμυρίς 盐水（卤）样的苦涩味，57b4；ἁλμυρότης，saltness ［海水的］盐性，53b13，54b2，56b4，57a5，16，b7，22，58a4，59a5
ἄλογος	unreasonable	不合理的	55a21，35，66a9，69b19
ἁλουργός	blue	蓝色	72a8，74b33，75b11（海蓝，亦作海紫 seapurple）
ἅλυσις	boin，chain	锁合，联环	87b13
ἄλυτος	the insoluble	不可水溶的	83a30，b10，84a34，b7
ἄλφιτον	barley meal	野麦面粉	（或由面粉所调煮而成的糊或饼）82a1
ἅλως	halo	晕	（日晕，月晕，星晕）44b2，6，13，18，46a5，71b18，22；卷三章三；72b12－73a31；b34，74a10，15，77b34
ἀμάλακτος	unsoftenable	不可软化的	84b1，85a13，88b25
ἀμαυρός	dark，dim	暗冥	43b12，67a23；ἀμαυρόω，to make dark 入冥，67b28；ἀμαυρότερος 愈暗更冥，44b29，67a21，75a30，b3，13；ἀμυδρός（与 ἀμαυρός 拼音和字义皆相近）43b13，72a2
ἄμπωτις	ebb	退潮	66a19
ἀνάγκη	necessity	必须，必然	39a21，40a11，44b9，45b8，51a36，52b16，53a7，13；21，54b11，57a11，58b4，29，59b31，60b30，62b30，63a12，65b23，32，68a12，70b27，72a27，73b26，74b17，75a5，80a3，82a9，22，84b4，87a5

ἀναθυμίασις exhalation 呼出,呼气 διπλῆν τῆν ἀναθυμίασιν 嘘出物两种(一干一湿),41^b6-24,57^b24,58^a21,78^a18,84^b33;呼出之湿者为“汽”(ἀτμίs, vapor),干者为“焰”(καπνόν, smoke),59^b25-34;干嘘气,自大地呼出,40^b26,44^a10,58^a19,34,69^a26,33,78^a21;干嘘气因运动而着火,41^b35,42^a17,在气圈上层则表现为“流星”(ἀστέρων διαδρομας)等诸天象,干嘘气之具有相应组成者乃化形而为“彗星”(κομήτηs)44^a9-33。湿嘘气(蒸汽)之运行于气圈下层者,遇热则消散,44^b23,遇冷则凝而成雨露云雾等,46^b21-36;南风促使湿嘘(蒸汽)聚积 47^b10;湿嘘(蒸汽)在低空为太阳所熏则干消,迨远于太阳则复冷凝而为浓云以致雨,故赤道南北边沿降雨量高于他处,61^a5-22,嘘气冲击大地,或冲入大地的罅隙为“地震”的一个成因,66^a6-23。干嘘气与湿嘘气之入于地下者,攸关于石质矿与金属矿的各别成因,$78^a16-{}^b4$

ἀνάκλασις reflection 反光,返照,(反射) 相应组成的气层(气团)[作为镜面],可因反照(反射)而映现色彩,42^b6;日晕成彩由于阳光反射,彗尾示象乃其本色(光),不由反射[阳光],43^a26;我们夜见“乳路”(银河)的景色是阳着于高空物体上的反映么? 45^b10-26;日晕现象由于阳光遭逢内涵相应组成(水湿)的空气之反射作用,46^a5。卷三章二至三:71^b17-72^b32,晕,虹以及“假日”,“日柱”等现象都由大气中云雾(水湿)所形成镜面的反映(这样的“反射”reflection 实际混杂有,折射 refraction 与散射 diffraction 现象)。卷三章三至六:72^b33-78^a13,关于晕与虹等的形状和色彩的实况与理论研究,随附光学几何的图解,以溅水光现象说闪电也由反射,70^a23。光度因反射而减弱,74^b21;光度因与眼睛(视觉)间的距离加远而减弱,75^a34。“假日”虽也由于反射作用而呈现为单一亮色(亮光)的解释,$77^a31-{}^b13$。

ἀνακυκλεῖν recurrent rotation 循环,重复运转 39^b29(ἀνακυκλεῖν ἀπειράκιs, 无尽循环)

ἀναλογία analogy 相似,相拟 40^a4, 87^b3; ἀνάλογον(相比例)39^a18,47^b14,51^b4,62^b32,63^a11,72^a5,75^a4,76^a29,90^a6

ἀναξηραίνω to dry up 干涸,旱化 55^b26,32

ἀνατολή rising (日,月)升起 (日出,或月上),45^a4,61^a9,${}^b23$,32,63^b1,5,14,21,64^a17,25,75^b26,77^a3,${}^b28$

ἀνάτρεψις	overturning	倒翻,翻转	68^a32; ἀνατρέπω devastate 隳坏 68^b31
ἄνελκτος	non-ductile	不可压延的	85^a16,86^b14
ἄνεμος(πνεῦμα)	wind (wind, breath)	风,大风 风,清风	风的成因,38^b26,49^a12—$^b1$;59^b27—63^a20

从沼泽区发源的风,40^b36;不会吹过高山的峰顶,40^b37。风吹使湿空气不能成露,不成冻霜 47^a27。南风是最暖热的风,58^a29。雨来到了,风便歇止,60^b29。一年四季,以南风与北风为较多,61^a5,20;南风与北风,两皆为太阳所作成,也各为太阳所限止,61^b14。λευκόνοτος(柳哥诺托)为"晴天熏风",62^a14。βορέας,波里亚风自北方的极地吹来,是强劲的,62^a16。地球赤道以南的风向,62^b32。本地的北风,为陆地风,其势不强,吹不及远,63^a11。νότος(诺托风)南风从沙漠地区吹来,较暖而较阔大,可向北远吹,63^a12。

——风向的风体,与其成因,以及各个属性,卷二,章五至六,62^a31—64^a26。("风向的排列"θέσις 随附有图案,并为之地理说明)。各个季候的风向,与"对风"οἱ κατὰ διαμέτρον τε κείμενοι ἄνεμοι(在同一直径,相对吹来的风),卷二章六,63^b27—65^a2。"飙风"ἐκνεφίας 65^a3—5;"偏转风",περιίσταν ται,65^a6—12。"候鸟风"οἱ ὀρνισίαι,bird-winds,62^a23。"嘘气"成"风",冲击大地,使之震颤,66^b2—30。风巨大则地震剧烈,68^a1,$^b22$;日晕月晕的迅速消散为发风之兆,72^b26,73^a24。"风"为一个"有定向的延续气流",87^a29

ἀνεύθυντος	not to be straightened	不能伸直的	85^b29,86^a8
ἀνήλατος	non-malleable	不能拉延的	85^a16,86^b19,24
ἄνθραξ	coal, carbon	煤,炭(碳)	87^b18;ἀνθρακευτός"被炭化了的""红玉"carbuncle 87^b19,23
ἄνθρωπος	man	人	39^b21, 29, 43^a13, 20, 52^b20, 59^a18, 89^b31, 90^b21
ἀνομοιομερής	anbomoeorous	不同微分的构体	88^a18,90^b10,20
ἀντίκειμαι	the opposites	相反,对反	54^b18, 62^a14, 78^b30, 79^b19, 80^a8, 81^b15, 28,89^b16
ἀντιπεριίστημι	surround and compress	包围并压紧	47^b6, 48^b6, 16, 60^b25, 61^a1,82^a14,$^b10$;

ἀργής	bright	耀亮的	ἀργῆτα"亮雷"[κεραυνός ἀργῆs],71a20
ἀργός	waste land	弃地	不能耕作的,不毛之地,52a13
ἄργυρος	silver	银	84b32, 88a14, 89a7, 90a17b12。ἄργυρον Χύτον 融(熔)银=ἀργυρορ-ρύτηs 流动银即水银(汞)mercury,85b4
ἀριθμός	number	数	57b28,72a1,85a11
ἄρκτος	north, the(bear)	北方(熊)	43a36,b5, 50b4, 54a25, 61a5,21,b5,62a17, 63a3,15,64a6,65a9,77a15,b27。The Great Bear 大熊星(北极星座),62b9。The north pole 北极,62a34;ἑτέρος ἄρκτος, the other pole (另一极),南极,62a32
ἀρρωστία	illness, weakness	病弱	66b28
ἀρΧαῖος	the ancient	前贤,昔人	39b20, 52a35, 53a34, 54a29,55b20,72a22
ἀρΧή	origin, source	原,源	39a9,24,40b18,41b5,33
	principle	原理	44a17,27,31,45b32
	first cause	总原因	46b19,49a28,b1,28, 51a26,b12,32,53a34,54b4,15,55b35,56a4,22,b1,57b23,59b6, 27,60a11,33,b30,61a25,30,b2,21,64b16,20,65a11,66a7,22, 68a8,34,b19,69a12,70b14,71a7,b5,79b21,81b24,90b19。39a11—,τας τέτταρας ἀρΧάs 四元素的物质四性状(冷、暖、干、湿 τὸ ψυΧρόν, τὸ θερμόν, τὸ ξηρόν, τὸ ὑγρόν)卷四章一,78b10—79b9,物之生灭成坏,依于四性质的作用
ἄρΧων	archon	雅典执政长老	43b4 ἄρΧοντος 'Αθήνησιν Εὐκλέου, 欧克为雅典执政长老的年头(纪年);ἄρΧοντος 'Αστειῖου 阿斯底长老执政期,43b20;ἄρΧ. ΝικομάΧου 尼哥马沽长老执政期 45a2
ἀσθενής	feeble sickly	萎弱,病弱	44a18, 61b15, 62a23, 69b5,73b7,75b14, 77b33,78a11。ἀσθένεια 病,弱(名词),72b8,73b3,74a23,b29
ἀσκός	wine skin	盛酒皮囊	49a35,88b6
ἀσπίs	spear	矛,枪	71a25
ἀστήρ	star	星	41a33,b3,28, 42a27,b4, 21,31,43a23,31,b5, 17,44a15,28,33,b8,17,34,45a7,15,b12,35,46a6,36,73a29。恒

星,43^{b}9,29,44^{a}36,46^{a}2。乳路(银河)中群星 45^{b}19,46^{a}10 ,19,27。ἀστέρας πέντε,五行星,43^{b}30。ἀστέρις δίαττειν shooting stars 流星,41^{b}34

ἀστραπή lightning 闪电 64^{b}30, 69^{a}10 — 70^{a}33, 70^{b}7,71^{b}14。闪电先于"打雷",69^{b}4—19(πρότερον διάτὸ τῆν ὄψις προτερεῖν τῆs ακοῆs 先见光,后闻声,69^{b}9)

ἀστρολογία astronomy, astrology 天象研究,天文学 45^{b}1; ἀστρολογικόs, astrologist 天文学家,39^{b}8

ἄστρον star, constellation 星辰,星宿 38^{a}22,^{b}22, 39^{b}9, 32, 40^{a}21,41^{a}11,42^{a}33, ^{b}10, 43^{a}6, 44^{a}35,^{b}2, 45^{a}26,^{b}8, 20, 46^{a}8, 19, 28,^{b}12, 55^{a}19, 61^{b}33,71^{b}24,72^{b}14,73^{b}12,75^{b}26

ἄσχιστος non-fissible 不可剪开的 85^{a}16,86^{b}26,30

ἄτεγκτος not to be in water, softened 不软化于水的 85^{a}13,^{b}13,16

ἀτέλεια immaturity 不成熟性 80^{a}6,8,31

ἄτηκτος infusible 不熔化的 78^{a}23,85^{a}12,21,^{b}1,12,88^{b}24

ἄτμητος uncuttable 不可切割的 85^{a}17,87^{a}6

ἀτμιστός fume, smoke 蒸汽,烟气 (ἀτμίs, ατμόs 蒸汽,烟气)脂肪等物被熏蒸后发出各不同的烟汽,87^{b}8—13

ατμίs evaporation, steam 蒸发物,汽 (moist exhalation 湿嘘气)接近地表的气圈内富于蒸汽 40^{a}34。地球的水层(水面),蒸汽上升于气圈,气圈内汽冷凝而还为水以下降,40^{b}3,46^{b}32,47^{b}18,60^{a}2,84^{a}6。水湿与冷,40^{b}27。湿之为汽或为水,因太阳的或现或隐(或近或远)为升降,46^{b}37—47^{a}13,61^{a}5—12;冻霜由于汽的冷凝 47^{a}16,^{b}24;露与霜都是接近地表的蒸汽凝成的 47^{b}28。南风带来的汽少,58^{a}31;开西亚风(东东北风)带来的汽多 64^{b}29;带有湿嘘气的风,遇到干热嘘出气就云散天清,(晴天)72^{b}32。凡加热于物而有所嘘出(蒸发者),其混杂干嘘与湿嘘者为"烟",其净属水湿嘘出者为"汽",87^{a}24—^{b}3. ἀτμιδώδηs, the vaprons, 蒸汽样嘘出物,58^{a}22,35,60^{a}9,^{b}2,16,67^{b}6,78^{a}19,27

αὔανσις withering 凋萎 79^{a}5

αὐγή	beams of the sun	太阳光芒(光线)	$75^{a}26$
αὐλός	flute	笛	$89^{b}32$
αὐχμός	drought	旱,旱涸	$44^{b}20$,$65^{b}9$,$66^{b}8$,$68^{b}16$ “旱与涝”(drougt and deluge)影响地表水陆的变迁(变改),$52^{a}9-17$;举埃及境内的沙漠化为海陆历史变迁的实例,$51^{b}28-52^{a}8$。旱与涝的迹象,干涸与霖雨在一地区的交互发作 $60^{a}21-61^{b}9$
ἁφή	sence of touch	触觉	$82^{a}19$,$86^{a}20$,$88^{a}12$
ἀφλόγιστος	in combustible	不可燃烧的	(un-inflamable 不着火的),$87^{b}18$,20
ἀφορία	famine	饥荒	τοῖς πόλεμοῖς, νόσοις... ἀφορίαις 战争,疾疫,饥荒为(古代)民族毁灭(沦亡)的三个原因,$51^{b}14$
ἀχλύς	mist	迷雾	$61^{a}28$,$67^{b}17$,$73^{a}1$,$^{b}17$,$74^{a}7$,18,$77^{b}19$ ἀχλυώδης 迷雾样事物,$67^{a}20$,23
ἄχυρον	chaff	干草堆	$44^{a}26$
ἀψίς	a section on a wheel	轮圈上一个弧段	$71^{b}28$,29
ἄψυχος	inorganic body	无生命物	无机体,$90^{a}17$
Βάθος	deep	深	$39^{b}12$,$41^{b}34$,$42^{a}23$,$^{b}15$,$54^{a}18$,$68^{b}28$,$82^{a}14$,$86^{a}19$,23,30,$^{b}20$
βαθύς	altus	深,高,或厚	$51^{a}12$,$54^{a}27$
βάρος, τὸ	weight	重(沉重,偏重)	$41^{b}12$,$55^{a}34$,$^{b}5$,$56^{b}18$,$58^{b}26$,$59^{a}6$,$65^{a}28$,$68^{b}35$,$69^{a}23$
βία	force, violence	强力,横暴	$41^{a}26$,$42^{a}25$,$69^{a}28$,$79^{a}6$;βιάζω,强迫,加暴,$68^{a}28$,$70^{b}19$,$71^{a}15$
βόθυνος	“trench”	“壕沟”	$42^{a}36$
βούληται	sediment	沉淀,沉积	$84^{a}8$
βοῦς	ox	公牛	$59^{a}29$
βραδύς	slow, heavy	滞重	$41^{a}23$,$43^{a}5$,$71^{a}23$;βραδυτής slowness,(rapidity)迟速度(慢性)$57^{b}34$
βραχύς	little, few	短小,短少	$47^{b}22$,$48^{b}24$,$54^{a}22$,

大地发汗(出水),50^{a}1,53^{b}11,57^{a}24,^{b}18。大地的罅隙(洞孔),50^{b}36。大地的各个区域不会常涝或常旱,51^{a}19,30,53^{a}25。地球内各个部分,也在生成灭坏之中,51^{a}27;这种成坏过程,比之于人生的短暂,它是缓慢的,其质量比之于宇宙演化的规模是细屑的,51^{b}8,52^{a}27。地球古初拟是浸于洪水的,53^{b}6;但大地本体主于土元素,而土自身则是干的,65^{b}24,82^{a}3,^{b}3。大地作圆球形,位于全宇宙的中心,39^{b}6－8,40^{a}6－8;在这世界上,人类可以卜居的区域,限于希拉克里砥柱起,东到印度的一带,这居民带的长度超于其宽度(南北)作 5∶3 之比,卷二章三,62^{a}32－63^{a}18。*μυκάσθαι τὴν γῆν*, bellowing of the earth 大地的吼叫(轰鸣),地震的先声,68^{a}25

γῆρας	old age	老年,衰暮	51^{a}28,79^{a}5
γλεῦκος	must	葡萄汁,甜酒	(gleucose 葡萄糖),79^{b}30,80^{b}32,84^{a}5,85^{b}3
γλίσχρος	viscous	粘稠的	83^{b}34,85^{a}17,^{b}5,87^{a}11;γλισχρότης, viscousity,粘度,82^{b}14,16,84^{a}2
γλυκός	sweet	甜的	55^{a}33,^{b}5,9,57^{a}9,29,^{b}1,58^{b}13, 59^{a}26,^{b}14,85^{a}3,87^{b}9,88^{b}10
γλῶττα	tongue	舌	90^{a}15
γόνη	sperma	种籽,精液	89^{a}19,22,^{b}10
γραμμή	line	线条	67^{b}10,73^{a}5,75^{b}21,76^{a}2,10,19,77^{a}5
γραφεύς	painter	画家	45^{b}1, 72^{a}7。γράφω, to draw, to write 绘画,写字,49^{b}1,55^{b}33,62^{b}12,63^{a}26,73^{a}16,76^{b}9
γωνία	angle, corner	角,角隅	73^{a}12,75^{b}24,76^{b}12,29
Δάκρ ον	tear	“泪珠”	树泪(树液分泌),79^{b}31,88^{b}19,89^{a}14
δάκτυλος	finger	手指,趾	42^{a}10,69^{a}23
δαλός	“torch”	“火把”	41^{b}3, 28, 32, 42^{b}3, 16,44^{a}26
δαψίλεια	abundance	丰富,充足	43^{a}10
δέρμα	skin	皮肤,皮	88^{a}17
δημιουργία	workmanship	制作,工艺	89^{a}28 δημιουργέω 制作(动词)84^{b}26,88^{a}27

διορισμος	definition	定义，界说	$39^{a}34$
διῶρυξ	trench, canal	水渠，运河	$50^{a}1$
δόξα	opinion, judgement	意见，执论	$39^{b}19$, 34, $43^{b}25$, $54^{b}19$, $70^{a}17$
δρόσος	dew	露，露滴	$47^{a}16$, 22, 36, $^{b}17$, 31, $49^{a}9$, $78^{a}31$
δύναμις	capacity, potentiality property	功能，潜能，性能，势能	$39^{a}23$, 32, $^{b}17$, $40^{a}14$, $45^{b}33$, $47^{a}8$, $51^{a}33$, $57^{b}3$, $58^{a}24$, $59^{a}33$, $^{b}10$, $66^{b}22$, $67^{b}5$, $69^{a}5$, $70^{b}14$, $78^{b}29$, $79^{a}20$, $^{b}4$, 11, $82^{a}5$, 31, $85^{a}11$, 20, $88^{a}23$
δύσις	a sinking, setting	下降，沉落	$43^{b}15$, $61^{a}32$, $71^{b}26$, $75^{b}26$; δυσμή, sunset, sinking of the moon 日落，月落，$43^{b}3$, $50^{b}1$, $61^{a}9$, $63^{a}34$, $^{b}5$, 19, 25, $64^{a}21$, $65^{a}7$, $66^{b}9$, $72^{a}16$, $77^{b}28$
δυσόριστος	resistant	有抗力的	$78^{b}24$, $81^{b}29$
Ἔαρ	spring	春，春季	$47^{b}37$, $48^{b}26$, $65^{a}2$, $66^{b}2$; ἐαρινός, of spring 春季的，$64^{b}1$
ἔβενος	ebony	黑檀(紫檀)	$84^{b}17$, 18
ἐγκατακλείω	enclose under ground	闭置于地下	$78^{a}15$, 29, $81^{b}2$, $84^{b}34$
ἐγκύκλιος φοράν	circular movement	天球圆运动	$39^{a}4$, $41^{b}14$, $44^{a}9$; 璇轨，$46^{a}10$
ἔγχωσις	silt	河川挟带的泥沙	$52^{b}34$
ἔδεσμα	meat, a dish	菜肴，肴肉	$59^{b}16$
ἕδρα	abode, seat	居处，位置	$50^{a}34$, $56^{a}4$
ἔθνος	tribe	氏族，部落种姓	$50^{a}34$, $51^{b}11$, 16, 23
εἶδος	form; species	形式；品种，品质	$38^{b}25$, $39^{a}29$, $57^{b}28$, $59^{b}28$, $60^{a}18$, $63^{a}32$, $78^{a}20$, $^{b}28$, $79^{b}10$, 17, 26, $80^{b}32$, $81^{b}4$, 24, $82^{b}11$, $83^{b}14$, $88^{a}26$, $^{b}2$。ὡς εἶδος 本因，式因，$82^{a}29$
εἴδωλον	image	映影，幻象	$73^{b}5$
εἰκών	figure, idol	象形，偶像	$90^{a}13$
εἰρεσία	a rowing	划桨(行船)	$69^{b}10$(先见划桨，后闻划桨声)

ἔκθλιψις	pressing, squeezing	挤压	41^{a}5, 42^{a}1, 9, 69^{a}22, 71^{a}18, ἐκθλίβω, (动词) 69^{b}5, 83^{a}18, 85^{a}25
ἔκκαυσις	kindling, burning	点火,燃烧	42^{a}2, 15; ἐκκαίω (ἐκκάω), (动词) 41^{b}16, 23, 36, 42^{a}17, 44^{a}18, 84^{a}20, 23
ἔκκρισις	projection (shoot downwards)	抛出,弹射(向下抛出)	42^{a}15, 44^{b}21, 46^{a}1, ^{b}6, 61^{b}18, 67^{b}15, 69^{a}36, 70^{b}3, 11, 78^{a}12
ἔκλειψις	eclipse	(日、月)蚀	ἔκλ. τῆs σεληνές 月蚀, 67^{b}20—31
ἐκνεφίας	hurricane	云飙,飓风	65^{a}3, 66^{b}33, 69^{a}19, 70^{b}3—71^{b}17
ἔκπτωσις	ejection	投射,发落	70^{a}5. ἐκπίπτω to fall out 降落,下坠, 42^{b}17, 44^{b}33, 45^{a}14, 69^{b}7, 71^{a}1, 75^{b}20
ἐκπύρωσις	conflagration	着火(天火)	42^{b}2. ἐκπυροω 着火,烧尽, 38^{b}23, 40^{b}13, 41^{a}18, 34, 42^{b}2, 22, 44^{a}14, 69^{b}5, 71^{a}15, 23, 78^{a}21
ἐκτείνω	stretch out	延伸	74^{b}11, 87^{a}14
ἔλαιον	oil, olive oil	油,橄榄油	81^{a}8, 82^{b}16, 83^{b}14, 28, 84^{a}16, 85^{b}4, 87^{b}7, 22, 88^{a}5, 32, ^{b}10; ἐλαιώδηs 油样物, 88^{a}5
ἔλατοs	malleable	可延展的(拉延)	78^{a}27, 85^{a}16, ^{b}10, 86^{b}18, 23, 25
ἔλαφοs	deer	鹿	84^{a}27
ἕλιξ	spiral, helix	螺旋	71^{a}12
ἐλκτόs	ductile	可压延的	85^{a}16, ^{b}10, 86^{b}11, 15, 18, 87^{a}11
ἕλξις	a drawing	延伸	90^{b}7
ἕλοs	pool, marsh	池,沼泽	50^{b}20, 51^{b}31; ἑλώδη, marsh-meadow 泽薮, 51^{b}24, 52^{a}3, 10
ἔμφασις	image	影像(镜面映影)	45^{b}15, 24, 73^{b}24, 31, 74^{a}16, 77^{b}17
ἐνηντίωσις	opposition, contrariety	对反,相反	44^{b}36; ἐναντία, κατὰ εἶδοs 形式相反, 63^{a}33
	year	年	

ἐνιαυτός			44^{b}28,49^{b}19,52^{a}30,55^{a}27
ἔνοπετρον	mirror	镜,镜面	云雾镜面,74^{a}25,29,^{b}19,77^{b}14,33,78^{a}4,11;内含水滴(云雾)的空气镜面,反射(反映)颜色不照形式42^{b}12,45^{b}13,19,26,72^{a}33;空气作为介质或镜面;73^{b}8,雨滴比雾为较好的镜面 73^{b}15; ἔνοπτρα 反射粒子 (reflecting particles) 73^{a}19,^{b}18,镜映微粒 73^{b}25,27
ἐντελεχεῖα	entelecheia	实现	("隐得来希") 81^{b}27
ἔνυδρος	within water	浸水,含水的	51^{a}34,^{b}25,52^{a}22,53^{a}21
ἐπάλλαξ	alteration	交互,锁合	(interlocking) 87^{a}12
ἐπιξεύγνυμι	join,bind together	联合	73^{a}10,75^{b}23,76^{a}17,27
ἐπίπεδον	ground	平地,平面	plane of the same level, 73^{a}14,75^{b}31,76^{a}1,9,^{b}15,82^{a}12,86^{a}19,31,^{b}13,21
ἐπιπολῆs	surface	表面,地表	62^{a}27,68^{a}27
ἐπιτολή	rising (of a star)	星的升空	61^{b}35
ἐπομβρία	heavy rain	大雨	60^{b}6,61^{b}10,65^{b}10,66^{b}3
ἐργασία	operation	施展功能	53^{a}4,78^{b}27,84^{b}26
ἔργον	effect	效应,作用	49^{b}35, 52^{b}22, 53^{a}6, 17, 60^{a}15,61^{b}3,70^{b}3,78^{a}12,^{b}29,81^{a}30,87^{b}11,89^{b}27,90^{a}10,16
ἔριον	wool	羊毛	75^{a}26,82^{b}12,85^{b}14,18,86^{a}28,^{b}16,25,87^{a}18
ἐρυθρός	red	红色	52^{b}23,54^{a}2,74^{a}5 (红海)
ἐσομένου μειξοντες ὡs	a greater happening	遭逢大事故	行将遭逢的大事(大祸临头) 48^{a}26
ἑσπέρα	evening	夕,黄昏	43^{b}19,44^{b}34,45^{a}3,50^{a}33
ἔσχατος	the extreme	极端,尽头	39^{b}2, 14, 41^{b}20, 45^{b}33, 50^{b}36,^{b}7,52^{a}5,54^{b}25,69^{a}17,90^{a}5
εὐφυῖα	well-grown	发育良好	44^{a}28 (延烧)
εὐώδης	fragrant,the	香的	85^{a}2
ἐφήμερος	lasting a day	只经一日	47^{b}21
ἕψω	boil,melt	沸煮,熔化	79^{b}28, 80^{b}15, 19, 29, 81^{a}1,8,18,31,84^{a}25,84^{a}2,20, 87^{b}7, 88^{b}23; ἕψησιs 沸煮, 沸熔, 煎, 79^{b}12, 80^{b}13 — 81^{a}11,22,^{b}3,14,21 (亦作烹饪 cookery 解) ἑψητός 沸煮或熔融物

80^{b}24,81^{a}7;ἑφθός,the boiled 沸煮了的,80^{b}10,21,81^{a}21,29,83^{a}5

ἕως (ἥως) dawn,day-break 朝曙,晓 50^{a}21, 29, 33, 64^{a}24, 65^{a}10,67^{a}25;ἕωθεν,at dawn 朝曙时,45^{b}23,71^{b}25;"曙光",42^{b}5—19

Ζέσις boiling 煮沸,沸 40^{b}23, 41^{b}22, 70^{a}6, 9; ζέω,to boil,bubble 沸扬,沸腾,70^{a}10,79^{a}31;ferment 加热发酵 85^{b}3. τὸ ζεον ὕδωρ 沸水,89^{b}2

ζῴδιον zodiac 黄道 (ὁ τῶν ζωδίον κύκλος 动物星辰圈) 43^{a}24,45^{a}20,46^{a}12

ζῷον animal 动物 39^{a}7,51^{a}28,55^{b}6,58^{b}9,66^{b}25,78^{b}31,79^{b}6,81^{b}9,82^{a}6,84^{b}31,88^{a}16,^{b}22。ζῷα ἐγγίγνεται,worms 腐朽物中所产生蠕虫,89^{b}5 (ζῷα αὐτομάτα 自发生成动物,50^{a}17,79^{b}8 注)

Ἥδυσμα seasoning 辅料(烹饪) 81^{b}30

ἠθμός filter,strainer 滤器 59^{a}4

ἤλεκτρον amber 琥珀 88^{b}18,19,20,25,89^{a}13

ἥλιος sun 日,太阳 万物被太阳照着(活动所及)就产生(增加)热度,41^{a}13—31。南北回归线间,水湿全被太阳烘干,43^{a}9,63^{a}14。四季,太阳光照的或强或弱,昼夜间,太阳或隐或现,地表水湿或蒸为云雾,空气中云雾或凝为雨雪,因此而作气象的变化,59^{b}35—60^{a}16;各地区日照的变化肇致旱涝之为灾异,61^{a}5—22。太阳热能的种种作用,64^{a}9,25,^{b}15,67^{a}20,^{b}22,68^{b}20,69^{b}14,70^{a}3,71^{b}23,72^{a}13,^{b}13, 73^{a}1, 17, 21, 28,^{b}12, 30, 74^{a}7, 12,^{b}2, 25,75^{a}3,^{b}15,76^{b}22,77^{a}9,31,^{b}7,21,34,78^{a}1,7,83^{b}34。万物的生灭成坏有赖于太阳的循轨运转,54^{b}28。太阳每日蒸发海水,升之空中,化淡而后降于地面,54^{b}30

ἡμέρα day 白天,昼 42^{a}12,^{b}19, 44^{b}34, 45^{a}2, 47^{a}13,48^{b}9,49^{a}7,^{b}16,28,54^{b}14,29,55^{b}22,28,60^{a}3,61^{b}33,62^{a}1,66^{a}14,18,67^{b}9,34,70^{a}20,71^{b}25,72^{a}15,26,77^{a}12,25

ἡμικύκλιον semicircle 半圆 45^{a}23, 46^{a}24, 71^{b}27, 75^{b}17, 27, 76^{a}3,^{b}12,

21,77^{a}6,16

ἡμισφαίριον hemisphere (天穹)半球 75^{b}19,24

ἤπειρος mainland 大陆 51^{a}21,53^{a}24,69^{a}4

ἠόνιον shore,beach 岸滩 53^{a}10

Θάλαττα sea,ocean 海洋 39^{b}12,42^{a}11,49^{a}13;ἡ ἔξω θάλλαττα 外海,50^{a}22。

海陆的变迁,51^{a}19—52^{b}17;大海的侵进与退缩,52^{b}17—53^{a}29。海洋的性质,53^{a}32—54^{a}34。海的原始,54^{b}1—55^{a}33。陆地原是"干涸了的海洋",52^{a}24 (ἐπελελυθυταν τὴν θαλ.)。海洋隔断了人类居住的大陆,62^{a}18。海水因太阳的蒸发而增加了盐度,55^{a}34—^{b}15;海水的盐性(咸质),57^{a}4—59^{b}4。海水浩瀚(容积巨大)故能冷却(平衡)热蒸,68^{b}35。海水量大,故能永不腐朽,79^{b}4。海市蜃楼(折光),73^{b}10。海面上用棒击水,映发虹彩,74^{a}30

θεῖον sulfur,brimstone 硫磺 78^{a}23

θεολογία theology 神学 53^{a}35

θερινός summer 夏,夏季 τροπαὶ θεριναί 夏至(在夏季回归线上)

43^{a}15,^{b}1,50^{a}29,62^{a}12,29,63^{a}10,77^{a}20。夏季,64^{b}3。ἕω τὴν θερινήν,summer dawn 夏曙 50^{a}26

θερμός warm,hot 暖,热 40^{a}25,41^{a}27,^{b}11,42^{a}1,44^{a}10,45^{a}8

Τὸ θερμός warmth,heat 热性 46^{b}30,47^{b}6,27,48^{a}20,^{b}16,49^{a}3,58^{a}31,59^{a}32,60^{a}25,61^{b}16,67^{a}32,^{b}23,70^{a}3,71^{a}5,72^{b}31,78^{b}12,79^{a}19,80^{a}5,^{b}18,81^{b}8,82^{a}32,^{b}17,83^{a}1,30,^{b}10,84^{b}4,85^{a}3,26,^{b}2,87^{b}16,88^{a}1,24,^{b}4,89^{a}9,90^{b}4

群星传热于地球 40^{a}21。热性(或热素)源于太阳;41^{a}12。地球上的热量得之于太阳 41^{a}19。热性向上行,42^{a}15,69^{a}25;热度逼使地面(水湿)云层升向上空 48^{b}20。凡物曝于"火"者皆获有潜在热能 58^{b}7,89^{b}4。风有热、冷之别,64^{a}22,雷电成因不由太阳热,69^{b}25。干热或冷都能使物成为固体 (solidification),82^{b}33,84^{b}13;凡物之因冷而为固体者,当可热融之还为液体,85^{a}31。凡含水物体,曝于"燃烧(火)热"(ὑπὸ θερμοῦ καυστικοῦ)时,便产生"蒸汽"(ἀτμίs),87^{a}25。凡土与水组成的复合物都凭"热"为之调炼的,89^{b}7。热可破坏有机物体使之腐坏,也能凭此腐坏物料制生一些动物,如蠕虫(αὐτόματα 自发生成物,79^{b}7,89^{b}5。

ἶρις	rainbow, iris	雨弓,虹,虹彩	71^b18, 26, 32, 72^a9, 21, 73^a2;卷三章四至五, 73^a32—77^a28 ἰριώδης 虹样, 74^a28
ἰσημερία	equinox	两分线	ἰσημ. ἐαρωήν 春分, 64^b1, ἰσμη. μετόπωρινην 秋分 64^b3; 71^b30, 77^a12, 14。ἀπὸ δυσμῶν τῶν ἰσημερινῶν 在两分线上(南方), περὶ τόν ἰσημερινὸν κύκλον 于两分圈上(天球赤道), 43^b3, 45^a3, 50^b1, 63^a34, $^b12$, 64^a17
ἰσοτής	equality	等分	40^a4, 15
ἰσΧίον	thigh, hip	股,髋	43^b11
ἰσΧύς	strength	强力	66^b27, 70^b10
ἰΧθύς	fish	鱼	48^b36, 59^a21, 26, 29
ἰΧώρ	serum	血清	89^a10; ἰΧωροειδής 血清样物, 84^a32
Καθαρόν, πύρ	pure fire	净火	39^b30, 44^b14
καθείς	sounding	锤测水深	51^a13
καίω	to burn, kindle	点火,燃烧	41^b26, 42^b3, 43^a9, 71^a24, 87^b10, 88^a6, 89^a22。αἱ καιόμεναι 在燃烧中的事物,即"流星", 41^b2, 58^a14
κάλαμος	reed	苇,苇秆	49^a1, 59^b1, 85^b27
κάμψις	bending	拗曲,曲弯	86^a2, 7; καμπτός, the flexible 可拗曲的, 85^a6, 13, $^b27$, 86^a8
καπνός	smoke	烟	41^b21, 42^b11, 19, 59^b32, 60^a25, 61^a19, $^b19$, 71^a33, 74^a6, 87^b1, 23, 88^a2, $^b6$, 89^b22; καπνώδης 烟样物 41^b10, 60^a10, $^b3$, 74^a26, 78^a19
καρπός	fruit, grain	果实,谷粒	80^a11, 16, 28, 85^b19, 89^a15, 90^a23
κατακλυσμός	flood, deluge	泛滥,洪水	68^b5, 12。希腊远古的洪水, 52^a33
κατακτός	broken	折断	85^a14, 86^a9, 16
κατοικισμόί, πρωτοὶ	first settlers	始迁祖辈	(一个殖民城市的始祖) 51^b22
καττίτερος	tin	锡	88^a14, 89^a8
καυστός	combustible	可燃烧物	84^b16, 85^a18, 87^a17, $^b13$, 18。τοῦ κατα κε

κουφότης	lightness	轻,轻质	55^{a}33,^{b}3; κοῦφος 轻的,轻物,65^{a}29
κρήνη	spring,well	泉源,涧泉	50^{a}5,^{b}34,53^{b}28,59^{a}25,^{b}5,17
κρύσταλλος	ice	冰	47^{b}36,48^{a}32,49^{a}2,62^{a}5,85^{a}32,^{b}7,86^{a}10,87^{a}19,22,88^{b}11,16。ἐπὶ τοῦ κρυστάλου τῶν ἰχθύων θήρας 冰下捕鱼 48^{b}34
κυανοῦς	dark blue	深蓝色	42^{b}15
κύκλος	circle,circular orbit	圆,圈,璇轨	43^{a}7,25,45^{a}20,^{b}19,46^{a}10,16,31,^{b}21,57^{a}1,63^{a}28,70^{b}22,71^{b}26,72^{b}13,73^{a}5,75^{b}16,76^{a}18,^{b}8,24,77^{a}2,26。τὸν τοῦ ἡλίου κύκλον,annual cycle of the sun. 太阳年循环,46^{b}36 μέρος τοῦ κύκλου,segment of a circle (an arc) 弧段,43^{a}19,75^{b}30
κῦμα	swelling of the sea, surge	海涌,高潮	43^{b}2, 44^{b}35, 56^{a}17,67^{b}13,68^{a}34
κυρτός	convex	凸出	50^{a}11,65^{a}31
κύστις	bladder	膀胱	57^{a}33,58^{a}9
κῶνος	cone	圆锥体	ὁ κῶνος ὁ ἀπὸ τοῦ ἡλίου σμυβάλλοι τὰς ἀκτῖνας 阳光[照射于地球背面]所投“圆锥”阴影的顶尖,45^{b}6; δύο κώνοι... τὴν κορυφὴν 地球南北两高极“锥体”的尖顶,62^{b}2。锥体的圆底,75^{b}22
κώπη	oar	桨	69^{b}10,74^{a}29,^{b}6;κωπηλασία rowing 划桨(进船)69^{b}11
Λαμπρός	bright light or thing	明亮的事物,或亮光	61^{b}5,70^{a}19,71^{b}24,72^{a}21,^{b}6,73^{b}22,74^{a}3,^{b}10,77^{b}9
λεῖος	smooth,even	平滑的	72^{a}31, 73^{a}35, 74^{b}19,77^{b}21
λεπτός	slender,fine	纤美的	59^{a}32, 67^{b}9, 15, 69^{b}5,70^{b}8,71^{a}18,73^{b}8,74^{b}1,80^{a}24,^{b}2;λεπτότης,fineness,thinness;纤美 68^{a}21,71^{a}20
λευκός	white,bright	白,亮	41^{a}36, 42^{b}9, 18, 59^{a}35,73^{a}21,74^{a}7,27,^{b}27,75^{a}8,21,77^{b}9,23,85^{a}2;λευκότης 白亮性,73^{a}26

λήμη	rheum	粘胶	79^b32（树木粘液分泌）。
λίβανος, λιβανωτός	libanos frankincense	乳香树 乳香	（乳香为里巴诺树液所制香膏）87^b26, 30, 88^a, 3, $^b20$, 31, 89^a14
λιγνύς	a murky smoke	煤烟	74^a25, 87^b6, 88^a4
λίθος	stone	石	78^a22, 30, 84^a18, $^b2$, 85^a9, $^b29$, 86^a10, 27, $^b10$, 19, 87^a18, 88^a14, $^b25$, 89^a8, $^b22$。τῶν λίθων ἡ σφραγίs 暗红宝石，87^b17。λίθινος, stone figure 石像（石人）90^a1, 13。λίθος ἐκ τοῦ ἀέρος, meteorites 大气陨石，44^b32。火山熔岩结石，68^b28
λίκνον	a winnowing fan	风筛	68^b29
λιμνάζω	to flood	泛滥，淹没	（化为湖泊）40^b37, 51^b8, 52^a5, 14, $^b35$, 56^a7
λίμνη	lake	湖泊	50^a25, 35, $^b31$, 52^b34, 53^a2, 10, 59^a17, 21 ὑπὸ γῆν λίμνας, subterranean lakes 地下湖泊，49^b29。λίμνη ὑπὸ τὸν Καυκασον, lakes beneath Caucasus 高加索山下湖，51^a8
λιπαρός	fat	脂肪	87^b6, 88^a8
λόγος	word, reason, proportion (ratio)	名，理，比例，论文	39^b37, 40^a11, 43^b32, 44^a6, 50^b8, 52^b33, 54^b10, 56^a15, 57^a4, $^b22$, 34, 60^a22, 62^b14, 63^a26, 69^b27, 70^a1, 72^b15, 74^b17, 75^a9, 76^a2, 23, 32, $^b11$, 78^b20, 33, 79^b35, 89^b29, 90^a6, $^b18$
λοξός	obliquus	横邪	42^a27; 61^a23（λοξῄ, horizonally 横出）
λοπίς	scale	（鱼）鳞	87^b5
λουτρόν	a bath	浴	79^b25
λύγος	withies	杨柳	85^b28（柳枝, a pliant willow's twig）
λύσις	solution, solving	消释，解疑	54^b22, 55^b2
λύχνος	lamp	灯，烛	42^a3, 9, 74^a20, 27, 32, 75^a27
λύω	to loose, (dissolve, or melt)	消释（溶解，或熔融）	75^a15, 82^b33, 83^a1, 7, $^b16$, 84^b4, 13。λυτός, soluble in water 可溶于水的，83^b13, 84^a34
Μαθητής	disciple	门徒，学生	42^b36

μαθηματικός	mathmatician	数学家	39b33
μακρός	long, tall	修长，高大	51b20, 67b10, 75a32, 77a13
μαλακός	soft	软的	82a11—21, 83a19, 86b31, 87a4, 88a27. μαλακότης, softness 软性，82a9, 90b7。μαλακτός, the softenable 可软化物（1）可加热以使软化者，84b1, 16, 85a13, b6—12, 88b30, 89a17。（2）可浸水而使软化者，85a13, b12—26
μάρανσις	extinguishing	熄火	61b21, 72b19。μαραίνω（动词）熄灭，83b30
μέγεθος	magnitude, size	大小，体积，体段，容积	39b7, 34, 40a8, 16, 43b35, 44a1, b31, 45b2, 46b29, 48a27, 49b9, 50a28, b8, 52a27, b6, 53a3, 54b13, 55a21, b23, 58a29, 61b33, 62b23, 65a32, 66a11, 68a2, 70a6, 73b11, 77a20
μέλας	black, dark	黑，暗	42b15, 72b25, 73a25, 74a3, 19, 29, b10, 28, 83b8, 84b18。μελανία 煤烟的暗黑，74a26；浓重乌云，75a12；μέλαν παρὰ μέλαν 以黑衬黑，75a21
μέλι	honey	蜂蜜	83a5, 84a15, 85b2, 88b10, 23
μέλος	membrum	肢，股	87b5
μέρος	part, portion	部分，构件	38a25, b25, 41a6, 43a19, b23, 44a10, 45b14, 50a25, 51a28, 54a24, 55b11, 57b12, 58b13, 59a30, b31, 60b7, 63a25, 64a9, 68b12, 73a4, 78a16, b31, 79a13, 86a13, b21, 87b29
μεσημβρία	meridian, the South	中午，南方	61a6, 16, 22, 62a34, b8, 63b3, 16, 64a7, 16, 66a14, 71b25, 77a10 μεσημβρινός 午间，南向，62b11, 75b29, 77a22
μέσος	middle, mean	中点，折中	40b19, 45b22, 56a1, 11, 61b28, 62b3, 63b29, 77a21 μεσότης, a middle, mediocritas 中度，82a19。ἐπὶ τὸ μέσον，离心，ἀπὸ τοῦ μέσου 向心（away from or toward the center）39a15
μετάβασις	alteration, change	演变，变化，更改	86a6, 88a6；μεταβολη, metabole, change 新陈代谢，演变，38a23, 51b12, 36, 52a18, b16, 54b27, 58a1, 61b31, 69a26, 74b25, 78b29, 79a33

μεταλλευτός metallic minerals 金属矿物 78^{a}21；τὰ μεταλλενόμερα, the metals 矿产金属，84^{b}32，88^{a}13

μετανάστασις migration 迁徙 51^{b}17（外迁）

μετάστασις removal（from a place）迁移，移动 64^{b}15，67^{b}12

μεταφορά transferring 转换 57^{a}27，80^{a}18，^{b}30

μετεωρολογία meteorology 天象学 气象学（流星学），38^{a}26，μετεωρολόγος，meteorologist 天象（气象）学家，54^{a}29

μετέωρος meteoros 悬空物 48^{a}6，^{b}20，68^{b}20，78^{a}18

μετόπωρον autumn 秋，秋季 48^{a}1，^{b}27，58^{b}4，65^{a}2，66^{b}2。μετοπωρινός 秋季的，58^{a}29，77^{a}12。τροπαῖs，μετοπ 秋分，64^{a}，^{b}3，71^{b}30

μῆκος length 长度 41^{b}25，44^{a}23，51^{b}32，56^{a}27，62^{b}20，67^{b}10，68^{b}27，85^{b}30，86^{a}2。κατὰ μήκος，longitude 纬度，62^{b}17。κατὰ τὸ μῆκος，length wise，纵向，87^{a}2

μικρότης pettiness 微小性 48^{a}8，69^{a}5，73^{a}19，77^{b}8。不可凭 μικρὰς καὶ ἀκαριαίες μεταβολὰς"小地区短暂的变化"，就论定 τὸν ὅλον ὀυρανόν"全宇宙（世界）的"变化 52^{a}17—^{b}17

μίλτος ruddle，red chalk 红石粉，红土，红矿粉（颜料） 78^{a}23

μόλυβδος lead，plumbago 铅，黑铅 49^{a}2，85^{a}33，89^{a}8

μόλυσις scalding，broiling 淋烫，半煮，临沸 （half-cooked），79^{a}3，^{b}13，81^{a}12—23，81^{b}9—14

μόριον portion，piece 部分，粒屑 40^{a}6，41^{a}5，45^{a}24，^{b}23，57^{b}28，60^{b}11，65^{a}24，69^{a}4，70^{b}20，73^{b}15，74^{a}17，85^{b}25，86^{a}32，90^{b}3

μόρφη shape，fashion 形态，形状 59^{b}11，79^{b}27

μυελός marrow 骨髓 89^{b}10

μῦθος tale，fable 故事，寓言 （讲说），56^{b}11，17；μυθώδης，神话般的，50^{b}8。μυθολογέω（动词）讲故事或神话，56^{b}12，59^{a}17，27

μυκᾶσθαι bellow 吼叫 μυκ，τὴν γὴν 大地的吼叫（地震预兆），68^{a}15—25

μύλη	mill-stone	磨盘石	83b7,12
μύρρα	myrrh	摩尔香膏	阿拉伯摩尔树(Arabian myrtle)的乳状分泌,88b20,89a13
Ναός	temple	庙宇,神龛	以弗所的大庙,71a31
νεκρός,ὁ	a corpse	尸体	89b31,90a22
νέος	a thing,new	新事物	55a14(新太阳);88b1,3(新酒)
νεῦρον	sinew	筋腱	85a8, 86b14, 88a17, 89a12,90a19,b5
νέφος	cloud	云〔雲〕	40b30, 41a10, 47b12, 48a16,49a18,50b25, 58a23, 60b1, 69b2, 70a27, 71a18, 72b17, 73a18,b30, 74b20, 77a33,b5。大气中所含汽,冷凝则为云,"高空"(τὸν ἄνωτόπον)无云,40a28—b4;大气失热,析出水湿而成云,成不了云则为雾,46b21—36。云的发生,限于气圈下层40b14—32。冻云成雪,47b23。云常在太阳行道(赤道)两侧形成,那里,大气因或接或离于太阳而时互冷暖与蒸凝,故水湿多积聚于此,61a9;云内涵有大量的热,47b26;云氤收缩,迸出闪电,64b32。北风吹散云阵64b8。云最浓黑处,所映虹彩色最纯正,75a9(参看74b8—75a28,论衬色)
νηνεμία	calmness	风平浪静	47a26,61b23,66a5,67a22,26,b18,23,68b7
νῆσος	island	岛屿	56b14,67a2,13,68b32
νίτρον	nitron,natron,	涅脱隆,碱矿	(soda,or potash,碳酸钠或钾盐)83b12,19, 84a18,34,85a31,b9,16,23,88b13,89a18
νιφετός	snow	雪	49a9,71a8;νιφετώδης 多雪,64b21
νομή	pasture	草坡,牧场	63a14
νομίζω	to a dopt,to accustom to	营生,适应(习俗)	39a29,b24,34,44a5,b19,48b5, 49b21, 50b22,51a25,b22,52a16,b4, 55b12,56b9,59b5,65b27,79b17
νόσος	disease	疾病	51b14
νοτίς	drop	水滴,雨滴	50b29,65b25
νύξ	night	夜,暗夜	42b20, 45a23, 50a32,54a31,62a1,66a13,

70^{a}14,71^{b}24,75^{a}20。μέσεων νύκτων 中夜,子夜,45^{b}22。νύκτωρ, by night,by the darkness of night 夜间,暗夜 42^{a}11,34,45^{b}25,47^{a}15,60^{a}3,70^{a}20,72^{a}12,76^{b}25

Ξανθός	yellow	黄色	72^{a}10, 75^{a}7, 17,^{b}11, 77^{b}11
ξηρός	dry drain	干〔乾〕, 旱	40^{b}16, 41^{b}10, 44^{a}10, ^{b}27,53^{b}11, 55^{a}9, 56^{b}15,57^{b}16,58^{a}19,^{b}10, 59^{b}29, 60^{a}12,^{b}3, 61^{a}2, 30, 62^{a}9, 64^{b}19, 65^{b}22, 66^{b}6, 69^{a}14, 70^{a}28, 71^{a}5, 72^{b}33, 78^{a}21,^{b}3, 79^{a}9, 80^{a}64,^{b}19, 81^{a}23,^{b}25, 82^{a}10,^{b}33,83^{a}12,84^{b}3,85^{a}8,87^{a}27,^{b}32,88^{a}22,89^{a}30。地球各个区域,时或“干化”(ξηραίνω to dry up,to be drained)时或浸润,设想有这样反复为水为陆的循环,卷一章十四,51^{a}19—^{b}8。地区的旱化(干涸)过程是缓慢的,51^{a}24。洼湿地干化成沙漠,51^{b}28—52^{a}8,52^{b}17—53^{a}1;埃及全境在旱化过程中,51^{b}28。
ξύλον	wood,timber	树木,树干,木材	61^{a}19, 69^{b}35, 71^{a}26,^{b}4, 74^{a}5,80^{b}27,84^{b}15, 85^{a}9,^{b}12,86^{a}10,^{b}19,87^{a}7,^{b}26,88^{a}19,^{b}32,89^{a}12
ʽΟδός	path	径迹,行径	(天体如行星、彗星等的行径)43^{b}23,45^{a}14,^{b}28, 56^{a}27,62^{b}24,70^{b}19,79^{a}4
οικουμένη,ἡ(γη)	the inhabited world	居处了的地球表面	人类所可居处的世界是南限于埃塞俄比亚(太热),北限于梅奥底湖北岸的斯居泰(太冷)的地球上条狭长宽幅,62^{b}20—30。这一人类所已卜居的条幅,东西长与南北宽的比例为 5∶3,62^{b}25;这一地区,64^{a}7,处于“地球一个凸出面上”κυρτῆs καὶ σφαιροειδοῦs, 65^{a}30
οἶνος	wine	酒,葡萄酒	58^{b}19, 82^{b}13, 84^{a}4, 13。οἶνος γλυκύs 甜酒, 87^{b}9,12。οἶνος ὁ νέος καὶ ὁ παλαίος 新酒与陈酒,88^{b}2 葡萄酒的性状,88^{b}1—10。酒。属于水成物体 89^{a}9,而内涵热性,89^{a}27
ὀλιγότηs	oligoty,rarity	稀少,小量,短时	47^{a}14,^{b}16,49^{b}13,53^{b}25, 67^{a}19,87^{b}17
ὅλον,τὸ	the whole, universe	全体, 宇宙	59^{b}30。τὸ ὅλον, ἀίδιον 宇宙(全体)是永恒的, 53^{a}15

ὁμαλότης	evenness	匀整	77b17
ὄμβρος	shower rainfall	暴雨，霖雨	60b28，61b11，65a22，b24，70b16。ὑπερβολὴ ὀμβρων 希腊古时“雨潦过多”，52a31（洪水为患）。ὡραῖος ὄμβρος，seasonal rain fall 季节雨，60b8
ὀμίχλη	fog，mist	雾	46b33，35，61a28，73a1，b12，74a7，18，77b19
ὄμμα	eye	眼睛	46a21，49b16，53a8，71a30
ὁμοιομερή	homoiomerous，the	相同微分	84b30，85a10，88a11，25，89b24，90b5，15
ὁμωνύμος	the same name，ambiguity	同名，双关	89b31，90a12
ὄνυξ	nail，claw	指甲，爪趾	89a12
ὀξάλμη	vinegar	醋	醋味调料，59b5
ὄξος	acid，acidic	醋酸，酸性	59b16，84a13，89b10
ὀξύς	sharp	尖锐	59b14，18，73b4
ὀπός	rennet	凝乳素	84a21，89b10
ὄπτησις	roasting	焙烤	79b13，81a23—b6，81b14，21。ὀπτάω（动词）bake，焙烘，79b28，80b17，81a30，b18，83a21。ὀπτός，roasted 烤熟了的（食物），80b22，81a26
ὀπώρα	fruit-time	果季	自夏末转入秋季 48a1，b30
ὄργανον	organon	工具	81a10，89b30，90a1
ὀρθός	erect，vertical	直立，竖直	61a23，35
ὄρθρος	dawn，early morn	曙时，拂晓	66a20，67a26
ὀρίζων	horizon	地平线	43a18，32，b16，63a27，65a29，75b27，76b22，77a8
ὄρκος	（1）weight，magnitude	重量，体积	（1）轻重，或大小 39b6，40a7，49b18，50a12，52a27，54b6，58b31，59a12，67a4，68a23
	（2）particle	粒子	（2）［水湿］粒子 85a30，b20
ὄρος	mountain	山，山岭	41a1，47a29，50a4，15，29，b1，11，27，52b10，56b14
ὀρός	whey	奶清	81a7，82b13，84a14，22，

παρήλιος	mock sun	假日	parhelion 或作 sun dog 日狗(断虹),71b19,72a10,16,77a29,b15,23,30
παροιμία	proverb	谚语	64b13
πάσχω	to suffer,to be affected by	容受,忍受	39a30,45a18,48b14,51a29,52a21,53b34,57a15,b17,58b18,59b25,68a33,71a25,72a23,73b6,78b19,79a19,b33,80b18,81a9,b30,82a31,83b1,84b29,85a5,86b31,87b14,90a18。参看 84b29 等,τὸ πάσχειν 被动性能
πάχνη	hoar-frost	重霜,冰霜	47a16—b33,49a10,78a31,88b12
πάχυνσις	density	密度	83a11;παχύς,heavy,thick 重,密,67b14,83a23
πεδίον	plain	平原,旷地	50a6,68b31
πέλαγος	open sea	辽海,瀛海	54a7,15,27
πέπανσις	ripening	成熟,熟成	79b12,80a11—b13;81b20。πέπων ripe of fruit,果熟,80a17
πέρας	limit,end	极限,终点	44a33, 50a22, 51a13,53a18,69a17
περικάρπιον	pericarp	果,壳,果皮,荚	80a11
περίοδος	period,cycle	周期,循环	46b9,51a24。τὰς τῆς γῆς περιόδους 这些版上的地图,50a16,62b14。τοῦ περιόδου τινὸς μεγάλης 世代(地质)大周期(Great Year,"大年"),52a30
περίττωμα	excrement,residue	排泄,残余	(废物) 46b33,55b8,56b2,57a33,58a7,80a2
περιφέρεια	circumference	圆周,周围	40b35, 43a18, 50a11,72a3,73a18,75a2,b25,76a6,b2,85b30
περιφορά	revolution	旋转	τὴν ἄνω περιφορᾶν celestial revolution 天体运转(璇规),40b15,41a2,b23,56b29。τοῦ ἥλιαν τὴν περιφοράν,the sun's annular cycle (periodic) 太阳周年运转,51a32
πέψις	concoction,digestion	调炼,消化	79b12—80a10, 80b13,81a9,23,b7,20
	spring,source	源泉,井泉	

			62^{a}17,65^{b}1,67^{a}34,76^{b}26,83^{b}25,86^{b}6
πλοῖον	ship	船	53^{a}3, 59^{a}8; πλωτός, sailing,航海,52^{b}25, 53^{a}26;πλοῦs voyage 航程,62^{b}19,24
πνεῦμα	wind,air breath	风,小风,气,呼气	38^{b}26, 41^{a}1, ^{b}22, 44^{b}20, 31, 45^{a}4, 49^{a}12, 53^{b}8, 55^{a}25,58^{a}30,59^{b}27, 60^{a}13,^{b}21,61^{a}5,^{b}8,62^{b}32,63^{a}1,^{b}9,33,64^{a}5,^{b}8,65^{b}27,66^{a}1, 67^{a}5,68^{a}2,^{b}1,69^{a}1,35,70^{a}7,^{b}4,71^{a}4,^{b}2,72^{b}26。以上作“风”解(参看 ἄνεμοs)。以下作“气”解,82^{b}30,83^{b}26,84^{b}21,87^{a}29,88^{a}2
πνῖγοs	choke	窒塞	61^{b}27,62^{a}20
ποίησιs	poem	诗	poetry,诗学,57^{a}26;ποιητήs poet,诗人,71^{a}20
ποιητικόs (παθ.)	active factor	主动性原	(阳性),57^{a}27,78^{b}12,27, 79^{a}11,82^{b}6。参看 84^{b}28 等,τὸ ποιεῖν,主动性能。
ποικιλία	embroidery	绣花,刺绣	42^{b}18,73^{b}35;ποίκιλμα, broidery 刺绣物品,75^{a}23;ποικιλτήs embroiderer 绣花工,75^{a}27
πόλεμοs	war	战争	51^{b}14
πόλοs	pole	极地	南极,即低极 τὸν κάτωπόλον 62^{b}4,63^{a}8; τὸν ἄνω πόλον 北极,即高极,62^{a}33。轴心或轴线 76^{a}18,^{b}8,31, 77^{a}1,10
πόροs	pore;porous	洞孔,罅隙;多孔的	81^{b}1, 3, 85^{a}29,^{b}20, 25, 86^{a}15,^{b}2, 4—6, 9, 87^{a}2,21
πορφυροῦs	purple	紫色	42^{b}8,74^{a}27,32,75^{a}25
ποταμόs	river	江河,川	39^{b}12, 47^{a}2, 57^{a}17, 58^{b}28,59^{a}9,26,^{b}5, 60^{a}29,61^{b}2,88^{b}22;河川之源始 49^{b}2—51^{a}18;河川所加于地表的影响(作用),51^{a}20。柏拉图的河川理论 55^{b}32—56^{a}33
πότιμοs	fresh water	淡水	(drinkable 可饮用的)51^{a}14, 54^{b}18,55^{a}32, ^{b}12,56^{a}34,^{b}25,57^{b}29,58^{b}16,59^{a}6
πούs	foot	脚	88^{a}19,90^{b}11
πράσινοs	green	绿	72^{a}8, 74^{b}32, 75^{a}8, 16,^{b}10,

			77^b10
πρηστήρ	fire wind	火(旋)风	$39^a4, 69^a11, 71^a16, ^b15$
πρίων	saw	锯	$90^a13, ^b13$
πρόειμι	advance, proceed	前进,行进	53^a13, 58^a33, 61^b4, 67^b34, 70^b23, 71^b8, 80^b8
προσαγωγή	a rising ground	隆起,台地	$50^b22, 51^b9, 68^a7$
προσπίπτω	assault, to rush upon	冲击,冲向	66^b14, 68^a23, 69^a28, $70^a9, 71^a14, ^b10$, $75^a3, ^b2, 76^a19, 77^a32, ^b19, 78^a3$
πρότεροι, οἱ	the ancients	前人,先贤	47^a7
πρόσχωσις	deposition of mud	淤泥冲积地	(潴陆)$51^b30, 52^a4, 53^a2$
πρόσωπον	face	脸面	$88^a18, 90^a9$
πτερόν	feathers	羽毛	87^b5
πυετία	cheese	乳酪	81^a7
πυκνός	dense, compact, solid	密实,凝结	$44^b26, 48^b25, 50^a8, 73^b10$, $77^b16, 87^b5$ πυκνότης denseness,密实,52^b7,69^a22,$^b3$,70^b31,77^b22;凝重,80^b26。πύκνωσις condensation 凝结,$42^a12, 44^a16, 48^b11, 72^b24, 31$
πύλη	gate	里门,巷口	70^b9(隘口)
πύον	pus	脓包	79^b31
πῦρ	fire	火	$39^b16, 36, ^b22, 40^a1, 10, 20, ^b22, 41^a3, 42^a7$, $47^a14, ^b28, 54^b7, 25, 55^a17, 57^b30, 59^b6, 60^a6, 61^b18, 65^a29, ^b26$, $66^a2, 67^a9, 69^b12, 70^a3, 25, 74^a5, 80^b17, 81^a26, 82^a7, 83^a3, ^b11$, $28, 84^a2, 20, ^b22, 85^b11, 87^b17, 88^a1, ^b33, 89^a6, ^b17, 90^a3$。火元素处于最高层(圈),$39^a16, ^b30, 40^a1$;火为"烈性元素" ἀρχὴ πυρώδης,$44^a17$。火与水两元素性质相反,$84^b4$,干嘘气潜在地似火,$40^b29, 41^a7$。火层绕于气圈之外,$41^a30$;火为干性热性元素 41^b14。闪电为穿透云层的火熠,70^a23。土,水,气,全须衰坏,火不衰坏,79^a16。凡燃料相继添着,火就不灭,55^a4。πῦρ ἐπὶ τῦρ "火上加火" 75^a20。事物所内蕴的火,79^b3;外加之于事物的火,81^b18。火,侵入事物的细孔(罅缝),87^a19。πυρκαΐα, conflagration 大火(火灾)71^b3。πύρωσις, a burning 燃烧,$69^b6, 71^a17, 80^b28$。πυρόω(动词),点火,燃烧,$58^a18, ^b7, 71^b6, 78^b3, 87^a24, 89^b21$
πυρίμαχος	pyrimachus	抗火石	83^b5
πωγωνίας	"the long-bearded"	长须〔髎〕(彗)星	44^a23
πῶρος	stalactites	钟乳石	(在山洞中的),$88^b26, 89^a14$

Ράβδος	"rod","pillar"	"日柱","棍棒"	71^{b}19, 72^{a}11, 74^{a}17, 77^{a}29—78^{a}14
ῥανίς	rain-drop	水滴,雨滴	49^{b}31,74^{a}9,34,^{b}1
ῥεῦμα	stream	溪流	50^{a}2,26,^{b}18,51^{b}7,52^{b}1, 54^{a}26,56^{a}3,26,57^{b}32, 59^{b}8。ῥέω(动词) to flow,流驶,水流,40^{b}33 等。τῷ καθ' ἡμέραν ὕδατι ῥέοντι,每昼夜的流水量 49^{b}17
ῥηγμίν	surf,breaker	碎波,浪花	击岸的波涛,67^{b}14,19
ῥήγνυμι	to break up asunder	地裂,坼裂	("地震"动词),65^{b}7,67^{a}4, 69^{a}34,71^{b}4
ῥίζα	root	树根,根	53^{b}1,88^{a}20
ῥῖψις	a throwing away	抛落,弹射	(projectile 抛物线) 42^{a}2, 21
ῥύσις	a flowing	流动物,溪涧	53^{b}27, 55^{b}17, 66^{a}19, 87^{a}29
Σανδαράκη	realgar	雄黄,雌黄	(orpiment) 78^{a}23
σαπρός	rotten,putrid	腐朽的	89^{b}5; σαπρότης 腐朽, 79^{a}6
σάρξ	flesh	肌肉	55^{b}10,57^{b}5,79^{a}7,85^{a}8, 86^{b}8, 88^{a}16, 89^{b}24, 90^{a}2,14,19,^{b}16
σβέσις	quenching,extinguishing	熄火,灭火	70^{a}24;σβέννυμι(动词)扑灭火焰,46^{b}28,47^{b}4, 70^{a}10,71^{a}6
σεισμός	seismus,earthquake	地震	38^{b}26,43^{b}2;卷二章七至八,65^{a}14—69^{a}9, 70^{a}27。ἰσχυρὸς σεισμός, severe earthquake 大地震,67^{b}32。ὁ τρόμος ἐπὶ πλάτος 横震,ἄνω κατώθεν 纵震,68^{b}23—33
σελήνη	moon	月,太阴	40^{b}6,41^{a}22,44^{b}3,45^{b}5, 46^{a}15,53^{b}9,71^{b}23, 72^{a}22,^{b}13,73^{a}2,27,75^{a}18,76^{b}25。ἔκλειψις 月蚀,67^{b}20,26,31。气象变化诸现象都"在月轮天以下" κάτω ταῦτα σελήνης,42^{a}30
σῆψις	putrefaction,decay	腐坏,衰坏	79^{a}3,13,21,89^{b}8; σήπω (动词),79^{a}9,26,^{b}2,28, 81^{b}11
σίδηρος	iron	铁	78^{a}28, 83^{b}4, 84^{b}14, 85^{b}11,86^{b}10,33,

88^{a}14,^{b}31,89^{a}11。εἰργασμένος σίδηρος, wrought iron 熟铁,铸铁, 83^{a}32

σίξις	hissing	嘶嘶声	(火被沃灭时所发声) 69^{b}17,70^{a}8
σῖτος	corn	谷,黍类	89^{a}15
σκιά	shadow	[日]影,投影	45^{b}7,62^{b}6,74^{b}5
σκληρός	hard	硬的	82^{a}10, 25, 83^{a}23,^{b}7, 86^{a}22,^{b}33,87^{a}4,88^{a}28。σκληρότης, hardness 硬性,硬度 82^{a}9,90^{b}7
σκότος, τὸ	darkness	黝暗	72^{a}25
σκωρία	scoria slag	炉渣	83^{b}1
σμύρνα	myrrh	摩尔香膏	88^{b}20,89^{a}13 (参看 μύρρα)
σομφός	porous	多孔的	52^{b}10,65^{a}23,66^{a}25
σοφώτεροι, οἱ	sophoteroi	哲士,智者	τὴν ἀνθρωπίνην 异乎神学家的"人间哲学家", 53^{b}5
σπασμός	spasm	痉挛	66^{b}26
σπέρμα	seed	籽,种子	80^{a}14,90^{b}16
σπήλαιον	grotto, cave	山洞,洞窟	88^{b}26
σπλάγχνον	viscera	内脏	(intestines 肠) 88^{a}16, 90^{a}9
σπόγγος	sponge	海绵	50^{a}7,86^{a}28,^{b}5,17
σποράς	scattered (stars)	散落的星	τὰς τῶν σποράδων ἀστέρων ("δια δρομάς"流星, "shooting stars") 44^{a}15,46^{a}20,32
σταίς	dough	面团	86^{b}14
στάσιμος	standing water	潴沼	53^{b}19,34,54^{b}14
στάτευσις	scorching	干炙	79^{b}14,81^{b}14—20
στενός	narrow	狭窄的	70^{b}19; στενότης 狭束地段,54^{a}6,66^{a}30,70^{b}21
στερεός	rigid, solid	固体,坚硬的	41^{a}28,68^{a}23,84^{a}28
στοιχεῖον	element	元素	στ, τῶν σωματικῶν 物质四元素(地,水,火,气(风)),38^{a}22,^{b}21,39^{b}5,17,40^{a}3,^{b}11,41^{a}3,54^{b}5,12,55^{b}1,78^{b}10—79^{b}8 (τέτταρ αἴτια 四性原:热,冷,干,湿)。82^{a}3,89^{b}1,27
στόμα	mouth	口,嘴	51^{b}32,59^{a}1,67^{b}1
στόμωμα	steel	钢	83^{a}33,^{b}2
στρογγυλος	rounded	球圆,浑圆	48^{a}33,63^{a}28

στυπτηρία	alum	矾	$59^{b}12$
σύγκρισις	compound, mixed	组合物，混合物	$41^{a}10$，$44^{b}9$，$46^{a}4$，16，$^{b}34$，$69^{a}14$，$^{b}33$。συγκρίνουσα，composition 组合成分 $46^{b}23$。συγκρίνω（动词）compose 合成，组合，$41^{a}4$，$42^{a}29$，$^{b}17$，$47^{a}17$，$50^{a}13$，$58^{b}17$，$70^{a}30$，$^{b}15$
σύμμειξις	admixture	混杂物	$58^{a}5$，$^{b}21$，$59^{a}5$
συμφάσις	conjunction	会合	$42^{b}28$
συμφύω	grow together	合生，共生	同种，$78^{b}5$；融合，$48^{a}12$。σύμφυτος in nate 内蕴［水］，本生［水］，$82^{b}12$
σύναψις	conjunction	联缀	$43^{b}8$
σύνειμι	contract	收缩	$42^{a}19$，$^{b}17$，$61^{b}1$，$64^{b}33$，$67^{b}5$，$69^{a}27$，$70^{a}4$，30，$81^{b}1$，$86^{a}30$，$^{b}8$，$87^{a}14$。τὸ συνεστός，the formed body 成形物体，$82^{a}25$
συνέχεια	continuity	延续	$73^{b}26$。συνεχής，a continous (body or time) 时间或物体的"延续"，$39^{a}22$，$41^{a}3$，$44^{a}11$，$46^{b}11$，$51^{a}15$，$52^{b}31$，$55^{a}9$，$60^{b}6$，$62^{a}11$，$63^{a}7$，$65^{b}27$，$66^{a}6$，$69^{b}3$，$70^{b}10$，$71^{a}32$，$72^{b}23$，$73^{a}19$，$^{b}26$，$74^{a}34$，$86^{b}13$，$87^{a}29$
συνίστημι	condense, produce	凝结，冻结，产生，肇致	（汽凝为水，为露，水凝为雪，为冰）$40^{a}25$，$^{b}30$，$42^{a}1$，34，$^{b}5$，$44^{a}36$，$^{b}11$，$45^{a}8$，$46^{a}16$，$^{b}29$，$47^{b}13$，$49^{a}3$，$^{b}23$，$53^{b}4$，$54^{b}20$，$55^{a}32$，$58^{a}10$，$^{b}17$，$60^{a}1$，26，$^{b}35$，$61^{a}10$，$64^{b}9$，$69^{a}15$，$72^{b}16$，$73^{a}1$，$^{b}2$，$74^{a}18$，$76^{a}2$，$^{b}2$，$78^{b}20$，$79^{a}6$，$^{b}8$，$80^{a}24$，$^{b}7$，$83^{a}12$，$84^{a}7$，$^{b}25$，$87^{a}4$，$88^{a}18$，$^{b}10$，$89^{a}6$，$^{b}7$，$90^{b}21$。συστῆναι，the condensed，condensation。"蒸汽" τὴν ἀτμίδα 凝结为"重霜" $47^{a}28$。水湿物 τὸ ὕδατος 的"凝结" συνισταμένον 则是水，$82^{b}28$
σύνοδος	synodon	交会	$43^{b}30$
σύστασις	association, mixture	组合，混合	（或两物组合，或两抗体"所合成"formation）$40^{a}30$，$41^{b}23$，$42^{b}14$，$44^{a}34$，$^{b}18$，$45^{b}34$，$46^{a}13$，$^{b}10$，$47^{a}35$，$^{b}21$，$52^{b}10$，$69^{a}16$，$72^{b}18$，$73^{a}28$，$^{b}3$，$74^{a}12$，$77^{b}5$，32，$78^{a}8$
σφαῖρα	sphere (celestial)	球（天球）	$41^{b}20$，$46^{a}33$，$54^{b}24$，$75^{b}33$。τῆς ὅλης σφαίρας "全球"同于 τῆς ὅλης γῆς，the whole (terrestial) globe "全地球"，$65^{a}23$。σφαιροειδης，spheroid 球样体，$40^{b}36$，$65^{a}31$

σφραγίς	gem	宝石	87b17
σφυγμός	throbbing	搏动	66b15,18,68a6,b25
σχῆμα	scheme,shape	形状	42b12, 48a28, 62a35, 68a3,24,72a33,b12, 73b19,77b7,90a23。μία φορὰ σχήματος 旋转的单体,72b26
σχιστός	fissible	可剪切的	85a16,86b26,87a7
σχοῖνος	rush	彗草	59b1
σῶμα (φύσις)	body (physical)	[自然]物体	38b21, 39a5, 26,b6, 31, 40a1,20b1,15,41a12, b17,42a7, 43b17, 47b13, 50a12,b35, 51a27, 54b4, 55b6, 56b2, 57b5,58a6,59a24,65a28,b30,66a1,b15,68a6,70b21,78a17,b20, 80b24,81a13,b7,82a2,b3,84b25,85a10,b27,86b2,87a13,b14, 88a11,89a31,90a22。人体 60b25
Ταλάντωσις	oscillate,balance	波动,平衡	(ταλαντεύω 动词)姑解作潮汐"涨落",54a8,11
τάξις	array,order	排列,序次	47a6,51a25,58a25
ταριχεία	(salting) embalming	(盐渍)防腐	盐渍为防腐之一法,59a16
τάχος	swift,speed	速,快捷	48b1,61b22,65b33,70b9, 71a22。ταχυτής,speed, velocity 速度,42a33
τεγκτός	un-softenable by water	不软化于水中的	85a13,b13,19
τεκμήριον	a sure token, or proof	证据,或有验的征兆	(相对或相反于 σημεῖον (sign)之为不必征验的预兆)44b19, 52b24, 59a11,67a11
τελείωσις (τελέωσις)	fulfillment, comsummation	完成,成熟,过程	39b18,80a19,30。τέλειος, adultus,成熟(成年), the accomplished,完成了的,80a13
τελευτή	finish,end	终了,结束	44a31,56a35
τελματιαῖος	swamp	沼泽	53b24
τέλος	end	结末,终极	(完成目的)39a8,26,46a33, 49b12, 51b13, 74b35, 79a5,b25,81a1
τερατολογέω	to tell monster stories	讲说神怪故事	68a25

τέτανος	tetanus	破伤风	66^{b}26
τέφρα	ash,cinder	灰烬,烧结残物	53^{b}15, 57^{a}31, 58^{a}14, ^{b}9, 59^{b}2, 67^{a}5, 87^{b}14, 89^{a}28, ^{b}2, 90^{a}23
τέχνη	technic, craftsmanship	工艺	53^{b}28, 81^{b}4, 90^{b}14。τεχνικός, technician, 工艺家, 81^{a}10
τῆξις	melting, liquifying	熔化,液化	81^{b}28, 82^{b}29, 83^{b}17, 84^{b}14—23, 85^{a}12, 27—^{b}1, 85^{b}12—26, 87^{b}25—31, 88^{b}32, 89^{a}9, 21。τὸ τήκεσθαι, 融熔(动词 τήκω to melt away, 消熔)82^{b}29 等。τεκτός, to be melted 能熔解的物品, 81^{b}28, 84^{b}16, 85^{a}6, 33, ^{b}12, 21, 87^{b}25, 88^{b}32, 89^{a}19
τίτανος	lime-stone	石灰石,青石	83^{b}8, 89^{a}28
τμῆσις	cutting	切割	86^{b}30; τμῆμα。切割物(例如圆圈的一个弧段 segment) 62^{a}32, 71^{b}27, 75^{b}17, 77^{a}6, 21。τμητός the cuttable, 可切割物, 85^{a}17, 87^{a}3—11
τόπος	place, district, position	地方,区域,位置	39^{a}25, ^{b}16, 37, 40^{a}6, 26, ^{b}30, 41^{a}6, 32, 42^{a}17, 43^{a}2, 36, ^{b}16, 44^{a}34, 45^{a}17, ^{b}25, 46^{a}10, ^{b}9, 30, 47^{a}18, 33, ^{b}8, 48^{a}3, ^{b}1, 25, 49^{a}24, ^{b}31, 50^{a}5, ^{b}6, 31, 51^{a}5, 35, ^{b}27, 52^{a}2, 34^{b}7, 26, 53^{a}17, ^{b}4, 54^{a}1, 30, ^{b}8, 30, 55^{a}2, 34, ^{b}1, 32, 56^{a}9, 33, ^{b}32, 57^{a}23, 58^{a}30, ^{b}28, 59^{b}1, 60^{b}20, 61^{a}8, ^{b}6, 62^{a}17, ^{b}7, 63^{a}12, 31, ^{b}1, 64^{a}3, 26, ^{b}28, 65^{b}5, 66^{a}27, ^{b}1, 31, 67^{a}14, ^{b}6, 68^{a}1, 24, 69^{a}2, 25, 78^{a}13
τράπεζα	table, board	桌,台板	55^{b}28
τρίγωνον	triangle	平面三角形	73^{a}10, 14, 75^{b}32, 76^{a}13, 30, ^{b}17
τριηρης	triremis	多重桨的海舶	69^{b}10
τρόμος	tremor	震颤(发抖)	66^{b}15, 20, 68^{b}23
τροπή	a turning about	转折点	太阳轨迹在"夏至" θεριναί, τροπαὶ 与"冬至" χειμεριναί, τρ. 间的"回归线" τροπαὶ ἡελίσιο, 61^{a}12, ^{b}35, 62^{a}12, ^{b}6, 63^{a}9, 64^{b}2, 77^{a}20。τροπικός, tropics 两至线(赤道), 43^{a}9, 14, 45^{a}6, 46^{a}14, 18, 62^{b}2。夏至 summer solstice, 43^{a}15, ^{b}1, 62^{a}12, 31; 冬至 winter solstice, 43^{b}6, 62^{a}22 大气是风的所由缘起,也是日轨限于两至的缘由, 55^{a}25

τροφή	food, nourishment	食物，营养物料，饲料	55^{a}4, ^{b}7, 56^{b}2, 57^{a}34, ^{b}8, 58^{a}8, 79^{b}23, 80^{a}12, 28, 81^{b}7
τύμπανον	the drumshaped	鼓形(地区)	62^{a}35
τυρός	cheese	乳酪	84^{a}22, 30, 88^{b}12
τύφων	typhon, whirlwind	台风，旋风	39^{a}3, 69^{a}10, 71^{a}2—9, ^{b}15
Ὕαλος	glass	玻璃	89^{a}8
ὑγίεια	health	健康	80^{a}1
ὑγρός	moisture, moist	水湿，润湿，湿的(物四性原之一)	44^{b}23, 47^{a}8, ^{b}28, 48^{a}13, ^{b}28, 52^{b}12, 53^{b}7, 54^{b}15, 55^{a}5, ^{b}7, 56^{b}3, 57^{b}6, 58^{a}8, 59^{a}31, ^{b}29, 60^{a}7, ^{b}4, 61^{a}11, 64^{b}18, 65^{b}21, 66^{b}9, 69^{a}13, 70^{a}15, 71^{a}8, 77^{a}34, 78^{b}13, 79^{a}8, 80^{b}13, 81^{a}14, ^{b}2, 82^{a}3, ^{b}2, 83^{a}3, 33, ^{b}10, 84^{a}18, ^{b}4, 85^{a}7, ^{b}8, 86^{a}24, ^{b}11, 82^{a}1, ^{b}21, 88^{a}8, ^{b}14, 89^{a}3, 30。地表(土圈外)，水湿圈与气圈相接，水湿在这两邻圈内的上升(蒸发)或下降(冷凝)为气象(气候)变化的本原，40^{b}15—35, 46^{b}16—36。地表的水湿为太阳所热烘，成汽而上升，41^{b}9, 46^{b}26, 57^{b}20。灯烛周围虹彩的成因在于空气内含有水湿 74^{a}14。物之内涵水湿为组成者，加热调炼可成全其自然秉赋，79^{b}22—80^{a}6, 80^{b}27。干物体内涵水湿者，热熏之会发烟，62^{a}10。物之内涵水湿多而胜火者，不可燃烧，涵水湿少而为火所克胜者，可燃烧，87^{a}18—23。彗尾引附湿气，43^{a}3
ὑγρότης	wettness	湿性，湿物	43^{a}8, 52^{b}13, 57^{b}14, 62^{a}10, 67^{b}5, 74^{a}24, 79^{a}25, ^{b}33, 80^{a}29, ^{b}27, 85^{b}1, 87^{a}20。τὸ ὑγρίνεσθαι, liquifaction 液化，82^{b}29
ὕδωρ	water	水	水与宇宙同时生成，56^{b}9，海洋原该是水的自然位置，55^{b}5。水，周匝于地表，39^{b}9—16。汽即蒸发了的水，水潜在地是汽，40^{b}3, 28, 46^{b}32。云中冻凝而下降者三物，水(雨)，雪，雹，卷一章十一，47^{b}13—33；凡被日热烘而为蒸汽以上升的水，常常重又凝结而降落，56^{a}26。雨中水滴，落中寒冷区域(空间)，骤冻成雹，卷一章十二，47^{b}33—48^{a}36。地面上的水或流动，如溪泉，江河，或渟潴为湖海，卷二章一，53^{b}19—34 雪加尼河的水，酸性(酸味)，59^{b}14。沸水从外来热原，灰滤水从灰烬(即燃烧过的

物质)，获有热性，89^{b}1—4。物之以水为其主要成分者属于冷性，89^{b}16

金属，一方面可说是“水”，另一方面说来，又不是“水”(这一节中“水”，water，只能解释为“液体”，fluid，——气体因冷凝或压缩而成液态，固体金属因固热融而成液态)78^{a}26—^{b}3

ὑετός	rain，rainfall，	雨，霖雨，	47^{a}12(豪雨)，^{b}17—31，49^{a}4—9，^{b}32，50^{a}9，52^{a}31，^{b}3，58^{a}28，60^{b}6，27—29，61^{b}10—，65^{a}22，^{b}10，66^{b}3—9，68^{a}17，70^{b}12，72^{b}24。雨的成因，46^{b}16—36
ὕλη	matter，material	物质，材料	40^{b}15，42^{a}28，61^{a}32，64^{b}28，68^{a}10，70^{b}13，71^{b}3，79^{a}1，^{b}20，80^{a}9，90^{b}18 ὡs ὕλη，material cause 物因，82^{a}29，88^{a}21，89^{a}30，^{b}28，90^{a}4。τῆs ὑπόκειμηνηs ὕληs，the underlying material 底层材料，78^{b}33
ὕπαντρος	hollow	空洞	(地下虚空区域)66^{a}25
ὑπέκκαυμα	inflamable material	易燃物料	41^{b}5—22，44^{a}29，^{b}14，61^{b}19(干热嘘气团)
ὑπερομβρία	shower，overrain	暴雨，霖雨	66^{b}9，68^{b}17
ὑπεργραφή	signature	印记	(diagram 图解)46^{a}32，63^{a}26
ὑποδοχή	receptacle，reservoir	储漕	49^{b}7，13，16
ὑποζύγιον	a beast of burden	牲畜，役畜	59^{a}18
ὑπόκειμαι	substratum	底层，物质基础(物因)	39^{a}29，^{b}2，44^{a}8，45^{b}32，63^{a}30，64^{a}7，78^{b}33，79^{b}11，82^{b}6
ὑπολείπω	to stay behind，fall short，be limited	滞迟，落后，限制	43^{a}17，^{b}17，44^{b}11，53^{a}15，55^{b}19，56^{b}5，23，57^{a}8，62^{b}8。ὑπολελειμενον，retrograde，backward orbit 天体退行，43^{a}6
ὑπόληψιs	theory，belief	设想，观念	39^{b}20，45^{b}10，54^{b}23
ὑπόλοιποs	superstes	其余，余事	47^{b}27(余热)，68^{a}11(余风)，70^{b}3(其它)
ὑπόστασιs	suppliment，support	补充，支援，供应	53^{b}23，55^{b}8，57^{b}8，58^{a}8，^{b}9，12，68^{b}12。
			(what is left behind—sediment)积余，沉淀，82^{b}14

ὑποχώρησις	recoil	回复	80^{a}1,^{b}5
ὑψηλός	highland	高地	41^{a}1, 47^{a}35, 48^{a}21, 50^{a}2,^{b}22,35,52^{b}7, 54^{a}24,31。ὕψος,height,summit 高,峰顶,47^{a}33,50^{a}30,^{b}5
ὕω	to rain	降雨	49^{b}4,32,58^{a}25,^{b}14,60^{a}12,^{b}30,73^{b}20,74^{a}13
Φαινομένον	phenomena	现象	44^{a}7
φανερός	visible	显现	τὸν διὰ παντὸς φανερόν "全可见圈"即北极圈天穹,63^{b}33
φαντασία	appearance	示现,现象	39^{a}35,42^{b}23,72^{b}8,74^{b}8,75^{a}5,24
φάραγξ	cleft,chasm	坼裂	(地下峡谷)50^{b}36
φάσμα	heavenly sign	天象,示象	38^{b}23,42^{a}35,^{b}22
φέγγος	light,sunlight	光,阳光	43^{b}13,22,46^{a}26,70^{a}21
φέψαλος	cinders	石渣	67^{a}5
φθορά	destruction, decay, death	毁灭,衰坏,死亡	38^{a}24, 45^{a}16, 46^{b}23, 52^{b}17, 54^{b}28, 58^{a}1, 78^{b}30,79^{a}4,16,^{b}9, 90^{b}19。φθοραὶ τῶν ἐθνῶν "民族覆灭"的三因:"战争,疾疫,饥荒"。τοῖς πολεμοῖς,νόσοις,αφορῖαις,51^{b}9—27(卷一章十四)
φιάλη	cup	杯	90^{b}13
φλέγμα	phlegm	粘液	80^{a}21,84^{a}32,86^{b}16
φλέψ	vein	血管,血脉	88^{a}17
φλογιστός	phlogistus	炎烧的	(flameble, the 易燃的) 87^{b}14—88^{a}9,可燃烧与不可燃烧事物
φλοιός	bark	树皮	85^{a}9,88^{a}19,89^{a}13
φλόξ	flame,burning flash	焰,火焰	41^{b}2,26,42^{a}4,^{b}3,55^{a}7,57^{b}32,66^{a}3,69^{a}31, 71^{a}32,^{b}6,74^{a}6,24,87^{b}13,29,88^{a}2。ἐκπιμπραμένη φλογος "悬烧火焰",46^{b}12(天文景象之一)
φοβερός	fear	惊恐	48^{a}24
φοινικοῦς	crimson,red	红色	42^{b}7, 20, 72^{a}4, 74^{a}4, 32,^{b}11, 31, 75^{a}2, 22,^{b}8,77^{b}10

φορά　bringing, motion　运动，旋转　[ἡ ἄνω φορα circular motion of the heavenly bodies，诸天体的璇运（轮天）]。38a21，b22，39a22，b18，40b32，41a20，b14，42a2，29，43a10，44a9，31，b10，45a18，46a4，27，b11，48a29，b18，52b12，56a12，b28，61a12，34，b12，64a10，67b29，68b21，70b26，86b1

φρέαρ　well　井，井泉　47b9。φρεατιαῖος"井泉"都由人造（挖出的），53b26

φύλλον　leaf　叶（草木的）　87b4，88a20，89a13

φῦμα　tumor　肿瘤　79b31，80a21

φύσις　nature, natural body　自然，自然物体　38a20，b20，39a13，b4，26，40a36，b27，41a16，b18，42a16，49a11，53a32，54a32，58a18，59b23，60a13，61b9，65b18，66a1，69a7，70a26，72b21，74a3，76b26，78b21，34，79a8，24，80a26，83b21，84a33，89b9，28。τὸ γοῶναι τὴν φύσιν 自然知识，57a28。自然为万物的式因（本因），79b25。人类生理活动，仿于自然，81b6。世间诸事物，或由工艺，或出自然，90b11－14

φυτόν　plant　植物（草木）　39a7，51a27，78b31，84b31，88a16，90a17，b21

φωνή　sound, voice　声音，嗓音　68a24

φῶς　light　光　42b6，15，45a26，b29，46a24，67b22，74a27

Χάλαζα　hail　雹　47b14，28；卷一章十二，47b34－48b29；49a10，69b32，88b12。Χαλαζώδης 冰雹样物，55b22，65a1

Χαλκός　copper, bronze　铜，青铜　77b21，78a28，b1，85a33，b13，86a17，22，b18，87b25，88a14，89a7，90a17，b11。Χάλκωα 铜制事物，ἀσπίδος τὸ Χαλκωμα 铜"盾"，姑译作铜"矛"，71a26

Χάσμα　"chasm"　"坼裂"（天罅）　（"天漏"）42a35，b14，17，52b6

Χεδροπά　legumina　荚豆　89a15

Χειμών　winter　冬，冬季　43b19，44b35，47a18，b2，37，49a1，b9，27，49a6，

52^{a}9,54^{a}18,60^{b}19,66^{a}33。χωρίον 某处,74^{b}1

Ψαθυρος　friable　可压碎的　85^{a}17,87^{a}15

ψακάς　crumb (drizzle)　微粒("毛毛雨")　rain of very fine drops,微小水滴所成的雨,即濛濛雨或"毛毛雨",47^{a}11,48^{a}7,73^{b}16,20

ψολόεις　smoke bolt　烟雷　71^{a}21

ψόφος　sound,noice　声响,噪音　48^{a}24,67^{a}4,18,68^{a}20,69^{a}29,^{b}1,16,70^{a}8,71^{b}12。ψόφος,τοῦs ὑπὸ τὴν γὴν (地震前预兆)地下啸声,68^{a}15

ψύξις　cold,cooling　寒冷　41^{b}36,47^{a}9,^{b}13,51^{a}31,54^{b}31,60^{a}1,61^{a}2,82^{b}18,83^{a}29,88^{b}13,89^{a}17。ψῦχos,coldness,extreme cold,冷性,严寒,(=τὸ ψυχρόν 冷事,如冬季,冷物如冷水,寒霜等。)47^{a}20,^{b}26,48^{a}2,61^{b}25,62^{b}9,27,67^{a}26,^{b}6,71^{a}6,79^{a}26,83^{b}34,87^{b}10,89^{a}20

ψυχρός　frigidus (cold,chill)　寒冷的　"寒"为"物理四性"(ψυχρὰ,θερμὴ,ξηρὰ,ὑγρά寒,热,干,湿)之一,40^{b}16,84^{b}24—30。47^{b}3,25,48^{a}16,^{b}1—49^{a}9,αντιπερίστασις τῷ θερμῷ καὶ ψυχρῷ ἀλλήλοις 在大气中,"冷与热的相互反应"引发云雨雪雹等(卷一章十二)。58^{a}33,60^{a}23,^{b}25,64^{a}23,^{b}9,32,66^{b}6,67^{a}34,78^{b}13,79^{a}1,30,80^{b}2,82^{a}33,^{b}22,83^{a}1,^{b}13,84^{a}8,27,^{b}24,85^{a}3,87^{b}16,88^{a}24,^{b}27,89^{a}6,^{b}1,90^{b}4. ψυχρότης,ἡ coldness 冷性(冷度,冷量):凝结蒸汽以成水,需要较多的冷性(量),47^{a}25,49^{b}23,52^{b}8 严寒(低温),62^{a}8,夜寒。冷与热为主动物性,干与湿为被动物性,78^{b}10—79^{a}11,82^{b}18,84^{b}24—30;致使事物固体化,必由冷,热二性,90^{b}3—12。冷性过多使事物不能调炼,不能成热,80^{a}8。κοινὸν τὸ πάθοs, ἡ σηψις,"ψυχρότητοs τε οἰκείαsκαὶ θερμότητοs ἀλλοτρίαs""内寒与外热"相同(相通),都是造致衰坏的缘由,79^{a}21(参看 79^{a}12—^{b}8)。ψύχω,refrigerate,致冷,冷凝;霜、雪、雨、露皆由冷凝空中水湿以成的,46^{b}29,47^{a}15 等。加热或加冷可使液体增进粘稠度(γλισχρότηs),82^{b}17。冷冻使物凝固,88^{b}13;琥珀与树泪滴珠,皆由冷冰造成,88^{b}19,89^{a}17。血液可冷凝之以为固体 89^{a}20

'Ωμότηs　rawness　鲜嫩,粗胚　"生嫩"对反于"成熟(熟成)" πέπανσιs; 79^{b}13,80^{a}27—^{b}12,81^{b}21

《宇 宙 论》

《宇宙论》汉文译者序

《宇宙论》(Περὶ Κόσμου)实在的作者不是亚里士多德。但相传迄今,这篇文章是编在亚里士多德的总集之内的;篇名下,题有“为亚历山大作”(或“授与亚历山大”,Πρὸς 'Αλέξανδρον)这些字样,原文开篇的第一句,就呼唤了“亚历山大”('Αλέξανδρε)的名(章一,$391^{a}2$)。对于“亚历山大”这名,可有两个推测:(1)此文作者崇敬亚氏而为模拟,直想伪托为亚氏手稿,所以首出如此耳提面命的老师口语:若此则彼所呼唤正是亚里士多德门下最显耀的学士。(2)但这也未尝不可以指说另一亚历山大,而这一专篇恰正是那原作者专为之教授这一论题,而编撰的讲章,后世流传,逸失了他的姓名。依章一,$391^{b}6$ 行,有“ἡγεμόνων ἄριστος”云云,我们不妨拟议这“最尊贵的统领”,盍即泰培留·克劳第·亚历山大(Tiberius Claudius Alexander)。这位亚历山大乃罗马帝国统治境内,犹太地区总监,菲洛·犹大(Philo Judaeus)之侄,而是公元后 67 年间的埃及守将(都督)。倘此说属实,这篇文章应为公元后第一世纪下半叶之作。

这篇文章的传统编制,列在《亚氏全集》第三卷《天象》之后。《天象》是亚里士多德对于当代天文,地理与地质知识的汇综;《宇宙论》则是当代天文、地理、地质，加以地上生物（动植物）知识的总结，这就是古希腊人所谓“自然哲学”。希腊与拉丁的初编，和相继的笺家与译者，作成并保持这样的编订，是确当的。文内所举的通义与实例，大体符合于亚氏的《天象》；文句也沿着亚氏的规范，只在末两章增添了好些譬喻。这些譬喻，像似富茂了文情，可也稍有损于亚氏思想与造语的逻辑精审。自古以来，一般都推想这是在亚氏殁后，一位漫步派弟子的手笔。篇中，于“世界地理”简括了《天象》的相应卷章，却扩增了大西洋与印度洋中若干大岛，其中如阿尔比（'Αλβιων）与爱尔尼（'Ιερνη）（章三，393[b]，10—13），这两个大岛，须在罗马共和国，尤利乌斯·恺撒（公元前100—前44）远征渡海，在不列颠南岸登陆以后，才能为地中海列邦所闻知。在亚里士多德（公元前384—前322）平生，不能得知那两个，即今之不列颠与爱尔兰，大岛。那么参照上述所云“最尊贵的统领”为泰·克·亚历山大的设想，以测忖其时序，这位漫步派传学弟子该是公元后第一世纪下半叶，埃及亚历山大港城的希腊学者。十九世纪初，德国威廉·嘉伯尔（Wilhelm Cappelle），审议这专篇中，大多数原理，本于公元前第一世纪的自然哲学家玻色屯尼（Poseidonius Philosophus）的两篇专著，《天象要素》（Μετεωρολογικὴ στοιΧείωνις）与《宇宙论》（Περὶ Κόσμου），他拟想这一专篇须是公元后第二世纪上半叶之作。

这一专篇的末章，引到希腊古诗人对于木星之神，宙斯的许多尊号，推崇之为群神之主，为宇宙之主，为希腊氏族与城邦之主，为众生救难济恩之神。这有无受到以色列犹太教和公元后耶稣基督教的创世观念的影响，由古希腊的多神习俗，转向一神论的宗教信仰？在公元后第一二世纪间，地中海周遭，包括埃及地区，跟着希腊文化的弥散，跟着而盛行基督教义的传播；提示这样的疑问是合理的。但既经勘阅全篇的章节文句，我认为这一专篇，基本上是希腊的自然哲学，没有什么被拦入宗教范畴。亚里士多德是重视希腊神话的理知内蕴的（参看《形而上学》，卷十二，章八，1074ᵇ1—14）。古希腊许多天文神话与世事神话，大抵是先哲于天文景象常感惊奇，于人间历史又多所不明的意境中，臆造起来的模糊解释，实际是自然哲学贫困中的遁辞，假与了文采的修饰。就本篇所及，说宙斯（Ζεύς）是土星之神克洛诺（Κρόνος）与时纪女神赫洛诺（Χρόνος）合婚而诞生的儿子（章六，401ᵃ15），这显然表现了昔贤对于宇宙之神的物理学思想。宇宙就是人人俯仰其间，各以尽其岁月的"大自然"。于命运诸神的许多名字总起来，有取于"必需"（"必然"ἀνάγκη），即"定命论"的本题，与"命分"（'Ειμαρμένη）观念（参看《形而上学》卷五，词类释义，"必需"四解之第二、三、四解，章五，1015ᵃ25—ᵇ8，与本篇章七，下，401ᵇ7—29），原来这些都是逻辑学词汇，一加拨弄，便铸成为古怪巧妙的神祇名号。本篇有多处拟订着一些神名的字源解释，即逻辑解释，表明了"神话"殊不外乎"人意"。这样，希腊的许多"神"名，就类于中国《庄子》的文哲"寓言"，撰有"混沌"、"象罔"、"支离"这么些"人"名。人们可以由此辨认，希腊神话没有犹太教与基督教的宗教意识。各个方域、各个民族，各有祖传的节庆或杂祀的仪式，陈列祖传的像设，载歌载舞，以咏叹各自的原始或本生。这类秘仪，在希腊半岛上是很多的。雅典的学者一般都不菲薄这些类似迷信的节庆;慎终追远,民德归厚,他们常怀着敬重的性情,称述这些民俗遗传。这些民俗杂神也未尝侵犯自然哲学的领域。

译者　吴寿彭

1981 年 12 月

《宇宙论》章节分析

章一　绪说:“宇宙论”即“自然哲学”,研究天地间最高尚的事物,探索其中神明的消息。 …………… —391a1—391b8

章二　物质四元素,地、水、气、火,与神性元素,以太,相互组合以构制万类。天宇两元素,气与火,与以太,构制诸天体,日、月、行星与恒星,在宇宙上部,以太层圈,做循轨的运行。这里,还有彗星、流星等种种不循轨的天文景象。还有在大气层圈,时作时歇的风、雷、雨、雪等气候征象。

地球积载万物,为众生(动植物)的家乡。

……………………………………… —391b9—392b14

章三　地球在天宇的下部,而实为宇宙与诸天体运转的中心。这里,土与水两元素形成山川湖沼,和陆洲与海洋与岛屿等地表状态。地表还有原野与城市,则是生活于地表的人类的造作。于“我们(人类)所卜居的世界”,即地中海周围的欧罗巴、亚细亚、利比亚(北非洲)的地理,作简概的叙述。三洲间有土腰为之联接,其外,环绕有大瀛海,那么,三洲所合有的陆地,还是一个大岛。 …………………… —392b15—394b7

章四 大地发出两种嘘气,(1)湿蒸汽(水),(2)干燥气(烟样气)(火),弥散于大气中,演化而为雾、露、霜、雪、雹、冰、风、云、雷、雨;还有虹与晕等。于这些气象,详说了风、雷击与闪电。于天象,复及了彗星、流星等。于地质情况,讲到温泉、火山、地震、潮泛、海陷与冲积滩涂等;析述了地震类别。 …… —394ª8—396ª31

章五 构成宇宙万类的四元素与四本质(干、湿,与冷、热),各内涵有互相对反的秉性。大自然爱好诸对反;于诸别异,一视同仁。同性不能合婚,必须阴阳(雌雄)剖分,而后能成蕃孳。“相反”正以“相成”,宇宙整体涵融万有纷纭,而终使归于协和。以绘画为喻;以音乐为喻。日月星辰,各运行于自己的轨迹而总成天宇的秩序,恰如在合奏一个谐和的乐调。

万物肇于宇宙,宇宙包容万物,也就成为美善的总归。物性如水与火,如燥与湿,若各趋向其极端,则宇宙无由成其秩序。[Κόσμοδ 义为“秩序”,亦为“宇宙”,亦为“世界”]唯平等与自由为万物间的公理,宇宙(大自然)于万物的生灭成坏之中,保持物性比例分配的平衡,“由以”致其谐和;正唯“谐和”,这个宇宙体系乃得垂于永久。气象与地质的变迁,如风雷、地震、暴雨、洪水、海陷、陆涨,水中陆上与大气间,时或突变,发作局部的灾劫,自然总体持守其比例平衡,故宇宙毕竟能保全安定,而无穷地传继其贞常。 ………………………………… —396ª32—397ᵇ7

章六　宇宙当有"神"为之主；神为诸天体"由以"运行而成其秩序的本因，也凭神的护持，地上万物乃得各遂其"生活"。神，位于天宇至高之处；凡天上星辰、地下众生，无不着其弥漫于天地之间的势能。神之照顾万有，不自操劳，也不须假手它助，故永不疲劳。神但一莅其位，群星运焉，四季行焉，万物育焉。

以波斯王朝的统治对比神功；以傀儡戏的牵线人为喻，以冶铜模铸为喻，以合唱队的指挥为喻，以战争为喻，以政法为喻，以建筑拱门圈的钥石为喻。神向宇宙（自然总体）一发其信号，诸天体立即不息地在上空运转，众生在地上遍处活动，动物则鸟飞、兽走、鱼游，草木则各各萌芽、着花、结果、凋谢，再萌芽。神不可目见；而所有这些景象正一一显示了无乎不在的神功。…………………………　—397^b^8—401^a^12

章七　古诗人为颂赞宙斯，奉称之以许多尊号，皆所以彰明宇宙间这唯一主神的权势与功能。

覆案古诗人有关命运的神话而及于柏拉图的寓言：毛埃拉，"司命"三女神（"过去"、"现在"、"未来"）为世人纺着一一的生命的线索，人各循其行踪而趋于命定的运会。祝愿所有合符于正义的任何人，他既曾参与神的原始（本因），而与有过去的神恩，也当预于宇宙（神），今日与来朝的欢乐。

……………………………………　—401^a^13—410^b^30

宇　宙　论[1]

卷　一

章一

亚历山大，于我而言，哲学似乎常是一件真正的超自然的圣事 391a (神业)，每当我静焉独处的时候，此意尤为深切；哲学，玄想着宇宙之广大与高华，其思绪乃翱翔于万类之间，力图认识此中的真理，其它的杂学，则为其广大与高华所震炫，而回避着，不敢追求这个真理。哲学乃不然，对这样的盛业，绝不畏缩，既然宇宙万物的真知识，于她恰正是最适宜而且合乎本意的天赋，那么，正该由她来承当这最美妙的探索。人们或想逞体力强健，以求上达于高极(神天)，有如“愚憨的亚罗巨人们”(οἱ ἀνοητοὶ Ἀλωάδαι)所曾尝试的那样，总是不可几及的。可是，若以理知为导引，人们的灵魂恰不难在天地旷远的间隔之中，发现捷径，倏忽而神游天宇，遍察窈渺之际，那些密相关切的事物，凭灵魂的神眼(神识)以认取——神明

---

① 贝刻尔(Bekker, E.)校订：检校 O、P、Q、R，以及 Z, Reg. 1603 号 Reg. 2992 号等古抄本，《宇宙论》(*Περὶ Κόσμου*)这卷篇名都有 πρὸς Ἀλέξανδρον“为亚历山大”讲授的附加语，也有的作 πρὸς Ἀλέξανδρον βασιλέα“为亚历山大王”讲授字样。勘阅这卷中的文句，和所举事例，可以确认，这篇著作不能是亚里士多德的手笔，因此，我们删去这一附加语。

(天物)的涵义,而传之于世人。[①]于是,哲学的心愿恰正乐于在她的清辞吟句中,发摅自己的心赏而抒与之一一同好。这样,人或殷勤地向我们叙述一个地域的自然景象,或一个城市的设计,或一长河的流漕,或一山岭的佳致,这些都是昔贤之所优为——古诗人就诵说了奥萨高峰的崇矗、[②]尼撒丛山的祠祀,[③]或科吕克洞窟的幽境,[④]或其它类此的胜事——于这些限于地表的可歆羡的常俗事

① 'Αλωάδαι 亚罗[巨人]族:希腊神话,宙斯(Zeus 或译修士)大神与第奥妮(Dione)生女为爱神,亚芙罗第忒(Aphrodite)。亚芙罗第忒与海神波赛顿(Poseidon)所生子,为巨人亚罗埃('Αλωάς)。海神与卡那色(Canace)所生女名伊费米第娅(Iphimedia)。亚罗埃与伊费米第娅所生子为厄斐亚尔底('Εφιάλτης)。海神又与伊费米第娅生子,名奥托(Ὦτος),亦巨人(giant)。神话称巨人为亚罗族('Αλωάδαι),推其父祖,则是海神波赛顿。古希腊器皿与石刻,绘波赛顿持三叉戟,附马与海豚为之象征,表现海神大力,足以抗衡天神(宙斯)。

希腊神话:亚雷士(Ares)为宙斯大神与其后赫拉(Hera)所生子,为一善战的无双勇士;在后起的拉丁群神中,同于战神("火星"Mars)[波赛顿,同于海神(海王星,Neptune)亚芙罗第忒同于爱神(金星,Venus)]。埃费亚尔第与奥托兄弟两巨人,尝力斗亚雷士,擒获而囚之一青铜器中者,凡十三个月(其事见于《伊利亚特》)。巨人兄弟于是认为自己才真是"天下无敌"的,可与群神较其短长。他们设想搬动贝利雄山(Mt. Pelion)叠到奥令帕山之上,再把奥萨山(Mt. Ossa)叠到贝利雄山之上,而后由此高度窥察群神居处生活,作攻击神界的准备。正当他们协力搬动大山的时候,大神宙斯发出震雷,击死了这些巨人(其事见于《奥德赛》)。

'Όλυμπος 奥令帕在帖撒里,是希腊半岛的最高峰,海拔 9800 英尺。古诗人谓群神宫室就在这个峰顶。稍后,奥令帕既已为世人所熟知,神话编撰者就把众神居处,提高到奥令帕山的上空。

② Ὄσσα 奥萨山在希腊半岛之北拉里撒(N. Larissa),峰高 6405 英尺。

③ Νύσα 尼萨丛山地区,奉祀酒神巴沽(Βάκχος)。巴沽,亦称第雄尼苏(Διόνυσος),授蔬菜与葡萄种籽于希腊人;希腊因此而富于葡萄酒。希腊艺人亦奉以为戏剧祖师。

④ τὸ Κωρύκιον ἄντρον,科吕克洞窟:这一大山洞,在巴尔那苏山(Mt. Parnassus)。此山最高峰 8065 英尺,山岭在卑奥俄希亚(Boeotia)与福基(Phocis)之间;其地以喀斯塔尔山泉(Castalian springs)与科吕克山洞(Corycian Cave)著称于世,古希腊人以为水仙(宁芙,Nymphs)与林神(斯蓓,Speus)游憩之所(参看希萧特《神谱》Hesiodus, *Theogony*, 483)。

物，虽他们真能描摹，声形具足，我们总觉得这些既都属于有限的
景象（局部的小幅），他们的描摹也只是出于有限的臆想，而不必为
之郑重珍惜了。因为他们从来就不曾渊想于更高尚的事物——宇
宙和宇宙中最伟大的事物；他们如果确实注意到这些事物而领会
了此中的消息，显见那些世俗长物，比之天宇间这些美妙，其为卑 391b
微，真不足道，那么于这些地上的事物，遂将不复置意。于是，让我
们就此研究所有宇宙间这些高尚事物，尽可能地阐明它们的神圣
本质，并讨论其性状、位置以及其中每一个的运动。哲学殊不屑自
耗其思心于琐碎的题目，像你们这样至尊的统领们，①正应操持其
智虑于最伟大的诸事物，必然乐于接受哲学的这些馈赠（礼物）。

章二

这样，宇宙（κόσμος）是由天宇和地球以及充塞其间的自然诸物体（诸元素）的一个合成体系。但这字（宇宙）的应用还得注意到它另一涵义，于其中一切的秩序而言，是径由“神”（διὰ θεόν）为之安排，也凭神（ὑπὸ εοῦ）②为之保持的。这宇宙的、不做任何运动而固定的中心位置，由地球占住在那里，地球积载一切有生命的事

① Ἡγεμόνων ἀρίστῳ最尊贵的统领们：依威廉·嘉伯尔（W. Capelle）的考订，这里（391b6），这样的称呼，应谓公元后第一世纪67年间，罗马帝国的埃及守将泰培留·克劳第·亚历山大（Tiberius Claudius Alexander）。这里是多数名称，那么，开章的“亚历山大”之外，还得有其它的统领。这一名称既不谓马其顿王亚历山大；这篇文章的作者也必不是亚里士多德。

② 依贝刻尔校本，这里两短语中的“神”，皆作“群神”（θεῶν）。旧抄本，R本“经由神”（διὰ θεόν）；Q本“经由神旨”（διὰ θεοῦ）。威廉·嘉伯尔两都校为单数的“神”（θεόν，God）。

物，是芸芸万类的母亲，也就是众生的家乡。宇宙的上部各方面都有界限，最高部分称为天宇（“乌朗诺”οὐρανός），这里是群神的居处。天宇上尽多神物，通常，我们称这些神物为星辰，星辰们万古相续地在一个轨道上运行，和所有诸天体相共，庄严地做永恒不息的旋转。全宇宙与全天作球形，如我们曾讲过的，继续不息地运行着，这就必须具有两个恰相反的不动点（有如一个旋机①的轮转［必须具有一个轴］），以维系那球的旋转，亦即宇宙的运行。于是，宇宙绕之而做圆运动的这些点就被称为“极”（πόλοι）。我们可试设想，画一直线来联络这两点（有时这被称为轴线），这就成为宇宙
392a 的直径，通过地球的中心，其两端正就是那“两极”（δύο πόλους）。确定了的这两极，其一是常年可见的，位在天空的北区，着于这轴线顶端，即所称的“北极”（ἀρκτικός，亚尔克底科）；另一则常隐没在地球的南部之下，被称为“对北极”（ἀνταρκτικός，盎泰尔底科）。②

构制天宇与群星的本质，我们称之为“以太”（αἴθερα），③这不是因为它们“能发火焰”（αἴθεσθαι，“以太斯燧”），具有炽烈的性状，而为之如此的题名（有些人按照这字的音读来作诠释，是错误的，以太的本质大异于火元素），以太异于其它四个元素，是神圣而不

---

① τόρνος 旋机：古希腊木匠用以画圆圈的圆规，和旋转的钻，与切削圆棍或滑轮等的木工车床，通称“旋机”。

② 本章这一节内 ἀρκτικός（arctic“北极”），与（ἀνταρκτικός“对北极”，等于两极）这两名称，实际不见于亚里士多德的其它手稿，例如《天象》卷二章五、章六，都曾讲到天穹与地球的北极区与南极区；$362^{a}33$ 称北极为 τὸν ἄνω πόλον “高极”，$363^{a}8$ 称“与北极于空间相对反的”南极，为“那另一个极”，ὁ ἀπὸ τὸ ἑτέρον πόλον。

③ 关于以太（αἴθηρ），参看《天象》卷一章三，$339^{b}21$ 以下，卷二章七 $365^{a}19$ 以下，章九，$369^{b}14$ 以下。亚那克萨哥拉（Anaxagoras）说，以太似火。

可毁灭的，揆其实义，乃在于它的永恒运动（ἀειθεῖν），圆转着亘古不歇。于天上的群星中，那些称为“不游动星”（ἀπλανῆ 恒星）的，是和天宇一同旋转的，常守在自己同一个位置。通过天宇中段，形成有所谓“动物圈”（ὁ ζῳοφόρος κύκλος，黄道带）的环幅，在这条幅上区分着十二个动物星座（ζῳδίων），[①]动物圈（黄道）是交义于回归线（τῶν τροπικῶν 赤道）的。另些称为“游动星”（τὰ πλανητά 行星）的，不和我上已叙述的列星，以同一速度，自然地运转，它们相互间也不作同一行度，而各循其各不同的行轨，这样，游动星（行星）们将或近绕着地球，或运转于较高的天空。不游动星（恒星）虽在同一球面（轮天）上，做周天运行，世上迄今没有点清它们为数究有多少。至于行星共有七个，在挨次相承的环圆（轮天）上分别运行，它们秩然有序，凡位置较高的（离地球较远），比之较低（离地球较近）的，常是较大，七个行星轮天（环圆），挨次而愈高（愈远），最后乃总包在恒星天球（轮天）之内。[②] 其位置最靠近恒星天寰，旋转着昭明之星（ὁΦαέθοντος），其神为克洛诺；[③]挨次为光明之星（ὁΦ αέ-

① 动物星辰圈（黄道带）与动物星座，参看《天象》，卷一章六，$343^{a}24$ 以下，章八，$345^{a}20$ 以下，及汉文译本注。

② 关于恒星，与日月五星的运转，以地球为中心而观察群星的行度，作“轮天”的推想，另见于《说天》。参看《形而上学》，卷十二，章八，及汉文译本，$1079^{a}31$ 注。

③ 混沌（Χάος）之长女曰（Γαῖα）葛娅，为大地之神。地神合于天神（Οὐρανός）乌朗诺而生克洛诺（Κρόνος）。克洛诺长大后，夺其父神位而自为全宇宙之大神。地神又与天神合而生长女曰（῾Ρέα）莱娅。莱娅与其异母兄合而生三男三女；男有宙斯、波赛顿（Poseidon 海神）与海第斯（Hades 冥王）；女有赫拉（ Hera）、希斯娣（Hestia）与第米忒（Demeter）。宙斯长大，夺其父克洛诺神位而自为大神，领酋群神。克洛诺在罗马群神中为 Saturn，主农事，司收获。应于列星，则为诸行星之一的“土”星。

θοντος)，其神为宙斯；[1]于是而相随于天寰者为炤火之星(ὁ Πύρoεις)，其神而名之者，既称赫拉克里，又称亚雷士；[2]又次而为光芒之星(ὁ Στίλβων)，其神或属之赫尔梅，[3]或举为阿波罗；又次为耀光之星(ὁ Φωσφόρος)，或举此为亚芙罗第忒(美爱之神)之星，[4]另或称之为赫拉后星；随后而有太阳天寰，最后则是太阴(月亮)天寰，这就已邻近于地球了。以太包围着诸天体，而充塞于它们循序运行的空间。

"以太"，这个神性元素，我们曾经说明，自行其存在与活动的定律，它不为外界的影响所干扰而为变化。紧接着是一个尽受外界影响干扰的元素，一言以明之，它是可被破坏，而会灭熄的。这一元素的外层部分是由炽烈的轻质小粒组成的，包围着它的以太，
392b 既体积较为优胜，又且在迅速运行，故尔点燃着这些小粒。这个散

① Διός 宙斯(亦作 Ζεύς 修士)，既为大神，与其后赫拉("Ηρα，主婚姻与生育，为保佑妇女之神)合，而生战神亚雷士(Ares)与火神赫法司托(Hephastus)；与丽都(Λήτω)合，而生阿波罗(Apollo 日神又称太阳神)与亚尔娣密(Artemis，山林狩猎之神，即 Diana 月神)两神同胞双生。

② "Aρης 亚雷士，"战神"，宙斯与其后赫拉之子，即赫拉克里(Heracles，字义"赫拉后的光荣")。(罗马神名，Hercules 海可里斯)。应于列星者，为诸行星之一，"火"星，罗马神名 Mars(战神——火星)；相应于赫拉(Hera)的罗马神名为约诺(Juno)。

③ Ἑρμῆς 赫尔梅，大神宙斯与玫娅(Maia)所生子，为群神传信使者，主保护疆界、道路，亦司青年，言语、智巧、与体育竞技。应于列星，诸行星之一，"水"星之神。(罗马神名为 Mercurius 摩可里)。

④ 大神宙斯，光明之星，为"木"星(罗马神名，Jupiter)。五行星中金星光照最强(负四等)，其次为木星。但金星只见于晨昏，木星乃终夜通明，为全天诸行星与诸恒星中光度最明亮者。ὁ Φωσφορος 耀光之星，亦可译"擎灯者之星"，即金星，金星与水星为内行星，紧随太阳出没。其神 'Αφροδίτης 亚芙罗第忒为宙斯与第奥妮(Dione)所生女，司美与爱，为火神海法斯托之妻(罗马神名，称 Venus，维纳斯)。

布得不匀整的所谓“火”元素到处放射芒闪与火焰，形成那些类似“杠杆”[①]与“壕沟”，[②]以及彗星，它们各在自己的定位上，时生时灭。

以下散布着的是气(空气)，气的本性黝暗而且冷若严冰，只是由于运动[③]着了火，这才发亮，而且渐渐地亮而又亮，以致发热。因为气(空气)容受干扰而行各种变化，其中就生成云，降落阵雨、雪、冻霜，风暴或旋风(台风)中带着雹，还有雷与闪电，而且迸发出雷击，无数的暗体在大气中互相冲撞。

章三

挨次于气元素，地与海各有其固定的位置，动植物蕃生于陆上和海中，流泉与江河或回曲地径行于地表，或灌输它们的水量入于大海。大地上被覆有不同形式的青绿的高山、长林与丛薄，还有许多城市，那是人类，这个智慧动物建造起来的，还有列峙于大海之中的岛屿与洲陆。现在，通常把居住着人类的地方，区分为若干岛与若干洲，实际上，为所称“大西洋”的(τῆs 'Ατλαντικῆs)海波所环绕的陆地是联在一块儿的单个岛。但，这是很可能的，另还有许多

---

① ἡ δοκίs (-ίδos)，杠杆，或棍棒。牛津英译本(Forster，福斯特)作 beams，“樑”举拉丁作家色讷卡，《自然研究》(Seneca，Quaest. Nat.，i，1，5，vii，4，3)“trabes”作注。依上文“芒闪”(τὰ σέλαs，光芒)，“与火焰”并举，此处，可能是说“流星”(meteor)；参看下文章四，395^{b}3，τὸ σελαs 注。

② βόθυνοι 或解作“坑”(pits)；参考《天象》，卷一章四，342^{a}36 我们译作“壕沟”(trenches)。

③ 依 Q 抄本，ἐκείνηs，贝刻尔校本作 κινήσεωs“运动”。嘉伯尔校订，以 Q 本为合，译文应为“‘各自’着了火”。

其它的洲，或较大或较小于我们这洲，它们也是外围有大海，洪瀛阻绝，我们看不到它们，我们所能望见的，就只自己这个洲。人类现所卜居的世界[欧、亚、非三洲]之视大西洋，犹如我们的群岛之视我们的海[地中海]，那么天下另许多洲上[若有人在]，其视天下洪瀛，也当像我们这些人之视大西洋；[我们现在未能认识的]天下诸大洲，散处洪瀛，渺无际涯，正只是一一大岛为一一大海所环围而离立着在。水湿，这一广泛元素覆被着地表，其间涸出的块块平陆，成为人们卜居的原野(乡邑)，恰便紧挨在大气元素之下了。挨次于水元素的，就得是全土所结成的地球，地球固定于宇宙的底位，恰正是宇宙的中心，不做任何运动，它是静绝而不可摇撼的。地球(陆与海)，即我们所指全宇宙的下部。①

393a 于是，这就有五个元素(στοιχεῖα)，各作球面环圈，②分占了五个层次，较小的环圈外围着较大的环圈——如是，地球外围着有水，水外有气，气外有火，火外为以太——就是这样，合成了全宇

---

① ὁ κάτω“下部”，回顾章二，391b9—16 的上部(ἄνω)以及 τὸ ἀνωτάτον “最高部分”。

② 地、水、风(气)、火与以太，五个元素(στοιχεῖα)在宇宙体系中，挨次部署于五个环圈分层，参看《天象》卷一章三，340b19 行以下，341a2 行以下。这句中称为“元素”者，在第二章中，称为“自然物体”(φύσις)。

明，万历八年(1580)自葡萄牙来到中国的天主教耶苏会士意大利人利玛窦(Ricci Matteo，1552—1610)，曾绘制《万国坤舆图》(世界地图)，于上述分层环圈译作“轮天”。参看《形而上学》(汉文译本 252 页)。卷十二，1074a31 注。利玛窦，又以华文著《乾坤体义》二卷，实本于亚里士多德之《说天》(*de Caelo*)。书中所言与《天象》及《宇宙论》相通，全以地球中心(Geo-centric)立说。利玛窦时，波兰，克拉可夫(Cracow)神父哥伯尼(N. Copernicus，1493—1543)所著《天运璇轨》(de *Revolutionibus Orbium Coelestium*)已问世，但十六世纪，天主教犹未承认“太阳中心”(Helio-centric)的天文体系，故利玛窦之图与书犹悉持古希腊“地球中心”之旧说。

宙。宇宙的上部显示为群神的所在，其下部则是寿命短促的众生（尘俗的动物[①]）的居处。这下部（地球），有水、陆的区分，水湿区域，我们习常相称以江河、涧溪与海洋；干旱区域，我们称为陆地，即洲与岛。

关于岛屿，有些是大的（洲），有如我们所知人类现今卜居的世界（另还有其它许多类此的大岛[洲]，各为它们自己周遭的海洋所隔离着在）；另些岛屿是较小的，就在我们这海[地中海]内，我们可以看见。于这些可眼见的岛屿，有些相当宽广，这可列举：西基里亚（今西西里）、撒杜尼亚、居尔诺（科西嘉）、[②]克里特、欧卑亚、居比路、[③]累斯波；另些没有那么宽广的小岛，有如散列群岛（斯卜拉特）和环列群岛（居克拉特）以及其它各具有名称的岛屿。

又，周绕这有人居住着的世界的外海，被称为“大西洋”（'Ατλαντικόν），或径称为“大洋”（'Ωκεανός，乌启盎），它围着我们在环流，于所称为“希拉克里砥柱”间[④]豁开一条狭路而西向，大洋荡起一股水流，涌进了内海（地中海），像是入了一个港似的；于是它

---

① 393^a5，ἐφημέρων ζῴων 直译是“蜉蝣样动物”，即《动物志》（Hist. Anim.）卷一章五，490^a34，与卷五章 552^b18—23 所称的“短命昆虫”。作为下界生物，以对照于上界“群神”，乃有“凡俗”（尘世）义。

② κύρνος 居尔诺岛，先曾见于希罗多德，《史记》（Hdt.，*Hist.*）卷一，165，即今科西嘉（Corsica）岛。这一节所列其它各岛，今皆承旧名。

③ 据牛津英译本，此处汉译稿漏：“居比路”（Cyprus，今塞浦路斯）岛。又，文中“克里特”及“克尔特”分别指：克里特（Κρήτη，Crete）岛 $^a14$；克尔特（τὸ Γαλατικὸν，高卢 Gallic 参见注⑤）海 $^a27$；克里特（τὸ Κρητικόν，Cretan）海 $^a29$；克尔特（Γαλατ ικὸν，Κόλπον，高卢 Gallic 湾）$^b7$；克尔特人（Κελτικὴν，Celts）$^b6$，7。——编校者

④ τὰς Ἡρακλείους στήλας “希拉克里砥柱”，即今直布罗陀海峡，参看《天象》卷一章十五，350^b3；卷二章一，354^a12，22，章五，362^b21，28，及注。

渐渐扩展，包容了若干相邻接的大海湾，继乃找寻某处狭窄的峡径，突进到另些海域，于是它又扩展开来。于是，若说有人扬帆驶入而通过了希拉克里砥柱，先看右舷，这边，形成有所称为锡尔底(Σύρτεις)的两个海湾①，一个较大，一个较小；在左舷那一边（地中海北部），不形成这样的湾，而形成为三个海，撒杜尼海、克尔特海与亚得里亚海②。挨次于这些，相接为西西里海，横亘着在那里，跟着在后的是克里特海。船继续驶行，这就来到了埃及海，庞菲里海③与叙利亚海，这些都在同一方向；至于另一方向而言，则为爱琴海与米尔都海。④ 逾越上述诸海而更向前延伸者为滂都海，滂都海是这么几个部分合成的；其内里部分称为梅奥底，⑤其外部引
393b 向希腊斯滂（希腊海），有一名为滂都前海的一个海峡为之联接。海，水又向东流去而汪洋浩淼，统涵了三个巨区，是谓印度湾与波斯湾和与之相通连的，则展开了红海。⑥海水的另一支，通过一个

① 今直布罗陀海峡东向，北非洲利比亚沿岸，仍称锡尔底海湾。

② 以下三海：τὸ Σαρδονιον 依今撒丁岛取名为撒杜尼海，古作“撒杜”海。τὸ Γαλά-τικον，牛津英译本作 Gallic Sea “高卢海”。依《里·斯字典》，古 κελτ'-，后作 Γαλατ'-；兹译“克尔特海”，盖即《天象》卷二章一，354a21 的第勒尼海。'Αδρίαν，亚得里亚海，及以下海程向东若干水陆地名都已见于《天象》卷一，章十三、十四与卷二章一，参看本书83—84 页附于卷一章十四后所拟古地中海及其周遭三洲地图。

③ τὸ Παμφύλιον“庞菲里”海，依字义为“混合民族地区”，依文中所示地理位置，当属埃及海向东，小亚细亚西南角之海域。

④ Μυρτῷον“米尔都海”，依本文所示地理位置，应在“叙里亚海”以北，靠小亚细亚西岸海域。小亚细亚西岸大国古有吕提亚(Lydia)，其王名米尔都（见于希罗多德《史记》）。

⑤ ὁ Πόντος 滂都海，今黑海，Μαιῶτις “梅奥底”湖，在亚里士多德时的希腊远游商旅，以称今亚速海(Azov Sea)。

⑥ 今红海外（东）阿拉伯海。

狭长的峡谷，泛滥于许加尼区域和嘉斯比区域(原野)。[①] 这里的外北和梅奥底湖的外北，颇为广袤的地区，属于斯居泰人和克尔特人的境圉，到此处，人类卜居的世界渐已抵于极限；相类于此，西出克尔特湾(高卢湾)与希拉克里砥柱，大洋就围住了大陆，这在上节已讲到了。在这[外西]洋流中，位置有两个很大的岛，阿尔比和爱尔尼，[②]这些总称为不列颠的岛群，横亘在克尔特人的境圉之外，它们比我们上曾提到的任何岛都较为广大(对着印度的是塔伯罗巴岛，[③]位置在人类卜居的世界之角隅，其为广大，略如不列颠群岛，还有横亘在阿拉伯湾之外的，所称为费博尔[④]的岛，也有那么广大)。沿洄于不列颠群岛与伊比里亚之间，[⑤]有为数巨大的小屿，形成为外围于这居住了的世界的一条腰带，至于这世界自身也

---

① ῾Υρκανίαν 许加尼，今里海。Κασπίαν 嘉斯比，今盐海(咸〔鹹〕海)；参看《天象》卷二章一，354^a3，汉文译本注。这里不称“海”，称 ὁρίζων(直译是“地平线”)，“地区”(district)。

② Βρετανικαί“不列颠”，须在罗马共和国尤利乌斯·恺撒(公元前 100—前 44)远征到达不列颠后，才为罗马人希腊人所知，在亚里士多德当时还不知道世有其族其地。’Άλβιον“阿尔比”，盖古克尔特人语；英格兰人自称“阿尔比岛”(Isle of Albion)，直到中古以后，还见于莎士比亚剧本。阿尔比应为今不列颠本岛。’Ιέρνη 爱尔尼，今爱尔兰岛(Ireland)。

③ Ταπρόβανη 塔伯罗巴岛，古锡兰岛，今斯里兰卡；参看斯脱雷波，《地理》(Strabo)，xv，14。

④ 威廉·嘉伯尔拟为今非洲东的马达加斯加岛(Madagascar)。马达加斯加在东非洲，莫桑比克海峡之东，印度洋内；实有面积 59.2 万平方公里，约等于现今欧洲，法兰西、荷兰两国境的总和。中古间称此岛为印度洋中一块小大陆。现代世界地图，列为第四大岛。

⑤ ’Ιβηρία 伊比里亚，比利牛斯山脉以南至直布罗陀海峡的半岛，今西班牙与葡萄牙境界。这里，古为伊比里民族所卜居，故以此族名称其地。

是一个位于海内的岛，则先已讲明了。当今最优胜的地理家说，这居住了的世界的幅度，以其本土的最宽处计，不足四万斯丹第，① 以其最长处计，约有七万斯丹第。这世界分为欧罗巴洲、亚细亚洲与利比亚洲。②

欧罗巴洲是一块圆形地，其[南]限在希拉克里砥柱，其[北]限为滂都海和许加尼海的内地，许加尼海岸伸出有一个土腰，接联到滂都。有些人认为泰那河，从这土腰上溯，就直抵这洲的北涯。从滂都与许加尼海之间的土腰直[南]到阿拉伯海湾③的另一土腰，[向东]延伸开去的陆地，就是亚细亚洲。于是，大洋周流在这世界的外围，而它的内部则又有内海纡绕着内海。可是，另有人区划亚细亚的边境，从泰那河起直到尼罗河诸出口处。④ 利比亚洲，从阿拉伯土腰延展到希拉克里砥柱，另有些人却说，这该从尼罗河诸河
394a 口延展到砥柱，他们，这样就把埃及属之于亚细亚洲了，埃及恰正位置于尼罗诸出口（下游）。但其它的人们把埃及区划在利比亚洲。有些人，于这里邻近诸岛屿，划出之于亚细亚与利比亚两洲之外，另些人则分别属之于近邻的陆地。

---

① τὸ σταδίον 斯丹第，原为希腊奥林匹克运动会场里的跑道，长 600 希腊尺，合今 $606^3/_4$ 英尺（约 200 码）。古希腊世界，以此为里程单位。

② Λιβύη，利比亚，初见于荷马，《奥德赛》，以后见于希罗多德、亚里士多德诸家书中，皆以概称地中海南岸的大陆。当时希腊人足迹所及，限于北非洲；传闻所及，限于中非洲。称这大陆为“阿非利加”(Africa)，须待之随后的拉丁文史。

③ τοῦ ’Αραβικοῦ κόλπου，“阿拉伯海湾”，凭相应的“另一土腰”(θατέρον ἰσθμοῦ)而言，这显然是今之“红海”(Red Sea)了。（土腰 ἰσθμοῦ，isthmus，今译地峡——编校者）

④ 尼罗河到埃及出口入海处是弥散了的，所以有好多“河口”（或“海口”）（这里的 στομάτων，“口”是多数）。

这些就是我们于所谓人类卜居的世界的陆地与海洋的综述，以及它们的位置和自然情况的说明。

章四

我们现在于紧绕着这地球外围所发生的最显著的景象，作最简赅的讲述，以说明其大要。从地球(大地)向我们上面气圈中继续不息地升起的，有两种嘘出物，[①]其一是全不能看见的轻纤微粒合成的，只在东方出现的这些嘘气才有异状，另一是可见的，从河川上升的那些嘘气。前者从大地发出，是干燥的，类似烟样；后者从含水区域嘘出，是润湿的、蒸汽样的。由后者所产生(形成)的是雾和露，以及各式的霜、云与雨与雪与雹；由干嘘气引来的则是风和各种清飔，以及雷、闪电、雷击与火旋风，以及其它一切同类属的天象。雾是蒸气嘘出物的一种，它较密于气(大气)而较云为稀，不会成(雨)水；它盍是在云初生时的先升，或云已足够了的残余。和“雾”相对反的所谓“晴朗”，就是说大气中没有零雾，没有片云。露的成像是一些小小水滴，这是在晴天降落的；冰是在一个骤冷的晴日，冻凝以成的；冻霜出于凝露，“露霜”则是半凝了的露。云是一个蒸汽大集体，拢合起来，会将成水。经过压缩而凝结的云就成雨；云所受的挤压是可重可轻的，若说这挤压轻小，所散落的就只是些缓小雨滴；如果重大，水滴下得密急，我们称之为阵雨(暴雨)，这样降落的水量既较平常为重大，倘继续着霖淋，地面将为积水所覆被。雪是破碎冻云生成的，在它凝成水以前，骤尔碎裂，当其碎

---

① “嘘出物”参看《天象》，卷一章四，341^b6—12；又卷一章三，340^b23—31 等节。

394b 裂而尚未播散时，又遇剧冷，这样的成雪过程，类乎泡沫的制作，雪之高度洁白，正由此故。高风急雪，强劲地直下，势若不可当者，我们称之为“雪暴”。方云在浓集而获有了重势，于是其降愈速而结成团块则成雹，雹块的大小盍是相应于断云裂片的大小的。所有这些景象，都是由湿嘘出物随后演变起来的。

干嘘出物为寒冷所追迫而入于运动，这就由之而发生风；风只是在流动着的具量的一个气团。风（ἄνεμος，阿内穆）也称为[清]飔（πνεῦμα 伯纽马——“呼气”），①这字的另一涵义是蕃殖的生物的呼吸，那是一切植物和动物当其活着时都具有的；但，在这里，我们不需要阐述这方面的论题。② 大气中呼吹气流，我们，现在，就名之曰“风”，从水区来的呼气，名之曰“[清]飔（水面风）”。从润湿地吹来的风，我们称之为“陆上风”；从海湾吹来的，我们称之为“海湾风”；与这些风相类似的，还有从江河或湖上吹来的风。从一个云阵中暴发出来的，跟着乱云散开的方向转吹的这样的风，被称为“云飙”。③ 那些随带着大量雨水而暴发的，被称为“潦风”。

从日上升处继续不息地吹来的风，名为欧罗风；从北方吹来

① πνεῦμα 两义：(1)大气(空气)；(2)呼吸。呼吸既为生命的基本现象，故“伯纽马”这字又衍化有生命、魂魄、精神三义。本篇及《天象》，于“伯纽马”这字都以说“大气”，和气的流动所成的“风”。这里，把这字与 ἄνεμος “阿内穆”之谓风，作了分别：用现代气象学语言来为之说明，其一是大风，从等压线的高气压中心，吹向低气压区的季候风与飓风。另一为轻风，例如湖海的夜间，较岸陆温度高些，白天则岸上温度较高，由这温差而起的气压微差，引起岸上与水面，昼夜对换的风向，这就是小区域内的清风。

② 参看《自然诸短篇》中的《呼气》专篇。参看伪篇，《呼吸》。

③ ’Εκνεφίας“云飙”(cloud-wind)，类乎飓风(hurricane)，参看《天象》，卷二章六，365^{a}1，卷三章一，370^{b}3—17。

的，是波里亚风；从日落处吹来的是徐菲罗；那些从南方吹来的则为诺托①。于诸东风而言，那些从夏季日出处吹来的被称为开基亚风；那些从春分点日出处吹来则被称为亚贝里乌底；至于那个名为欧罗的风，那是加之于从冬季日出的方位吹来的。于诸西风而言，与之相反，从夏季日落处吹来的是亚尔琪司底风，于这风向，有人别称之为奥令比亚，另些人又别称之为耶比克；那些从秋分点日落处吹来的就是徐菲罗，那些从冬季日落处吹来的则是力伯斯。于诸北风而言，挨次于开基亚的，被称为波里亚风。又挨次而为亚巴尔底亚风，是从北极地区向南方吹的。挨次于亚尔琪司底，吹着色拉基风，有些人别称之为启尔基亚。②于诸南风而言，正相对向于亚巴尔底亚，从那个不可见的极地（南极地区）吹来的被称为诺

---

① 照本章本节，我们所制的风向图（图 17），与亚氏全集中，《风向与其名称》，这一篇中所述的大体相同（973^a—973^b）。其小异处如下：亚巴尔底亚（正北风），《风向》（de Vent. Sit.）作波里亚；波里亚，《风向》（973^a3—7）作梅色（μέσης）；里博诺托，《风向》作留哥诺托（晴天南风）λευκόνοτος。《风向》，973^b21，以奥令比亚为色拉基风的异名；这里以为亚尔琪司底风的异名。又，与《天象》卷二章六 363^a21—364^a4，相校，其小异处有：本章波里亚，《天象》作梅色；本章，欧罗诺托，《天象》，腓尼基；本章，里博诺托，《天象》，“无风”。

② 贝刻尔校本 καικίας“开基亚风”。上文开基亚是东东北风，这与这里讲北北西风不符。罗斯（Ross）凭《风向》（*de Vent. Sit.*，973^b20）校订为 κιρκίας，启尔基亚。

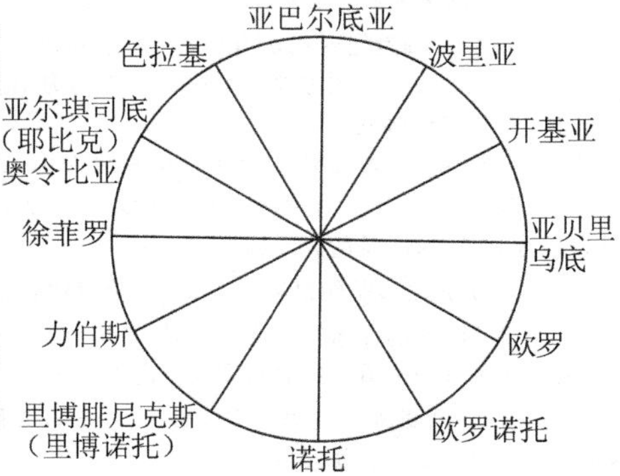

亚巴尔底亚
波里亚
开基亚
亚贝里乌底
欧罗
欧罗诺托
诺托
里博腓尼克斯（里博诺托）
力伯斯
徐菲罗
亚尔琪司底（耶比克）奥令比亚
色拉基

图 17

托风；诺托与欧罗之间，则有欧罗诺托风。在另一方面，诺托与力伯斯之间的风向，有些人称之为里博诺托，另些人称之为里博腓尼克斯风。

有些风是直行的，它们沿一直线吹去；另些沿着一条曲线弯
395a 吹，例如所谓开基亚的风就取这样的行径。① 有些风劲吹于冬季，例如南风（诺托）；另些盛行于夏季，有如爱底西亚风②就是北风和西风交互着吹的。在春季，风都从北方吹来，这些统称“[候]鸟风”（οἱ ὀρνισιαι）。③

于强劲的狂风而言，从上空骤起而急冲向下的为罡风（刚风）；④飓风⑤是一个霎时暴发的怒飙；龙卷风或旋风是从下向上旋转着腾起的烈风。从地下的裂缝或深窟冲出气体，这样空穴所生的大风，如其成团地旋转着上腾，这就被称为“地暴风”。⑥ 沿着水

---

① 参看《天象》，卷二章六，364^b12—15。

② ἐτησίαι，οἱ爱底西亚是季候风或称贸易风。这在埃及，整个夏季作北风，即所谓“濛淞”（monsoons）；在希腊半岛，这季节，爱琴海上自天狼星（大狗）升起日，连吹四十天北风，然后转出西风。

③ “候鸟风”，先已见于希朴克拉底著作中（Hippocrates，1236B）；亚里士多德，《天象》，卷二章五，362^a23—30，说“鸟风”较详。希腊半岛自暮冬起到整个春季，都有候鸟过境或来到，这时季的风就称鸟风。

④ 395^a5—10，所作诸异名的暴风，所叙性状简略，在近代气象上实难以为之分析，故近代欧洲人的译名往往前后相异，各家相异。ἡ καταιγίς，英译或作 squall，或 hurricane；“罡风”（中国道家风名），谓天空高处之旋风，下软上坚。

⑤ θύελλα“飓风”，英译或作 violent storm，或作 whirlwind，或作 Hurricane 或作 sudden burst squall 突发暴风。

⑥ λαιλαψ“上腾龙卷风”，相对于上文的罡风之自上而下旋者，亦称“地暴风”πρηστήρ χθονίος（earth-storm）。πρηστήρ 单词多译作“火旋风”。

湿的云阵，成团地爆出而且汹涌地旋转的风（大气），[①]会得碰撞而发生轰鸣，这种响声，我们称之为“雷”，这种声响，和烈风激荡洪水所作的声响相似。当风（大气）从云阵内拆裂，着火而发光，这被称为“闪电”。闪电先抵达我们的感觉，较雷为速，实际，雷的发声后于闪电的光；物性就是这样，凡能听到的，行度较之凡能看到的为慢；凡能看到的，[②]在遥远处就可见到，至于那个能听到的则需待之于抵达耳朵的时刻，于雷和闪电这特例，此义尤为明显：闪电是火样物体，行度特速，它物无可与之伦比，至于雷则属于气样物体，它就没有这么迅速的行度，而且必由它鼓动的气，直接触着耳朵，我们才能感觉。[③] 如果这闪光物体着火后，猛冲到大地，这就说是一个雷击；如其只半着火，而成团的做猛烈运转，这就成为一个火旋风[④]；如其这全没有火，那就被称为烟雷[⑤]。因为它们都向下猛

---

① 如上文 $394^{b}8$，“风”ἄνεμος 的定义是流动的“大气”πνεῦμα；大气有时就同于“风”字。古希腊人还不知道有近代命意的“电”；他们认为雷与闪电是气在风云中发生碰撞与燃烧的声与光。中国古代称“风雷”也出于相同的观念。

② 上一分句中，ὁρωμένον，本意为“看到的”到下一分句，应为“听到的”，乃仍用前词，ὁρωμενον，这在希腊修辞学中为 ζεῦγμα“联义交错”格。

③ 参看《天象》卷二章九，$369^{b}5$—11；这里已说明了光速高于声速，但这一章节与《天象》中相应的章节，措辞都未点明离于人类感觉而独立存在与运行的，“光”与“声”，这样的名称。

④ πρηστήρ “火旋风”，参看《天象》，卷一章一，$339^{a}4$，卷三章一，$371^{a}16$—18，牛津英译本译作 meteor “陨星”，盖误。但 πρηστήρ 在各古籍中实有三异解：(1)雷阵；(2)陨星；(3)旋风。

⑤ τυφῶν，本篇下文，章六，$400^{a}29$，译旋风（typhoon 台风，风暴）；参看《天象》卷三章一，$371^{a}1$—14。这里，从牛津英译本福斯特（E. S. Forster）解，作“烟雷”释此字衍于 τύφειν“发烟”。《天象》，卷三章一，“烟雷”本名 φολύεντα。

冲，直到地面，所以被统称为“着地迅雷”。闪电①，有时冒出火烟，因此被称为“呛人闪电”；有时闪电突发，瞬尔急疾，人们就说它是“灵活的”；另些时，闪出曲折射线，这称为“分叉闪电”；如果这闪电疾下时，冲向某一目标，这称为“着物闪电”。

总而言之，大气中所显示的诸现象，有些只是虚景，另些却具有实体。虹②与日柱③在天穹上，和其它类似的，都只是虚景，另些如亮光、流星，与彗星和其它类似的则各具有实体。在水湿的云中显现的虹，是日或月在一镜中反射而映见的一个弧段，这弧段作圆形，延续而中空。日柱也是一个虹，却作直线形式。晕④是围绕着
395b 一颗星所显现的一圈炫耀的光彩；晕之异于虹者如是：虹是遥对着太阳与月亮出现的，至于晕则在一颗星的外围作成完全的环状。天穹忽然发生的亮光是由于烈火在大气中燃烧；有些亮光随处发射，另些则定着于空际。发射亮光（流星）⑤是由摩擦引起的火，这火在空中做急速的行程，我们看来就像一条曳光长线，而类似一颗曳长了的星。这亮光，如果在其一端扩展开来，就被称为一颗彗

---

① κεραυνός，古希腊相共默喻为（1）打雷，或（2）闪电，或（3）兼说两者，“一阵雷电”。在这章节内，395a22—26，似指“打雷”，26—28 似指“闪电”，先后分用两义。在《天象》，我们统译 κεραυνός 为“雷”，ἀστραπή为“闪电”；多数 οἱ κεραυνοί为“雷击”（thunder-bolts）。

② ’Ἶρις 虹，详见于《天象》卷三章四章五。

③ ῥᾶβδος，“柱”或“棍棒”，这种假象，常见于日边，故译作“日柱”，详见于《天象》卷三章六。参看卷一章二，371b19，卷三章六，377a32—378a13。

④ Ἅλως，“晕”详见于《天象》，卷三，章二章三。

⑤ 这一节里的 τὸ σέλας “亮光”和 διάττοντες 或 ἄστρου ῥῦσις 流星或星流，参看《天象》卷一章四。在《天象》，卷一章五，342b4，流星（shooting star）称为 φέρεσθαι ἀστεράς。

星[①]。有些天光在空际持续着存在相当长的时间，另些是瞬即泯灭的。在空际，还可见到其它许多异象[②]，有如所谓“火把”、“杠杆”、“酒桶”与“壕沟”，由于它们形状相似，因而获得这么些名称。这些天象（亮光），有的于西方出现，另些在东方，又另些两现于东西方，但在北方或南方是绝少见到的。它们，没有一个遵循某一成规为隐现（出没）；没有哪一个是在某一固定的位置上，常可见到。大气层中就有这么些现象。

大地既内涵有许多水源，它也正该是储藏风（大气）与火的诸源。于大地这些风与火的发源处而言，有些在地下，是不可目见的；但如利帕拉、埃脱纳与爱奥里海内列鸟[的火山]上，[③]许多处是有风口与喷口的。有些喷口，有如河川的流水那样，时常喷出红炽的着火的团块。有些风火之源在地下深处，恰好邻近水泉，于是加热了这些水泉，因此有些地方的溪涧流出温水，另些乃是烫手的太热的水，又另些恰正调和到了合适的热度。相似地，陆上有许多喷气的风口，散布在各处，有些使行近风口的人们晕眩，有些吹得人们几于消竭，另些，例如在德尔斐（Δελφοῖ）和在利巴第亚（Λεβαδία）的喷气口，乃能感应人们发作神谶

---

① κομήτης 彗星，详见于《天象》，卷一，章六章七。

② 这里所举诸“异象” τῶνφαντασμάτων ἰδέαί，见于《天象》，卷一章五。λαμπάς，“火把”，或灯，《天象》中为 δαλός（《天象》卷一章四，341^b3 等）。“火把”与“壕沟” βόθυντος 在《宇宙论》本篇，先已见于章二，392^b4。πίθος 各式的“桶”；希腊常以此词称葡萄酒桶。

③ Λιπάρα 利帕拉与 τὰ ἐν Αἰόλου νήσοις 爱奥里海中列岛，见于《天象》卷二章八，367^a3 与 6 参看汉文译本注释。'Αίτνη 埃脱涅（今埃脱纳 Etna）火山著名于古今，喷火口在山顶，山高 3266 公尺，在西西里岛东北部，岛之首府墨西那（Messena）的西南。

(Χρησμωδειν 预言),[①]又另些,有如弗吕琪亚(Φρυγία)[②]的风洞,竟能卷起人们,予以毁灭。又,时常有一些轻风从地下发生,被驱入远处的窟穴或地上的溶岩洞内,由此向各方挤压,肇致许多局部的震动。又,时常有一个强大的气流从外面卷进了大地的一些空腔,这气流被窒塞在内,驰突着,力求泄出而不能得路,于是强烈地摇撼大地,如是造成的境况,就是我们常俗所说的一个
396[a] "地震"(σεισμόν)。于各种地震而言[③],如果其震动在一个锐角上斜行,这是所谓"坡震";那些把大地上掀而又下落的垂直震动,则被称为"竖震"[④];那些使大地下陷填入空腔的震动被称为"陷震";那些使地表开拆,留下裂缝的,被称为"裂震"。有些地震也迸出风,输发气,另些则涌出石块或泥土,还有的,在震后,于原无水处,流出了清泉。有些地震,其为扰动只作一次冲撞而止,这就是所谓"冲震"。有些作左右前后的倾侧,往复地摇晃,震波荡向各方,也

---

① 希腊巴那苏山(Parnassus)麓,阿波罗(日神)庙以"神谶"(Delphic Oracle)著名于古希腊与地中海列邦间;庙在福基(Phocis)。这里地有裂罅,从中喷出有毒恶气,人无能近此气者。四方祈求神示(预兆 χρησμός),以决疑难或大事业者,辇重金而至。庙有神女(女巫)应客或使人祈请,出到地裂处,坐于一三脚架金座之上,几而作癫迷状,若有神附其体,念念有词。庙祝(先知,巫师)录其词若诗句,而为之系释,皆模棱两可,似通似不通之语。受之者奉为神明,举国宝之,传于子孙,以为灵验λεβαδία 利巴第亚神谶不如德尔斐著闻于时。参看包桑尼亚(*Pausanias*)ix,39.5;斯脱雷波(Strabo)ix,2.38;菲洛斯脱拉托《阿波罗尼传》(*Philostratus*,*Vita Apollonius*),viii,19。

② Φρυγία 弗吕琪亚,小亚细亚西北古国,见于斯脱雷波,《地理》,xiii,4,11。

③ 关于地震,参看《天象》,卷二,章七章八。

④ 这里所说 ἐπικλίντας "坡震",即《天象》中的 ἐπὶ πλάτυς "广平面(横向)震",βράσται "竖震",即《天象》中 ἀνω-κάτωθεν "上下(纵向)震"。在现代地震学上,这些该是地震时,自震中向四围传播的横波与纵波。参看《天象》卷二,章八,368[b]22—26。

从各方回转，这称为“颤震”[①]，这种情况和人们发病时的颤抖（痉挛）相似。还有所谓“吼震”，人们听到地下发着吼声，于是大地就摇动。可是，有时听到了这样的地下吼声，却没有震动跟来。地下所鼓的气（风）到处相挤压而行冲击，发为声响，但终久力不足以震撼大地。冲入地下的气团（风块），遇合于那里原本潜在的水湿，是被充实而加强了的。

于海洋，我们发现有相类的景象。海底发生裂缝，海水沉陷，波浪内涌；发生这种海陷，有时跟着一阵反涌；有时却只有内冲的涌涛，更无回泛，在希里基与布拉所遭遇的异象，可举为海陷的实例[②]。又，海洋中也会嘘出火，也会迸出淡水泉，而且形成为河口（海滩），草木骤然生长起来，还有时，在海中，或海峡内，或海漕间，出现旋涡或洋流，有如在大气中，大风的冲动会得形成旋涡或气流那样的。许多地方的潮汐和浪涛是相顺应于月亮的盈亏的。综概我们上所陈述，这可说：由于诸元素的时相混杂，无论在大气中、在地上、在海洋内，各可发生相类同演化（景象），在各个局部或一一细节，表现种种的，生灭与成坏，但凭全宇宙而为之总论，则没有生成与灭坏，而是保持着贞常的。

① 参看《天象》，卷二，章八，366^{b}14—30。

② 这里所举“海陷”的一个实例，盖符合于《天象》，卷一章六，343^{b}1—3，344^{b}34—345^{a}1，卷二章八，368^{b}6 所说的，与彗星和地震同时，见于雅嘉亚北部的大海潮；这一变异事在公元前 373/2 年。参看斯脱雷波，viii，7.2，与包桑尼亚，vii，25.8。῾Ελικη 希里基与 βούρα 布拉两个滨海或海岛地名，今未能确考。

章五

可是，有些人于此大为诧异，说宇宙是由相反对的诸本性（原理 ἀρχῶν）——即干与湿、热与冷——所组合而成的，这样的组合
396b 物不早该死亡而消灭了吗[1]！这恰好像有人诧异于，怎么一个城邦（城市），竟能继续其存在，那个城邦不正由相反对的诸集团（种族 ἐθνῶν）——富户和贫民、青年和老人、弱者和豪强、贤良和恶劣，所组合而成的吗？他们实际失察于，城邦政治的谐和，这最显著的征象了，城邦政治就由复杂、涵融而为一致（统一），由参差、整齐而为匀和；城邦就是容受任何不齐的品类与复杂的属性的。也许自然是爱好（喜欢）诸对反的，由诸对反，它演化以成和谐，和谐[2]不由诸类似或诸相同事物合成[这恰正像，自然导引男（雄）性和女（雌）性相联合（为婚姻），这就不用同性别的个体（人物）来办][3]，而恰正是由诸对反合成的，由诸不相类似或不相同事物合成。从这方面看来，艺术也显然是取法（效学）于自然的。绘画艺术[4]在画幅上调和白与黑、黄与红，诸原色，毕竟作成了与原物全相符应的形象。音乐亦然，从各不同的声腔，调和其高音与低音、短拍与长拍，谱成一个谐协的曲调；至于文章，则是调和元音和辅音，把它们组织起来，成一嘉篇，这就是文学的本领。在赫拉克里特的遗文中，可以找到的一句隐语，正说到了这同一命意；即“联缀

---

① 参看罗马作家色讷卡《自然研究》Seneca *Quaest. Nat.*，vii，27.3 以下。

② τὸ συμφωνον “和谐（harmony）”，即现代音乐所称 symphony “交响乐”；因此，这里不妨译为“交响乐是由不同音节谱成的，不由相同音节谱成”。

③ [ ]外，上下文是联贯的[ ]内这一句当是后人所作笺注，被抄入了正文的。

④ ζωγραφία 本义是“动物写生画”，也以通称一般绘画。

(συνάψιεs)：凡诸完全与诸不完全，[①]即那些和洽的与那些分歧的，那些谐和的与那些轧轹的，把它们都联缀起来。这就能由单个(孤一)得总和[完全]，由总和[完全]得单个(孤一)”。

于是，就这么一个协和，凭以调洽最相对反的诸本性(原理)，而使天与地，以至于全宇宙，组成为有秩序的一个整体(完全)。干燥的混合于润湿的，灼热的混合于寒冷的，轻的混于重的，直的混于曲的，所有大地、海洋、以太、太阳、月亮，以及整个天宇，全都顺从于单独的一个权能，这权能统涵分离而各不同的诸元素——气、地、火与水——在一个个球面上创造了全宇宙，它展施其权能，直透到所有一切，约束最相对反的素质，相互谐和，以共同生存于这个宇宙之间；于是，它毕竟使这个整体(宇宙)继垂于永久。这宇宙所以能历久不坏的原因，在于诸元素的和合；肇致这和合者，则在于各得其平的比例，它们之间，谁也没克胜其它任何一个势力，重的与轻的是平衡了的，热的与冷的是平衡了的。这样，自然教给了我们，这世界的大道理就在平等；万物既全出于宇宙，宇宙实万物之尊亲，也是一切美善的总归，实唯“平等”保持了万物间的“谐和”，恰也是“谐和”保持了这宇宙的“存在”。一切创成的存在哪有比宇宙本体更超胜的。凡所能举出的任何一物总只是这整齐的宇宙的一个部分(局部)。一切美好的事物，无不归属于“宇宙”的名下，一切安排得整齐的，都各符契于其“秩序”，而这秩序恰正就是

① 贝刻尔校本 οὖλα καὶ οὐχὶ οὖλα 当是错误的；从第尔士，《先苏格拉底》(Diels, *Vor-sokr.*, i, 80, 2)，凭 P 抄本，校作 ὅλα καὶ οὐχ ὅλα “诸完全与诸不完全”译。

按照宇宙体系而运行的秩序[①]。任何局部的从属景象(事物),哪能与天宇运行体系的秩序相竞胜,群星与太阳与月亮,一个世纪挨着一个世纪,历万古而按着一个永不变改的行度而运动,哪里可另找到比这些更守恒的节律?夏往冬来,昼尽夜继,积月成岁,四季代迁,而万物以兴,众生蕃育,哪里还可有比这更好的秩序?又,宇宙之为广大是无涯的,其运行是最速的,光照是如此莫与伦比的辉耀;若说它的能力,那是不知道有衰老,而是永生的。它分别安置着那些或泳于河海,或游于地上,或翔于气空的各类动物,各因其动态而规范了它们的生活。于所有具能呼吸的活物,各赋予它们以生命(灵魂)。宇宙间一切遭遇,虽那些若不可测的变异,揆其究竟,实还是循行于一个整秩的顺序的——各个方向的大风相激荡,疾雷从上空下击,或骤然的暴雨严冰,这些似若无常的变更,自其久远以视之,都还是有常的。洪水的暴发、烈焰的嘘出,随后全宇宙[诸元素]间,又恢复其谐和与安静。大地也被覆着各种植物,处处流注着河川,众生的趾爪践履着这里的土块,虽则时而为地震所掀翻,为淫潦所淹没,有些部分甚或被大火所烧焦,可总是各按其所适应的季候,芃芃孳生,以育以蕃,各领受其所赖以资生的种种,从而繁殖了芸芸的品类,看取当前万万千千的变异,莫须惊奇,该惊奇的正是自然的万有,于无边的岁月中,各保其贞常,各遂其本性,从久远观察起来,它们各历万古而无改。所有这些,昭示了宇宙(自然)正在为万物的幸福,默运其化机,以自至于至善,并保持这体系的永久存在。每经一度地震的毁坏之后,原先冲进了地层

① 参看本篇章二,391^{b}9 以下。

内的烈风(气流),统在各个裂隙各得其出口而逸散,一如我们前已讲过了的[①]。于是,霖雨(霪雨)荡涤了一切轧轹的(有害的)事物;于是清飔徐至,既已净化后的地表与上空,又一切是新鲜的了。397b 又,火焰融解了霜冻的酷冷,而霜冻又熄灭了火焰的炽烈。于地上的众生而言,有些正在萌孽或诞生,另些方当盛壮,又另些,则入于衰坏;于是,创生约制着灭坏,而灭坏消息于创生。这样,万物间相互的制约(平衡)恰似合谋(协力)——有时一物制约着另物,有时这物又被制约于另一物——以作相互的护持,由是而这总体(宇宙)得以保存而能延续至于永恒。

章六

既已讨论了上述诸论题之后,我们到这里,还得简要地研究一个保留着的道理,即万物由以护持于总体之内,成其协和的本因。讲述宇宙这么广大的论题,当然不能说尽一一节目,只能揭其要义,可是,我倘竟于此而隐漏了有关宇宙的最主要事物,这就无论如何是错误的。对于这个宇宙体制的解释,从我们祖先代代相传到如今,总说万物全都由神创生,也是神为我们作出了这么的安排(世界秩序),如果褫夺了各个受之于神的照顾(护持),一切受生(被创造)的事物谁都力不能自葆。昔贤,有些,由此而渲染得如此过当,他们竟说,万物(众生)莫不充塞乎神,凡我们眼所可见,耳所

① 本篇,章四,$395^{b}18$—$396^{a}32$,说地震,并举示了希腊与地中海内岛屿和海域的地震实例。章四的结句($396^{a}28$—32)已说到局部的毁坏有补于总体的保全;这里,$397^{a}31$—$^{b}2$ 补述了地震以后,大地恢复稳定与其常态的景况。

可闻，所有其它官能所可感知的一切事物，无不有“神”(ὁ θεός)在，这样的理论，虽与神的功能相符合，实际违失了神的本性。在这宇宙中，凡今乃得其存在而且臻于完好的万物(众生)，确乎是由神创造而且为之护持的；可是神于万物的任何一个，都不亲自为之操劳，他只向万物舒展它的势能，这势能既是无所不及，而又永不疲劳；他即其所在而展舒他的势能，直抵于离他极其渺远的事物。他自处于宇宙最高的第一位置，因此而被奉称为“至上”(ὕπατος)[①]，故尔诗人之语有云：

“层天至高处，神自在本位”。[②]

从这本位为起点，与之最近相接，领受最多的神能(神恩)，挨而递远，势能也随之挨次以递减，如此不息地延续，直到我们现今居住的下界。地球和地上万物(众生)既离神位为最远，所领受的神能(神恩)当然也是菲薄的了，或有时而且不相联属，甚至引发了一些混乱；可是神性既然无远弗届，那么，我们处于这地上的事物，总还是各领受着一份神恩，在我们上空一一物体，或靠近神位，或各有
398a 一段距离，也各领受着或较多或较少的，按例为之等差的一份。

所以，这样的设想盍有当于神理(神的旨意)，一自神在高天建立其势能，于是，世间虽与之最远离的众生，——总概着宇宙万有——实际无不托庇于神能(神恩)，然而神绝不亲自料理地上的事务，他未尝往来或出入于万物之间，他绝不会降临于与之不相宜

① ὕπατος 常俗用字，于地位言最高，于时间言为最后，于品质言为最优。自荷马诗中以此为“宙斯”(Zeus)尊号，世乃以“至上”(Supremus)称此大神，尊之为群神之首长。又以 χθόνιοι 与 ὕπατοι 相对，则是“天上群神”相对于“地上凡俗”，或地下神“祇”。

② 见于荷马，《伊利亚特》(Hom.，*Iliad*.)卷一，499 行。

的地方，他一守其位，而万物育焉，四时行焉。实际说来，虽是人世的统领，例如一个军队的统帅或一个城市的长官，一个家主，也是不宜于亲手料理与之不相属的琐事的，当那些[波斯]大王们治世的朝代，让一个将军或官长或家主来做任何一个奴隶应做的劳务，例如捆扎一个铺盖卷（被褥包），真是不成体统的事。据传康比西王、磋克西王、达留士王①，向外界表现的威仪是极度辉煌，十分庄严的。故事是这么讲述的：大王把自己建置在苏萨或艾克巴泰那王城②，住在一个奇妙的宫内，通体闪耀着黄金、琥珀与象牙，周围有墙簾为之隔离，外界是全不能看到他们的。这里有许多城门与衢道，城门一个挨次于一个，相隔各许多斯丹第的长度，各有青铜制的门和高厚的墙，为之保护。在宫城之外，这首领和他最尊贵

① Κῦρος 居鲁士大王（公元前 600—前 529），起于波斯西北部米提亚（Media）支族，以武功统一米提亚与波斯全境；东侵西征，破灭巴比伦与吕提亚（Lydia）诸部，其势力东自印度河口，西及希腊斯滂。公元前 529 年与北狄（突厥族）鏖战，陷阵而死。其子 Καμβύσεs 康比西嗣立。康比西南征破埃及，欲西进攻迦太基（Carthage），将士不从。大掠埃及而还。公元前 521 年殂于北返途中。其子 Δαρεῖos 达留士第一（Darius Hystaspis）嗣立。平定内乱，西征逾希腊斯滂，破色雷基，及马其顿地，至公元前 486 年殁，在位三十六年。其子 Ξέρξεs 磋克西嗣立，再定埃及，西征希腊，破斯巴达军于温泉关，进向雅典。会波斯海军败于萨拉密（Salamis）海湾，磋克西仓皇东归；留其部将马杜尼（Mardonius）与希腊诸邦联军战，波斯军败。前所侵欧洲与非洲地尽失。公元前 465 年，磋克西为部属所杀。本篇（《宇宙论》）叙述达留士（第一）在磋克西之后，盖序次有误。磋克西前波斯王朝盛强，其后稍衰。公元前第五世纪末嗣王有达留士第二，在位，公元前 424—前 404 年无文武功绩。第四世纪下叶，有达留士第三，于公元前 336 年嗣立为波斯王朝之末主。马其顿王亚历山大东征，破波斯郡邑与两京。达留士第三在逃亡中为部属所杀。两人皆不合于此节所叙波斯盛强状。

② 'Εκβατάνα 艾克巴泰那，米提亚故都，旧址即今波斯之哈马丹城（Hamadan）。Σοῦσε 苏萨，波斯王朝故都，为马其顿军所破，其残址在今波斯（伊朗），胡齐斯坦省西北之迪兹富勒（Dizful）镇南。

（亲近）的臣属置有朝会议事厅堂，参与会朝的还有些是王的仆役，卫士和侍从，其它，还有各地具备合围的城墙的城邑守将，[①]和分别安置在属邑的“耳目”[②]，这些人都奉称大王为他们的主上和尊神，大王正就依凭他们得以闻见（聆知）一切人情与庶务。另外，还有些臣属是他委派到各处的税吏，担任狩猎与战争的将领，典管贡献的礼官，以及其它种种不可短缺的职事的官守。这亚细亚王国的版图，其西限直到希腊斯滂，其东限则抵于印度，[③]是按照种族为别而区划的，将军们、都督们[④]以及服属于王朝的列侯，各从大王领受他的管辖区划；另还有驿骑、戍守与信使，以及烽燧的报警员。组织（机构）真是那么的具有成效，尤其是警报（烽燧）系统[⑤]，驻在苏萨或艾克巴泰那的王，可在同一天得到整个国境沿边戍守的警报，借这系统，他得知亚细亚各处发生的事件。这系统是一连串互相接应的灯光与火焰。现在我们必须设想，这些大王的豪荣
398b 的统治，比之创有全宇宙的神的功能，直不足道，对于波斯王而言，一个老百姓实在微弱之至，可是对于神而言，波斯王之为微为弱，还下于波斯老百姓一等。到此，我们可以回顾前说，如果以磋克西的贵重，自谓不宜亲自操劳于和他们的身份不相符合的一切庶务，

① παλωροί“城邑守将”，直译为“城门守护”。

② ἀπακουσταί，直译为“倾听的人们”（“listeners”），当是波斯王派遣在他所属郡邑的“监军”一类的职官，用中国成语来说就是王的“耳目”。

③ 波斯王朝盛强时，东侵及于今印度河西，巴基斯坦地。

④ σατράπη“沙脱拉比”希腊王朝攻破邻邦，就其地置“州、郡”，任命一将官守其城而治理其兵民；此职类于中国古代之“郡守”，兹译“都督”。

⑤ φρυκτωρίον 守夜的波斯戍军，举火报警于相接的戍所（哨守），恰正类于中国古代的“烽燧”。

以治理王国的政事，而贯彻他的诰命，那么，作为一神，这就更不合宜了。有当于神的崇高，与之相宜的，正该是安座于他最高处的神位，施展他的势能于全宇宙，运动太阳与月亮，旋转整层天宇，而终以抵达于地上一切事物，而且为之护持以至于常存。世上的统治者们，自己的能力有限，也可说微弱之至，这就不得不假助于许多人的勤劳，需要许多的手脚来执行他的统治；神性（神业）的特征（万能）乃绝异于此，他不作谋划，也不需谁为之帮助；他全不费劲而万有齐行，恰似古之工艺大师，一转动其机器（工具）①，就完成许多不同的制作（手续）。这也恰像傀儡戏班的主人，②他牵动一线而傀儡全身俱动，颈与手与肩与眼睛，统都循预定的协调，一起转动；神的本能也恰正如此，他一动而及于与之最切近的事物，于是他的势能，便挨次而递传，递传继续着远而又远，终乃遍及了万有。一物既为另一物所发动，这物循其内蕴的机制而为动，又必触及另物而为之发作，于是物物振起，纷如纭如，不必按纳在同一的规程之内，它们各循着自己的序次，各行其所当行者，那就未必不有进入相反的径迹；这样，宇宙万有之形形色色，其为复杂，似若不可究诘者，原之其始，还只是至为单纯的一个动式。这又恰似有人从一个容器内流输出的[熔液]，③同时浇灌成一个球、一个立方、一个圆锥体、一个圆筒形；所有灌输的每一份，各流动于各自的模

① ὀργάνον 本义是“工具”，兹译为“机器”。于学术研究，或思辨，亚里士多德以“逻辑（名理）”为工具（ὀργάνον）。

② οἱ νευρο-σπάστοι 直译为“牵线者”，即傀儡戏的幕后演员。

③ 这里所说的似属一铸铜的冶坊，但原句内没有“熔铜”、“沙模”等这些有关冶铸的技术名词。

内，完成其各不同的形状。或作另一个譬喻，有人把一水生动物，一陆地动物和一只鸟，统收进一件外衣（一个衣兜），包了起来，几而解开，让一一动物各自行去，无疑地，这些被解放开来的动物，将各自进入自己所习惯的物层（诸元素圈），那个生活于水中的动物，随即跃入河池，洋洋乎游去，那个陆地营生的动物，随即走向所常住的草原，那只鸟，随即从地面高举，飞翔于空气之中，它们这么绝
399a 异的生态，溯之其始，还只有相同的一个动因。

宇宙恰正也是这样；全天在一昼夜间，旋转一个整圆（周天），所有诸天体，于各自的层天，循各不同的轨迹，各进其行度，有些或较快，另些或较慢，各按照它们之间的距离以及各自的构制，各为其行度，制有迟速的差等。月亮在一个月期内完成其循环，在这一循环中，盈与亏与晦各有定时；太阳与诸天体（群星）中与之周期同长者（同行度），有称为"灯标手"（ὁ Φωσφόρος，即金星）与赫尔梅（Ἑρμῆς 信使，即水星）的两星，它们都是一岁一循环的[①]；火星（ὁ Πυρόεις，荧惑）周期，长加一倍；主于宙斯（ὁ Διός）的行星（木星）周期是六岁；最后，所称为克洛诺的这星（土星）的循环周期，比之挨

---

① ὁ Φωσφόρος 举灯或火把以为照明的人（Lucifer），实指金星（章二，392a28 译"耀光之星"），中国俗称晓星或启明星，亦称黄昏星（拉丁，Venus）。ὁ Ἑρμης，赫尔梅有各不同的称号，荷马史诗中称之为群神间的"信使"，尊号是"向导"διάκτορος；所实指星辰为水星（拉丁，Mercurius）。金星与水星为太阳系中两个内行星；早晨在日出前，见于东方，夕间在日没后，见于西方。古希腊天文学主于"地球中心"，故忖为与太阳同其运行周期。近世得知"太阳中心"的太阳系运转实况，测得水星循环周期，87 日 23 小时余，金星 224 日又约 17 小时。

次于其下一层天的星辰(木星)较长者,凡两又半倍[①]。世人,并不因为诸天体行度不齐,便称为"无秩序"(ἀκοσμίαν)的总体,反之,大家见到,诸天体既发踪于同一原始,而各以不同的音响、不同的步调,按同一交响乐谱,协和地唱着、舞着,进向同一个究竟(τελευταῖος 终极),于是,一致的晋奉以真确的尊号,曰:"秩序优良的总体"(κόσμος,"宇宙")[②]。这恰恰像一个合唱队,当指挥[③]发出开始的信号,所有的男歌人,也可以是女歌人,立即全体齐声唱起来,他(她)们,有些高音,有些低音,统按一个精心研究好了的乐谱,谐振各不同的音质,合成"一个协和的交响"(μιάν ἁρμονίαν);管领全宇宙的大神恰恰也就是这样。我们正不妨称他是"诸天体合唱队的指挥(首领)"。当他在高穹的上座,一发其歌唱的信号,群星与诸天便毫不停顿地动作起来,太阳在它的双程驰道上奔跑,照亮着万有,并以它的升起与没落判分了昼夜,因它的北程前进与南程后退,而引出一年四季的代序。于是,环绕着地球(大地)的各

---

① ὁ Πυρόεις 火星(拉丁,Mars 战神星),在夜空中为显著的红色明星,各国天文学家都为之取名于"火"。ὁ Διός 宙斯,以称星体中之一行星者,为木星(拉丁,Jupiter)。ὁ Κρόνος 克洛诺神以为星名是土星。今按照太阳系测得行星周期,火,686 日 23 时余;木,4332 日 23 时余;土,10759 日 5 时余。

② ὁ κόσμος(mundus)宇宙(世界),源于动词 κομέω 秩序或序列。这一节 κόσμον"有秩序"与 ἀκοσμίαν"无秩序",只是在假借字源学行文,以阐明"宇宙"的神意与物情,皆本诸于"谐和"(ἁρμονία)。

③ ἐν Χορῷ κορυφαίου"合唱队的指挥"(ἡ κορυφή 头);古希腊,雅典剧场,称合唱队(ὁ Χορός)的领队为 κορυφαῖος"头人"(首领或第一人)。这里依现行习惯,译作"指挥"。

个区域，便各按其季节而降雨、起风、零露，并示现类此的其它一切有凭于[宇宙]第一原因而发作的种种气象。跟着这气象而来的，乃有流潦成河、洪波涨海，地面上则草木萌生、枝头果熟，又诞育了若干动物，如我们前曾讲过的，它们各按其个别的构制，自幼及长，孳乳、成年、繁盛，以至于坏死，群伦熙熙，各遂其造化。这里于这万有的公父与统领，肉眼是看不见的，可是，理知的眼睛却分明见到了，他向整个自然（全宇宙），一发其信号，上天与地下，两间的万有，就各在自己的范限以内，各循自己的轨道，不停地转动；凭万物的种种迹象，时而显示了那唯一（动因）原因，时而入于隐晦，时而再现，时又隐晦。

399b 于战争期间，大家所目睹的情况，殊相类似，当全军听到号角响起的时刻，所有的士兵各注意到所吹的号音（节奏），相应而急起，一个捡取了他的盾牌，另一个挂上他的胸甲；又一个系好了护膝与裹腿，或戴上了他的兜鍪（头盔），或束起了腰带和刀钩；一个于马口按上缰勒，另一个登上了战车，又另一个传达联络口诀（暗号）；队长直跑到了他的联队，指挥官驰向其所临的部伍，骑兵各排好他的编组，轻甲战士各奔就其阵列；一切都是匆促地进行的，所有每个人的动作全都服从指挥，以执行最高统帅发出的命令。关于宇宙这个整体，我们径就该作如此的设想：在我们肉眼看不见的隐处，一个[神]力正在督促着、鼓动着，万物各行于其所当行而完成各自的职分。这个[神]力固然看不到，可是他的动作与功效和我们对他的信心两没有遮住自己的视程。我们凭以存在而且生活于家庭与社会之中的精神（灵魂 ἡ ψυχή），虽也是看不到的，却由我们日常的动静中，显见到社会是怎样的有组织地维持着大众的生活秩序，适应于自然，——大地上在耕耘与种植，发现了工艺，应用了礼法，制订了宪政的成规，以管理内务并御敌境外，能战争，也能和平。恰也如此，我们想念到神，于力能为至强，于美为极致，于寿命为永生不死，于德性为至高无上；虽然一切肉眼未能见他的形貌，可是，万有的动静不正昭示了他的无乎不在吗？一切在空中，在水里，在地上的飞潜走动与千红万紫，确实就是主有宇宙者的神功的显现（灵应）：由是而来，乃有自然哲学家恩贝杜克里的嘉句，

古、今，和后将来到的一切事物，
全都如此诞生，男、女，以及森林，
兽走原野，鸟飞戾天，鱼游于水。[①]

应用较卑微的譬喻，我们不妨把构成宇宙的秩序比之于构筑拱门的安排，配置于拱门圈内的钥石，恰正在两边象限的交点，这就保证了全构造的平衡与其稳定，那个维系宇宙秩序的中心，恰就类似这一钥石。[②] 又，据他们说，当雕刻大师斐第亚在顶堡（ἀκρόπολις 亚克洛波里斯），建树雅典娜女神的雕像时，[③] 把他自己

---

① 'Εμπεδοκλῆς 恩贝杜克里的这一残片，见于第尔士，《先苏格拉底》，卷一，233 页，9—11。

② τοῖς ἐν ταῖς ψαλίσι λίθοις"拱门圈的钥石"：砌建拱门顶圈，自柱石顶端，加承标其上，建半圆拱圈，据拱圈顶正中的一块楔形石曰"钥石"(keystone)。钥石与两边诸楔石(voussoirs)，皆外稍厚(宽)而内稍薄(窄)(其中心点 C，如图 18)，挨次垒起于承标(imposts)之上，合成半圆形，内圆弧与外圆弧，各为 180°，这样每一个相对称的楔石，内弧与外弧度数相等。

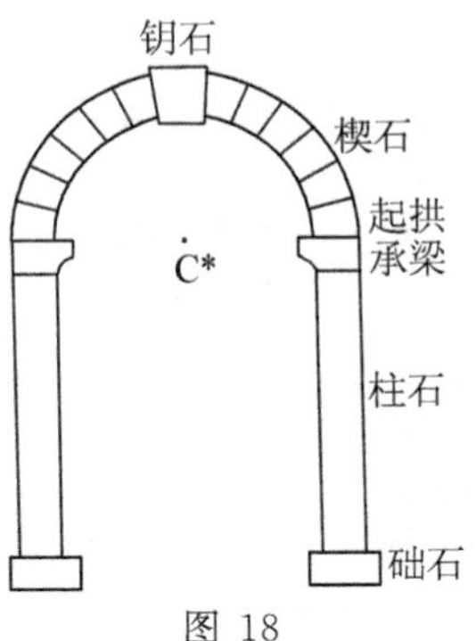

图 18

③ 'Ακρόπολις("城市的顶点")"顶堡"或"高城"：希腊先民聚落经久而发展为城市(波里斯 πόλις)时，于其高

的相貌,刻到了雅典娜所持的盾上,按他原来对这雕像隐蔽的设
400a 计,这个相貌小块,正是全雕像的关键,如果有人想挖去这一小块,女神就必然全身松散,而整座雕像随之堕坏①。神在宇宙间的位置(关键),毋乃如此,他维系着万物的协和而持之以抵于永久;唯一的差异是他的座位实不在我们所见到的宇宙中心,即大地(地球)之上,我们一向把这烦扰的世界(地球)认作宇宙的中心,但全净的神,高举自己,直上到全净的区域,那里我们称之为"上天"("乌兰诺"οὐρανόν)是恰当的,这区域正处于宇宙的"边界"(ὅρος,乌罗),也就是最高层;②我们又称之为"奥令帕"(ὄλυμπος),这也是

处筑城堡,通常称为"顶堡"。半岛上大城邦如雅典、拉里撒、哥林多、忒拜,各有著名顶堡(卫城)。遇敌入侵,妇稚老弱皆撤退入此卫城,而及龄丁壮(公民-战士)则出战城外。雅典卫城("顶堡")中心偏东有雅典娜(女神)庙,庙西有雅典娜前卫(先锋战士)神像('Αθηνᾶ πρόμἄχos),铜铸(马拉松战役,收波斯大军遗弃兵器,熔铸此像)。其南有雅典女神老庙,其东为女神祭坛,城邦选处女守"坛火"(象征城邦生命)于此。坛南有留马('Ρύομα 护城神枪手)庙。极西有"无翼胜利神"庙(Νικῆ ἀπγεpos,庙中神像无两翼)。在此高处庙堂雅典值年执政议事于此。卫城外为广场、市集、坊肆,又外为村郊。

'Αθήνη 雅典妮,亦作雅典娜,'Αθηναία,是雅典城邦的护国女神(城隍)。斐第亚(Φιδίας 约公元前 500—前 432?年)为雅典雕塑大师,主司雅典建筑事业。以黄金与象牙雕造雅典娜像,公元前 438 年,树立于雅典娜处女神庙内(Παραθήνηων)。像作披金甲,戴金盔战士,女貌,右手持枪,左手执盾。雅典娜善战亦善媾和;亦为雅典艺文教化之神,又,分身主司礼法、政事、纺织等,故其雕像多异态,各有别名。

① 参看《亚里士多德全集》,卷六,"异闻志"(de Mir. Ausc.,846a19 行以下);普卢太赫《贝里克里传》(Plut. ,*Pericles*,31);西塞罗《托斯可兰辩论集》(Tusc.,i,15,34)。斯密司,《不列颠博物院所藏雕像目录》(A. N. Smith, *Cat. of Gk. Scriptures in the Brit. Museum.*)卷一,302 号,"斯脱兰孚特盾"(Strangford shield),正是雅典娜盾的翻版。

② 这里运用希腊语两字的谐声,把"上天"("乌兰诺"的辞源),属之"边界"(乌罗),在译文中是不能音义兼明的。

恰当的，因为这里是“全–明的”(ὅλος-λάμπειν)，[①]这里，全不同于我们在这大地之上，时而受到暴风雨的干扰，那么就全然宁静，而且全免于黯冥的阴影。于此诗人荷谟为之朗吟，曰：

闻道群神高处居，奥令帕是安宁区；
长空阒寂成静定，雨雪风云一例无。
真个上层无遮蔽，也无水湿着寒嘘；
通透永恒新鲜气，亮澈瑶光晴太虚。[②]

人们通俗的想象也正是这样的，大家都把高处划归为大神的所在；当我们向大神有所祈祷的时候，我们总是伸开双手，举向“上天”。那么，诗人这一吟句，准没有错：

以太广漠出云际，高天总是属宙斯。[③]

仰观群星与太阳与月亮，这些于我们所有由眼睛可见到的事物，该是最最崇尊的，不正也上悬于天宇的高层。这些崇高的天体，正由此故，被安排着如此严整的秩序，它们永不改移各自和相互间的轨迹，返顾于地上的众众，它们既是易于变化的，这就随时而积有前后种种的差别，随地而作成形形色色的异态。从今以先，在不同的区域，曾有剧烈的地震，坼裂了大地；暴雨骤至，洪水泛滥于地面，淹没了道路；海浪时或内侵，沉浸了旱陆，时或退落，干涸了长滩；

---

① 奥令帕"Ολυμπος，作这样的字源说明是不符合于希腊辞书的。奥令帕在《伊利亚特》中，或写作 Οὔλυμπος 乌令帕只是指古希腊半岛这一最高峰，宙斯大神的神座正在峰顶，群神则分别处于顶峰之下的坡谷。在《奥德赛》(Odessay)卷二十，103，113 行才见有混淆“奥令帕”(山)与“乌兰诺”(天)的语句，后世诗文每谓宙斯的神宫在天顶，这样的混淆就增多了。

② 这四行诗句，引自《奥德赛》卷六，42—45 行。

③ 《伊利亚特》(*Iliad*)，卷十五，192 行。

狂风飓飙有时摧毁整个的城邑；大火烈焰有时从天而降，人们传说，在费崇（ὁ Φαέθων“耀光”）[驾驰行日驷车]的日子，烧毁了地球的东部区域[①]，另又有时，在西部区域，火从大地迸发，随也嘘出焰气，例如当埃脱纳山顶岩石洞口爆开时，火熔了的[岩浆]像急流那
400ᵇ 样涌出，覆盖了地面。（当时，有一辈孝敬[②]的子女被困于火流中，把他们的老父母肩负起来，极力挣扎着，以求脱出这险厄，上天有鉴于这些人的孝行，赐予特殊的恩典。在大火烈焰追上他们，遂已着身的顷刻，忽然从脚下分开，火焰的一股烧向一侧，另股烧向另侧，这样，造出的一个无焰的狭衖，保全了子辈与亲辈，两免于毁灭。[③]）

总而言之，神之于宇宙就有如舵师之于航船，驾驶（御者）之于驷车，指挥（领队）之于合唱队，礼法（执政）之于城市，将军之于部伍；神和他们之间唯一的差异只是这样：他们的统治是辛勤劳苦，至于尽悴，既到处充塞着干扰，平生就尽是烦忧；至于大神，他既不操劳，也就完全免于干扰，他既无所赖于体力，这就全无困乏。自

① 本篇章二，392ᵃ24，ὁ Φαέθοντος，译“光明”之神，以称木星（Ζεύs 宙斯）。这里，章六，400ᵃ31，引此字，异于前义。本字 Φαέθων，ὁ“光明”：(1)在《伊利亚特》(xi，735)与《奥德赛》(v. 479，xi，16)诗中，专以为太阳称号。(2)《奥德赛》，卷二十三，246，乃谓曙神（'Eόs），有发光神驹，名 Φαέθων。(3)稍后的神话，转而为曙神之子（希萧特《神谱》，Hesiodus，*Theogony*），987。(4)品达（Pind. O. 7，135，）诗，与欧里比特（Eu 大地。Rip.，Hipp. 740）剧本，说他是太阳神之子，代他父亲驾驰行日驷车失误，烧着了这里，正用此神话。这个神话，已详见《天象》卷一章八，345ᵃ16，汉文译本注。这里，从《天象》译文翻为“费崇（耀光）”。

② εὐσεβετα，ἡ 本义谓对于神的“虔诚”；兹据原句所言实况，译“孝敬”。

③ 参看吕库古（雅典辩论家，盛年约公元前 330 年），《反留克拉底》(Lycurgus，Anti-Leocrates)，95—96。

居于永恒不变的中心，他就能运转万有，一如其意地使动向任何地方，变化任何形态与性质；恰如一城市的礼法，在接受活动的市民（公民）心中，既是制定了的、不可变更的，这就自然地维持了城邦生活的全部秩序。这是明白的，大家服从着宪法的规定，所有职事，各治其本司的业务，审判员（法官）各莅止其当值的法庭；议事员与公民大会执事各出席于他们应行参加的会场或议事处；①某人行赴执政院的会餐，②另一人则在预审法庭自作辩护（申诉），又一人乃在狱中受刑而死。还有，循例的公宴、四季的节庆盛典，各按照成规在举行，向群神献祭，向英雄（先烈）致敬，向业已完成了各自的功业而逝去的人上觞（献爵）。③ 全城公民（市民）各异的活

① 这一节，所讲的世间社会与政治秩序，一本于希腊城邦的民主政体，其典型为雅典政体（宪法）。城邦皆小国寡民，境圉限于本城与郊外农村。每一“公民战士”皆参加“公民大会”（ἐκκλεισία）；公民大会为城邦法治基础。雅典户籍有十部，（十姓 φύλαι）每部各推五人为代表（πρύτανις 执事，长老）参加执政团（院），共五十人。当值，每 35/36 日，各拈阄或抽签选出议事主席一人；凡历时一年，而十姓之人轮流遍任了一个月余的主席（ἐπιστάτης“主政”）。主政在此五十人内选定“前座”（长老 πρόεδροι）九人，又在五十人外，选定秘书一人，主持执政院（πρυτανεῖον），经常业务。凡召开五百人议事会（βουλή 布利）以及公民大会，皆由执政团人员到会主持议事，并在大会后执行其所作决议。行政司法财务等各部门的职司，都由值当执政挨月轮流担任。凡祭战大业，以及公共事务章程等有所建树或创制，和天象地理的记载，皆以“执政期”（πρυτάνεια）为纪年，其式如此：'Ακαμαντίς ἐπρυτάνευε，Νίκιαδης ἐπεστάτει，Φαίνιππος ἐγραμμάτευε 是年“执政期属亚加曼底部（支族），主政尼基亚第，秘书费尼璞”，（这些是第一个月即年初）执政团的支族与主司，全年其他各月，虽人事更迭，仍用他们的姓名载入史册为纪年。

② σιτησόμηνος 会餐，参看亚里士多德《政治学》汉文译本 498 页，索引八，“συσσίτια 会餐”条目。

③ χοαὶ（ἡ χοή），祭神时“献爵”（上觞）所斟的酒，须是酒、蜜与水三者调和起来的。（祭神或先烈或先祖所奉酒相同。）

动，统都服从于一个权威(法度)，古诗人的遗句恰好说明了这样的情景，

满城香烟缭绕，
祈愿哀歌号啕。[①]

这样，我们必须设想，于宇宙而言，恰正是那个城邦的扩大。对于我们，神就是公正的礼法，不容许作任何一点子的更改或变异，我认为，这，确确实实，胜于那些刻画在碑版上的条文。在他自己不动[②]而作成谐和的治理之下，整个天宇与地球的秩序就建树了起来，因缘于生命的每个种籽，包括各个属类与品种的植物和动物，这个秩序便延展而遍及被创生的万物。葡萄藤与椰枣与桃树，以
401a 及诗人说到了"蜜甜的无花果和油橄榄"，[③]还有虽不结嘉果而别有用途的悬铃梧桐与杉松与锦熟黄杨，

"白桤与白杨和呼出清气(香味)的柏树，"[④]

还有，虽可收取富美的秋实，却不能储藏的。

"累累垂枝头，苹果、梨、石榴。"[⑤]

还有各个属类的动物，无论野生的或驯养的，无论生活于空中或地上或水里的，所有一切动物，从它们诞生、盛壮，以至于衰死，

---

① 语见于索福克里悲剧(Sophocles, *Oedipus* Trilogy. T. 4,5)。

② 贝刻尔校订，从P抄本作 ἀεικινήτως"常动"，与上文所叙不符，改从O抄本作 ἀκινήτως"不动"。

③ 见于《奥德赛》卷十五，116。

④ 同上，卷五，14。

⑤ 同上，卷十一，589。

统都服从于神的诫命；[①]赫拉克里特的名言恰揭示了宇宙的隐微，“所有爬行的众生，统都顺应着神的驱策，[②]啮食（于宇宙的草原）。”[③]

章七

神虽只有一位，他却有许多名字，各凭他自己宣告的种种功能而被称道的。我们称他为 Zῆνα（修那）与 Δία（宙亚），仿佛两者是同义的，意谓我们“正是由他而得到生活的”。[④] 传说他是克洛诺合婚于“时纪”Xρόνου 而诞生的儿子，因为他能常垂于无始至无终的时代。他是闪电与雷的神、净天与以太的神，也被称为雷雨之神，因为雷雨以及其它的自然现象（天象），统被认是出于他的作为。又，因为他主于果实，就说他是果神，主诸城邦，就是城邦之神；他主生育，乃家庭之神，既主我祖辈，也管到后嗣，那么，他又是氏族之神了。他是伙伴、友谊、客旅之神，是军队与掳获物（战利

---

① θεσμοῖs“诫命”：雅典最早的法典出于德拉科（Draco），见于亚里士多德《政治学》，1274^b15（参看汉译本注）；因为这个法典的每一条例都上冠 θεισμόs“诫命”一词，后世乃称之为 θεσμοί“诫律”。随后有较完善的“梭伦（Solon）法典”，称为 νόμοs。νόμοs 三义，(1)牧场；(2)风俗礼仪；(3)法律。本篇中，我们译作“礼法”或“法律”。下引赫拉克里特句，“νέμέται”（“啮食（吃草）”）隐括了以宇宙为供应万物（众生）生活的草原（牧场）这样的双关命意。

② 贝刻尔校本 τὴν γῆν“地球（大地）的”，不可解，依第尔士校作 πληγῇ，督促牲畜（牛马等）前进的“棍棒”兹译“驱策”。

③ 引句，参看第尔士《先苏格拉底》，卷一，80 页，1，8。

④ 这里掉弄的字源是这样：ζῆν，即“生活（生命）”，所以称之为“Zεύs”（修斯）。δία“由它”，而我们得以生活（生存），所以称之为 Διόs（宙斯）。

品)之神,是昭雪[①](祓禊)、申冤、祈愿、济恩之神,如诗人所颂扬的,他确实是自由之神,是救苦救难之神[②],结束我们这里总叙神号的长语:他是上天下地的神,他既是万物之原,那么凭自然万象,以奉之尊号,当然是无不适合的了。于此,在《奥菲秘宗的赞美歌咏》[③]中,说得恰好,

401b 闪电兮宙斯,最先也属最后,是你的诞辰,
宙斯是头,也是中躯,万物皆由宙斯创生;
宙斯是大地的支柱,也是烁烁星天的支柱;
宙斯主男性,也主女性,是天长地久的合婚;
宙斯是万有的呼吸,又是大火不熄的焰氛;
宙斯是大海的根,又是上穹太阳与月亮之本;
闪电兮宙斯,是全民的统领,也就是世界的王,
在黑暗(灾难)降临的时候,他施展妙绝的神行,

① Καθάρσιος"清理",或"昭雪之神"。καθάρσις 本义为清洁:(1)作为医药名词,谓清除致病的体液(血液、粘液、胆汁等内涵致病因素)。(2)作为法律名词,谓昭雪或平反被指控的罪刑(见于希罗多德《史记》,i,35)。(3)作为道德或哲学名词,谓祓除人们灵魂上的肉欲玷污。

② σωτήρ, ὁ 常用的命意谓航海遇难,因神佑而得保全。古诗或剧本中时可见此词为"救护之神"。希罗多德《史记》,卷七,139,Σ. τῆς Ἑλλάδος,谓"希腊的救主(救星)"。作为宙斯(修斯)的尊号,见于品达咏诗(Pind. *O*. 5,40)。

③ ἐν τοῖς Ὀρφικοῖς 在《奥菲秘宗的赞美歌诗》中。在色拉基(Thrace),古有英雄而又擅弦诵的诗人,奥菲Ὀρφεύς,树立了一个崇奉酒神第雄尼苏(Dionysius)的秘密教,他认为人生该受苦,也可纵乐,人生多行罪恶,应遭劫难,惟虔诚奉神(古希腊奥令帕群神)可以消灾延命。他订有宗教仪规,于酒神(狂欢)节庆日,其徒奉行之历七八个世纪而传布于希腊各地。他们在节庆仪规中,唱着颂赞群神的歌辞(似歌亦似诗)称为 ἡ Ὀρφικός"奥菲克"(*Orphic Hymns*《奥菲克赞美歌咏》)。参看品达诗(p. 4. 315);希罗多德《史记》,ii,81,等。

掩蔽着众人，迨值欢愉的日子，他重新带来了光明。[①]

我又认为我们常说到事有“必然”（ἀνάγκη）[②]者，隐括有一个不可战胜（不可抗拒）的势力，这就该是神，不得另指别的什么；“宿命”（Εἱμαρμένη）之所由取名在于他的行动既是缠结着的，这就不能自止或自解于其行迹；“谶命”（πεπρωμένη）之为号是由于它必抵达于其终限，物各有长度，总不能是无限的。“司命”（Μοῖρα），取名于她们为各各的运会，作了定量的分配；尼米雪斯（Νέμεσις）为各人平正曲直，作出公平的补偿；亚特拉斯底娅（Ἀδράστεια）凭自然的命意为各人注定了不可回避的归宿；“埃苏”（Αἶσω），取名于永在（常存），她的神功[同于“命分”]也是配给各人以应得的果报（祸福）。[③]关于司命诸女神和她们的纺锭的典故，实际也于上述

① 见于培尔编《奥菲克赞美歌咏》（Orphica），46。参看亚里士多德，《灵魂》，卷一章五，410^b28。这种颂歌不类于基督教的“赞美诗”，类于婆罗门教与佛教的梵呗在僧众早课晚课中所诵的“呗”，多是礼赞神佛的许多称号。凭这些称号颂扬神功佛法，也显示着这宗教的宇宙观念。对于宙斯大神的这些称号，散见于自荷马以来的古诗古史之中，奥菲克的这一章，实是一个没有选择标准的汇录。

② ἀνάγκη“必需”或“必然”：（1）通俗义是物质上的必需，例如动物活着“必需”有食料。（2）在哲学或逻辑上则是与“偶然”相对的“必然”，与“自由”相对的“强迫”。亚里士多德，《形而上学》卷五，章二，《必需四解》（汉文译本，89 页），第三解云：“我们说，除了这样，别无他途，这就是‘必需’；必需的其它一切含义，都由此衍生；只是因为某些强迫力量迫得它不能照自己的脉搏来活动；因为势有所必然，事物就不得不然。”本篇这里释 ἀνάγκη 这名词源于 ἀνίκητος“不可战胜”的某种势力（隐括了“神”旨），这就引出了以下“定命论”的种种神话。

③ 古希腊抒情诗人，或史诗或戏剧作家，假借旧传或自己撰造命运之神的各不同名称，以概说人世悲欢离合，或个别男女的生死祸福，其哲学构思皆本于“定命论”。此节汇古来有关命运诸神名，就各个名称之字源，为之分别作说；昔贤构思既同，今欲为之分析差异，未能免于牵强。汉文更无如许辞异而义同的双关字汇。兹姑为之解释如下：世人一生所受苦难（坏运）与所得幸福（好运），命运女神（μοῖρα 毛埃拉，“司命”）先已为之分配了定量的份额。（μοῖρα，字源所始为，μέρος“份额”；从 μερίζειν“分配”。）古

的命意作相同的说明；她们[姊妹]三神各判不同的三时世，锭上的线一部分是“过去”已纺了的，一部分是保留于“将来”纺的，又一部分则“现在”正纺着。三女神之一，依规定的职分，由她主管过去的，名为亚脱洛帕(῎Ατροπος“不可回转”)，因为凡属过去了的，就永不能转变了；因为在自然的进程中，万物(众生)各有其终了的日子，所以主管将来的，名为拉契司(Λάχεσις“歇止”)；克罗苏(Κλωθώ“纺线”)既管领当今，她就忙着为一个一个捻制各别的命运之线。① 这一神话撰造得恰到好处。所有这些寓意，不着别的什么，只是讲“神”，柏拉图，可尊敬的先贤，给我们宣说者如此，这是绝妙的。

于是，神，如这古老的寓言所及的，执持着世间万物的始与中与终，在自然进程的一条径直的途径上前行，领着他们各抵于完成而后已；正义永世随从于神，凡有所缺失于神规(神律)的，当不能免于惩处——祝愿所有合符于正义的任何人，既自始(过去)与有于神的欢乐，也与有[宇宙间]今日与来朝的欢乐。

诗中或谓毛埃拉是夜神的诸女，主管人间祸福与死亡(寿夭)。Αἶσω“埃苏”字源，本于ἀεὶ οὖσα“常存”(永存)，为注定命运之神，实与毛埃拉女神们职司相同。古诗中，Εἱμαρμένη“宿命”(Fate)，字源 μείρομαι，也是“分配”；兹译“宿命”之神，谓人之贫富祸福，一切遭遇皆由前定。πεπρωμένη 字源 περατοῦν“抵于终限”，兹译“谶命”之神，谓人之或有奇遇，或逢横祸，若出偶然，而冥冥之中，实有神预为之安排，例如某人应运而成王业，某王则应运而竟灭亡。“尼米雪斯”，Νέμεσις，见于埃斯契卢剧本(Aesch., Px, 976)铸字从 νεμέω，谓平正曲直，补偿苦乐，是主管“果报”之女神。参看希萧特《神谱》(Hesiodus., Theogony;223)。’Αδράστεια 字从 διδράσκειν，谓有如奴隶“逃跑”，前置 ἀ-字母为“不”，谓人若命定有灾难，这就“不可回避”(不可逃跑)。

① 希萧特，《神谱》(Hes., Theogony, 218, 905)，暗夜女神有三纺女(Μοῦραι 毛埃拉)主管人间宿命，永不停歇地纺着人间生命(命运)之线。这里说三女分管过去、现在、未来，见于柏拉图对话，《共和国》，617C。拉丁神名 Parca 巴尔加，字源亦为份额 pars，同于希腊之 Moera“毛埃拉”，主生育之女神。

《宇宙论》索引

1^a—9^b＝391^a—399^b；00^a—01^a＝400^a—401^b

（指原书行码。汉译词请在其附近查找）

人名、地名、神名与题旨索引

αἰών	eternity	永久，常存	$01^{a}16$
ἀκρόπολις	acropolis	顶堡（雅典卫城）	$9^{b}34$
Ἄλβιον	Albion	阿尔比	今大不列颠（Great Britain），$3^{b}12$
Ἀλέξανδρος	Alexander	亚历山大	$1^{a}1$
Ἀλωάδαι	Aloadae	亚罗（巨人）族	$1^{a}11$
ἅλως	halo	晕（日晕、月晕）	$5^{a}36$—$^{b}3$
ἀνάγκη	necessity	必然（命定）	$01^{b}8$
ἀναθυμίασις	exhalation	嘘气，嘘出物	干嘘气与湿嘘气 $4^{a}9$—$^{b}18$，$7^{a}23$
ἄνεμος	wind	风	(1)风向（de Vent. sit.），$4^{b}12$—$5^{a}4$：'Απαρκτίας，

Aparctias，亚巴尔底亚（北风）；Ζέφυρος，Zephyrus，徐菲罗（西风）；Νότος，Notos 诺托（南风）；'Απηλιώτης，Apeliotes，亚贝里乌底（东风）：Βορέας，Boreas，波里亚（北北东风）；Καικίας，Caecias 开基亚（东东北风）；'Αργεστῆς，Argestes，亚尔琪司底（西西北风）[同风向之异名'Ιάπυξ，Iapyx 耶比克，或'Ολυμπίαν，Olympian 奥令比亚]；Θρακίας，Thracias 色拉基（北北西风）[同风异名，Κιρκίας，Circias，启尔基]；Λίψ，Lips 力伯斯（西西南风）；Λιβόνοτος，Libónotos 里博诺托（南南西风）[异名 Λιβοφοίνιξ，Libophoenix 里博腓尼克斯]

(2)风的类别：（甲）πνεῦμα，breeze（breath），清飔（呼气），$4^{a}17$，$^{b}13$，$7^{a}34$；ἀπογεῖον πνέοντες，land winds 陆地风，$4^{b}14$；ἐγκολπίαι，gulf winds 海湾风，$4^{b}15$；ἐκνεφίαι，cloud-winds 云飙，$4^{b}18$；ἐξυδρίας，rain-winds 潦风，$4^{b}19$

（乙）τῶν βιαίων πνευματων，of the blasts（gulls）各种狂风：θύελλα，tornado 突发暴风（怒飙）$5^{a}6$；καταιγίς，squall 龙卷风（罡风），$5^{a}5$. στρόβιλος，whirlwind 旋风，$5^{a}7$；λαῖλαψ，lailaps 上腾龙卷风，$5^{a}7$；πρηστήρ χθονίος，earth-storm 地暴风（即上腾龙卷风），$5^{a}10$；τυφῶν typhon（hurricane），台风 $2^{b}11$，$4^{b}18$，$00^{a}29$

（丙）'Ετησίαι，αἱ，Etesian winds（tradewinds）季候风（贸易风），$5^{a}2$；ὀρνιθίαι，οἱ ornithian winds 候鸟风，$5^{a}4$

ἀνταρκτικός，πόλος	anarctic pole	南极（对北极）	$2^{a}1$—5；从南极吹来的风（南风），$4^{b}21$，31—35，$5^{a}1$；南极地区，不可得见，$4^{b}31$
ἄξων	axis	轴	ἄ，τοῦ κόσμου，"宇宙之

Ἄτροπος	Atropos	亚脱塔帕	("不可回转")司命(Μοῖρα"毛埃拉")三女神之一,主管"过去",01^{b}18
Ἀφροδῖτης	Aphrodite	亚芙罗第忒	爱神,主金星,2^{a}28
Βασίλευς, ὁ	King	王	Βασ. τοῦ μεγάλου 波斯列王(诸大王),8^{a}10,30,^{b}1
Βόθυνοι, οἱ	'trenches'	"壕沟"	(天象)2^{b}4,5^{b}12
Βόρεας	Boreas	波里亚	北北东风,4^{b}20,28,5^{a}3
Βούρα	Bura	布拉	6^{a}21
Βρετανικαί	Britannica	大不列颠	即"阿尔比",3^{b}12,17
Γαλατικόν, θαλ. τὸ	Gallic, or Celtic Sea	高卢海,或克尔特海	3^{a}27(今第勒尼海 Tyrrhenian sea);Γ. κόπον 高卢海湾,3^{b}9
γενέσεις, αἱ	generations (births)	创兴,诞生	在大气中,海洋里,大地上"生成"与"灭坏"(αἱ φθοραί),在每一局部,不息地演变,但在全宇宙而论则永葆其贞常6^{a}17—31,7^{b}3—5,9^{a}28
γεωγράφος, ὁ	geographer	地理学家	3^{b}20
γῆ	earth	土,地	四元素之一,3^{a}2,6^{a}5
γῆ, ἡ	earth	地球,大地	1^{b}9,2^{a}29,^{b}14,3^{b}27,30,7^{a}24—^{b}5,8^{b}10,9^{b}24,00^{a}23;地球"为宇宙中心"τὸ μεσαίτατον τὸ κόσμον,1^{b}12,2^{b}33,00^{a}5;大地积载众生(诸生物),为"众生的母亲"παντοδάμων μήτηρ,1^{b}15,为众生的家乡;1^{b}14;神照顾着地球与其上的众生,7^{b}29—8^{a}7;地球内部(土层)与外围(水层,气层)诸现象(气象与地质变迁),4^{a}7—^{b}6,9^{a}25—30;大地涵有水源,风源,火源,5^{b}18—6^{a}31(参看 σεισμός,《地震》目)
γραμμᾶτικός	a grammarian	文章家	文章的能事就是"联缀"συνάψιες(元音与辅音缀合而成文学),6^{b}17—21
Δαρείος	Darius	达留士(波斯王)	8^{a}11
Δειφοί	Delphi-oracle	德尔斐神谶	5^{b}28(神谶 Χρησμωίδη,记录了的神巫预言)
δίκη	justice	正义	01^{b}27

δροσο-πάχνη	dew-frost	露霜,冻霜	$4^{a}26$
δρόσος	dew	露	$4^{a}15$,23,26,$9^{a}25$
'Ειμαρμένη	Fate	定分,"宿命"	"宿命"之神 $01^{b}9$
'Εκβατάνα	Ecbatana	艾克巴泰那	$8^{a}14$,34(米提亚 Media 故都)
'Ελευθέριος	of Freedom	"自由之神"	"自由"之神为宙斯诸尊号之一。$01^{a}24$
'Ελίκη	Helice	希里基	(滨海地名)$6^{a}21$
'Ελλησποντος, τὸ	Hellespont	希腊斯滂	希腊海,$3^{b}1$,$8^{a}27$
'Εμπεδοκλῆs	Empedocles	恩贝杜克里	τοῦ τὸν κόσμον ἐπεχόντος 神"主有宇宙",$9^{a}25$—28
ἐναντίων, τῶν	contraries, of the	诸"对反"	相反因素包容于宇宙之内,$6^{a}34$;包容于城邦之中;$6^{b}2$—4;自然喜欢诸对反因素,$6^{b}7$;涵概"诸对反"以成谐和(乐调),$6^{b}8$,11,23—25
'Ερμῆs	Hermes	赫尔梅	水星之神,$2^{a}26$,$9^{a}9$
'Ερυθράν θαλ.	Erythraean sea	红海	即阿拉伯海,$3^{b}4$
'Ετησίαι, οἱ	Etesian trade winds	季候风,贸易风	$5^{a}2$
Εὔβοια	Euboea	欧卑亚	$3^{a}13$
'Ευρώπη	Europe	欧罗巴洲	$3^{b}22$;洲界,$3^{b}23$—26
εὐσέβεια	piety	诚敬	τὸ τῶν εὐσεβων γένος γονεῖs, sous pious towards parents 孝敬于父母的子女,$00^{a}34$—$^{b}6$
Ζέφυρος	Zephyrus	徐菲罗(西风)	$4^{b}20$,25,$5^{a}3$
Ζεύs(Διόs)	Zeus (Dios)	宙斯,修士	宙斯为宇宙主神,$2^{a}25$,$9^{a}10$,$00^{a}19$,$01^{a}15$;宙斯的各个尊号,$01^{a}12$—27[引奥菲赞美歌咏,称道宙斯为希腊神姓(氏族)之神,亦为其先祖与后嗣之神,$01^{a}21$;城邦之神 $01^{a}20$;天地之神,$01^{a}25$;自由之神,$01^{a}24$;雷电之神,$01^{a}17$;祓禊消灾之神,$01^{a}23$;救难济恩之神,$01^{a}24$;等。] 主神别称 Ζῆνα"修那",取义于"生活",别称 Δία"宙亚",取义于"由以",$01^{a}14$
ζῷια, τὰ	animals	动物(生物)	各类动物的活动(生态),$8^{b}30$—35,$01^{a}8$;驯养与野生动物,$01^{a}7$

ζωιοφόρος κύκλος, ὁ	Zodiac	"动物圈",黄道带	2^a11—13
ζω̃γραφία	painting	绘画,写生	绘画艺术,调和诸异色以成其绚烂,6^b12—15
Ἡλίος	Helios (sun)	日(太阳)	2^a29,5^a33,^{b}2,6^b27,7^a9,8^b8,9^a8,21,00^a21
ἤπειρος	mainland (continent)	大陆(洲)	我们(人类)"所已卜居了的'诸洲'(地中海周遭三洲)世界"τοίς ἠπείροις τὴν οἰκονμένη, the inhabited world,2^b20,31,3^a10,^{b}18,4^b5;广袤,3^b18—21;区分 3^b22
Ἥρα	Hera	赫拉(后星)	或以赫拉为金星之神,2^a28
Ἡρακλέης	Heracles	赫拉克里	神名,应于火星,2^a25
Ἡρακλεῖους στήλας, τὰς	Pillars of Heracles	希拉克里砥柱	今直布罗陀海峡,3^a18,^{b}10,23,32,4^a1
Ἡρακλεῖτος	Heraclectus	赫拉克里特	引文隐语 τῷ σκοτεινῷ6^b20—22,01^a10—11
Θάλασσα	Sea	海	2^b14,6^b27;海中所发生的景象 6^a17—27;诸海名称,3^a16—^{b}22。大海中有旋涡(δῖναι)与洋流(ῥύαι)
Θάλασσαν, τῆν ἔσω	Inland Sea	内海	即地中海,3^a20(Mediterranean Sea)
Θεός (Θοῖν) (τὰ Θεία)	God (Deity) divine-acts	神,大神,(神性)(神功,神绩)	大神为"宇宙的主体"τὸ τοῦ κόσμου κωριώτατον,7^b12,9^b10—28;神为宇宙的本因 7^b9 行以下;9^b28 以下;神居于宇宙"最高处"τὸ ἀνωτατων,7^b26,8^a7,00^a4—21;神创生并护持地上的众生(游鱼,飞禽,走兽),7^b29—8^a7,00^b9—11,27—34;永存,01^a16;至上,7^b26;万物神造,也循行于所安排的宇宙秩序,7^b13—24 "神功"ἔργα τὰ θεῖα:神凭其"势能"(δυνάμει, potential)运行诸天体,并护持众生,不须亲自操劳,7^b17—9^a35;也不须谁的帮助,8^b10—16;神运万物,使各成达(抵于"终极"τελέυτόν),01^b25—27。喻神的权威于统帅,城邦主政,家主,8^a7 行以下;喻于波斯大王,8^a9 以下;喻于舵师,00^b6;喻于乐队指挥,9^a19,00^b7;拱门圈的钥石,喻于神在宇宙中的位置(功用)9^b30。神的"力能(势能)"(δυνάμει)为至强,于"美"(κάλλοι)为极致,于"德"

34;球形,1^{b}19;轴,1^{b}26;宇宙由相反原理(要素)组合而成,6^{a}34,^{b}24—34;诸天体在全宇宙中作谐和运行,有如一个"交响乐调"(ἁρμονία),6^{a}23—7^{a}5,9^{a}1—15,00^{a}4;全宇宙组合为一个"有秩序的""整体"(κεκοσμῆσθαι, τῶν ὅλων),7^{a}7,9^{a}13—14;宇宙"自致于美与善"(αὐτὴ πρὸς κάλλου καὶ ἀγαθόν),与"永生(保持永久)"(αἴωινος σωτηρίαν)7^{a}6,14—17,31;广大与光明 7^{a}14—17

喻于一"乐队"(ὁ χορός),9^{a}11—30;喻于一"军队"(στρατία),9^{b}1 行以下;喻于一城邦(πάλις),由相对反的诸"种族"(τῶν ἐθνῶν)合成,6^{b}1 以下

Κρήτη	Crete	克里特岛	3^{a}13
Κρητικὸν, τὸ Γαλ.	Cretan Sea	克里特海	3^{a}29
Κρόνος, ὁ	Cronos	克洛诺	土星之神,2^{a}24,9^{a}11;合婚于"时纪"而生宙斯,01^{a}15
κρύσταλλος	ice	冰	4^{a}25
κυβερνήτης	steerman	舵师	喻神的功能,00^{b}6
Κυκλάδες	Cyclades	居克拉特	"环列群岛",3^{a}14
Κύρνος	Cyrnus	居尔诺岛	(今科西嘉岛,Corsica)3^{a}13
Κωρυκίον ἄντρον	Corycian cave	科吕克洞窟	1^{a}21
Λαμπάδες	"torches"	"火把"(天象)	5^{b}11
Λαχεσις	Lachesis	拉契司(歇止)	"司命"三女神之一,主管"过去",01^{b}20
Λεβαδία	Lebadia	利巴第亚	5^{b}29
Λέσβος	Lesbos	累斯波岛	3^{a}14
Λιβύη	Libya	利比亚	古以称今北非洲,即地中海南岸大陆,3^{b}22;洲界 3^{b}31—4^{a}4
Λιπάρα	Lipara	利帕拉	5^{b}21
Μαιωτις, ἡ λίμνη	Maiotis	梅奥底湖	今亚速海(Azov Sea),3^{a}32,^{b}8
Μυρτῶον	Myrtoan Sea	米尔都海	3^{a}30
μεταβολή (καταστροφή)	change (upturn)	变异	(变异,作为地质上的突变或灾劫 catastrophe

			$4^{a}16$,27—32；霖雨泛为洪水，$7^{a}33$，$00^{a}26$；雨风（潦风，ἐξυδρίαι，rain-winds）$4^{b}19$；宙斯为雨神，$01^{a}18$
ὀρνιθίαι，οἱ	ornithian winds	候鸟风	$5^{a}4$
'Ορφικά	Orphica	奥菲赞美歌咏	引古诗人"奥菲的颂诗"（Orpheus' Hymns）$01^{a}28$—$^{b}7$
"Οσσαν	Ossa，Mt.	奥萨山	$1^{a}21$
ὀυρανός	heaven	天宇，天穹，天	$1^{b}9$，$6^{b}28$，$7^{a}9$，$8^{b}9$，$9^{a}20$；高天充塞以太（神性元素）$2^{a}5$；天宇作球形，$1^{b}20$；运动，$1^{b}17$—19；群星在天宇上部运行，$1^{b}16$；宙斯为"上天"之神，亦为"地上"（Χθόνιος 尘世）之神，$01^{a}25$。
πᾶν，τὸ	"the whole" (universe)	"全宇宙"	宇宙总体称"全"，$7^{a}23$；或称"总全"τὸ σύμπαν，$7^{b}6$；有秩序的优良总体，$9^{a}15$
Παμφύλιον，τὸ Γαλ.	Pamphylian Sea	庞菲里海	$3^{a}30$
πάχνη	hoar-frost	冻霜	$2^{b}10$，$4^{a}26$
Πέρση	Persia	波斯	波斯列王，$8^{a}10$，18，30，$8^{b}1$；波斯王朝的宫廷及其统治制度，$8^{a}9$—35
Περσικόν κόλπον	Persian Gulf	波斯海湾	$3^{b}3$
πηγαί	springs	流泉	河海源于流泉，$2^{b}15$，水源 $5^{b}18$；地震后的裂隙水泉 $6^{a}6$；温泉，$5^{b}24$
πλανήτα，τὰ	planets	诸行星	五星，$2^{a}13$—30。（1）ὁ Φωσφόρος"耀光之星"（灯标手 Lucifer），即爱神，亚芙罗第忒，主金星（Venus），$2^{a}27$，$9^{a}7$。（2）ὁ Στίλβων"光芒之星"，即'Ερμῆs 赫尔梅，主水星（Mercurius）；尊号，信使或向导 Διάκτορος（Messenger），$2^{a}26$，$9^{a}7$。（3）ὁ Πυρόεις"焰火之星"（荧惑），主火星（Mars），$2^{a}25$，$9^{a}8$。（4）Διός 宙斯，ὁ Φαέθοντες"光明之星"主木星（Jupiter），$2^{a}24$，$9^{a}9$。（5）ὁ Φαίθοντος"昭明之星"，Κρόνος 克洛诺，主土星（Saturn）$2^{a}23$，$9^{a}10$
Πλάτων	Plato	柏拉图	$01^{b}24$

στοιχεῖον	element	物质元素	τῶν τεττάθων 四元素（地、水、气[风]、火）在宇宙之间是协调的，$6^{b}25$—$7^{a}5$，加以太（神性元素），而为五元素，以地为底层（中心层），在宇宙间，挨次而占“五个层圈（球寰）”τῶν πέντε χώραις σφαιρικῶς，$3^{a}1$—8
στρατηγός	general	将军，统帅	στρ. ἡγεμόνος 战时统帅（“主将”），喻神功，$9^{b}9$，$00^{b}8$
Σύριον, τὸ Γ.	Syrian Sea	叙里亚海	$3^{a}30$
Σύρτεις (τὸ κολ.)	Syrtes (gulf)	锡尔底海湾	$3^{a}25$
Σωτήρ ὁ	Saviour	“救难保佑之神”	宙斯尊号，$1^{a}24$
Ταναΐς	Tanais	泰那河	$3^{b}26$，30
Ταπρόβανη	Taprobane	塔伯罗巴岛	今锡兰（斯里兰卡），$3^{b}14$
τόρνος	turner's lathe	旋机	切削圆物体的机器，$1^{b}22$
τροπή	tropic	赤道	τῶν τροπικῶν，“回归线”，$2^{a}12$
Ὕδωρ	water	水	四元素之一，$2^{b}30$，$3^{a}2$，$6^{b}30$，$9^{b}24$；地下水源，$5^{b}19$ 以下
Ὑρκανίον, Γαλ.	Hyrcanian Sea	许加尼海	$3^{b}24$；τῆν ὁρίζων 许加尼地区，$3^{b}6$
Φαέθων, ὁ	Phaethon	费崇	太阳神之子，$00^{a}31$
Φεβόλ, ἡ	Phebol	费博尔（大岛）	今马达加斯加 Madagascar，$3^{b}15$
Φειδίας	Pheidias	斐第亚	（雕塑大师）$9^{b}32$
φθορά	decay, death	灭坏，死亡	在大地上，海洋中，每一局部，各不息地作着生灭成坏的演变，但在全宇宙而论，则终竟保持其贞常，$6^{a}17$—31。
ριλία	friendship, love	友爱	宙斯为伙伴，友爱，客旅之神，$01^{a}22$
φιλοσοφία	philosoply	哲学	$1^{a}2$，11，$^{b}7$
φύσις, ἡ	nature	自然，大自然	大自然爱好诸相反对的因素（一视同仁），$6^{b}7$

《天象论·宇宙论》书目

一、希腊文校本

Bekker, I., Aristotelis Opera, Tomus III. Meteorologica, de Mundo.
亚里士多德全集,柏林,贝刻尔校本(1831—1870)第三册,《天象·宇宙论》,牛津翻印本,1837年。

Fobes, H., Aristotelis Meteorologicorum Libri Quattuor, (Harvard, 1918)
福培斯,亚里士多德《天象》四卷,校本(哈佛大学印行,1918年)。

二、诠疏或评议

Alexanderus Aphrodisias (Caria), Aristotelis Meteorologicorum libros, Commentaria, ed. M. Hayduck.
亚芙罗蒂人亚历山大,《亚里士多德,〈天象〉卷,诠疏》,海杜克编订,柏林,1899年印行。

Olympiodorus, Aristotelis Meteora Commentaria, ed. Guil. Stüve.
奥令比杜罗,《亚里士多德〈天象〉诠疏》,威廉·斯多夫编订,柏林,1900年印行。

Joannis Philoponus, Aristotelis Meteorologicorum librum primum commentarium, ed. M. Hayduck.
菲洛庞尼(即以弗所人,密嘉尔,Michael of Ephesus),《亚里士多德〈天象〉首卷(〈悬空物体〉)诠疏》,海杜克编订,柏林,1901年印行。

Vicomercatus, F., In Quattuor libros Aristotelis Meteorologicorum commentarii.

维哥谟加托,《亚里士多德〈天象〉四卷诠疏》,维尼斯 1565 年印行,巴黎,1556 年印行。

Ideler, J. L., Aristotelis Meteorologica libri IV(Text, Lat. transl. and commentary) 2 vols, Leipzig 1834—1836.

埃第勒,《亚里士多德,〈天象〉卷四,希腊本,拉丁译文,与诠疏》二卷,莱比锡,1834—1836 年印行。

Barthélemy-Saint Hilaire, "Aristote, Meteorologie"

巴多罗缪・圣希莱尔,《亚里士多德的〈天象〉》,巴黎,1863 年印行。

Thurot, F. C. E., Observations critiques sur les Meteorologica de Aristote, Revue Archéologique,《考古评论》第二十卷(1869),415—420 页,第二十一卷(1870),第 87—93 页,229—255 页,339—346 页,396—407 页,修洛,《关于亚里士多德,〈天象〉评议》。

Düring, Ingemar, Aristotlés chemical Treatise, Meteorologica BK IV, (Göteborg)

杜林,因葛麦尔,《亚里士多德的化学著作——〈天象〉卷四》哥德堡(瑞典),1944 年印行。

Capelle, Wilhehm, "De Mundo", Neue Jahrbuch, XV,1905.

威廉・嘉贝尔,《宇宙论评述》,"新年鉴"第十五卷(1905),第 529—568 页。

Sorof, G., De Aristotelis Geographia Capita duo, (Halle, 1889)《亚里士多德,"地理"两章》海尔,1889 年印行。

三、近代译本

Webster, Erwin Wentworth, Meteorologica (Eng. transl.)

温脱渥司,《天象》英语译本,1908 年译,1931 年印行(牛津)。

Forster, E. S., de Mundo (Eng. transl.)

福斯特,《宇宙论》英语译本,1931 年印行(牛津)。

以上两篇,同见于 Works of A.《亚里士多德全集》牛津,英译本第三册,1931 年印行。

H. D. P. Lee, Aristotle, Meteorologica, (Gr-English, Loeb C. Library)

李,希-英对照本,《天象》,路白经典丛书 1948 年印行。

Paul, Gohlke, Meteorologica, über die Welt. (Paderborn, Ferdinand, Schoning)

高克·保罗,《天象·宇宙论》,希腊文-德文对照本(巴德尔庞,1955 年印行)。

四、参考书目

Gilbert, O., Die Meteorologischen Theorien des Griechschen Altertums 琪尔培脱,《古希腊的天象(气象)理论》,莱比锡,1907 年印行。

Bulchert, P., Aristotelis Erdkunde von Asian und Lybien, in Quellen und Forschungen zur alten Gesch. u. Geogr.

波休尔脱,亚里士多德的亚细亚与利比亚(北非洲)地理——在古史与古地理中的来源与研究。

Heath, T. L., Aristarchus of Samos — A History of Gr. Astronomy to Aristarchus.

希司,《萨摩人,亚里士太沽——到亚里士太沽为止的希腊天文(星象)学史》,牛津,1913 年印行。

Duhem, P., Le Systѐme du monde, vol. I (Paris, 1913)

第海姆,《宇宙体系》,卷一。巴黎,1913 年印行。

Thompson, D'Arcy, The Greek Wind. (C. R. XXX,2.)

汤伯逊,《希腊的风》(《经典评论》卷三十,2(1918)第 49—56 页)。

Napier Shaw, W., Manuel of Meteorology, vol. Camb. 1932.

萧·纳比尔,《气象学手册》,卷一,"历史上的气象学(天象)",剑桥,1932 年印行。

Eichholz, D. E., Aristotle's Theory of the Formation of Metals and Minerals

(classical Quarterly, xiii.)

埃契霍兹,《亚里士多德的金属与矿物成因理论》(经典季刊,第四十三卷(1949 年)第 141 页以下)。

Bailey, Greek Atomist.

培里,《希腊原子论诸家》。

Warrington, E. H., Greek Geography.

瓦令顿,《希腊地理》。

Heidel, The Frame of the Ancient Gr. Maps.

海特尔,《古希腊地图的构制》。

Tozer, History of Ancient Geography.

托泽尔,《古代地理的历史》。

后　记

本书译文依据贝刻尔(I. Bekker)校订的《亚里士多德全集》(Aristotelis Opera)第三卷,牛津,1837 年印本译出,同时参照了路白经典丛书希英对照本和其他版本校订。亚里士多德的著作,经过数百年各国校订者、编译者的考求,已相当完善。本书译者措意于前人的功夫,为每篇写了长序,增补了各篇的章节分析,编订了索引,并补充了大量注释。这些注释有的是国内外最近研究的成果,有的则是译者多年潜心研究的心得,故本书实为一部不可多得的译作。

亚氏的著作中《天象论·宇宙论》和《灵魂论及其他》读者较少,凭近代科学理论为之衡量,亚氏的议论有些地方不免于左支右绌,但正像恩格斯所说:"在希腊哲学的多种多样的形式中,可以找到现代多种科学观点的胚胎和新芽"。古希腊先贤所留下的这些篇章,包括其原始的术语和各种观点,常常诱发出许多新兴的科学门类,也为人们提供了广泛的研究课题。

本书译者吴寿彭先生有志于古希腊先哲全集的翻译和出版,虽年逾八旬仍孜孜不倦致力于亚氏著作的翻译,在其匆匆的晚年连续翻译了《动物志》《动物四篇》《天象论·宇宙论》《灵魂论及其他》四巨卷,其严谨的治学精神和奋力拼搏的毅力实令人敬佩不已。

吴先生谙熟古希腊文、英文等好几种语言文字，又精于中国古代和近代的各种文献，其学识真可谓博大精深，所以他的译作文笔流畅，措辞精当，读起来颇堪回味。我们本来和吴先生相约定校阅两书后再次向他请教的，令人十分痛惜的是吴寿彭先生在整理两书手稿的过程中溘然长逝。这不仅使我们失去了一位可敬的师长和朋友，也使学术界遭受了无可弥补的损失。现在我们出版他的遗译正是对吴寿彭先生最好的追悼和纪念。

在编辑加工本书原稿过程中有以下几点需要说明：

一、吴先生手稿中写有大量的繁体字、异体字，我们统一按规范的简化字排印，个别易引起误解的字，则把繁体字作为附注保留下来，如长发(fà)彗易误解为"长发(fā)彗"，于"发"后加了〔髮〕字以避免误解。有些较生僻的异体字，在不影响原意的情况下改为常用字，如用隐括代替檃括，还有些前后不统一的字如薰风、燻风、熏风，统一用熏风；又有些字如又苦又盐，又涩又盐、又甜又盐，英文均为 salt，但译做"盐"字不合现代汉语习惯，我们改为"咸"字。又如在《炁与呼吸》中把 πνεῦμα 译为"炁"，把 ἀέρος 译为"气"，以区别于"生命之气"和自然界中大气的"气"，这是吴先生译作的一个创举，则不能统一为"气"。类似的情况如："漕"一般指漕运的水道，本书中的河漕、海漕、储漕、漕流则指槽状的深广水流。"璇"一般指美玉、天文仪及北斗中的四星，本书的璇运、璇轨则指整个天体的运轨。"盲衖"一般指死胡同，本书则取义于动物身上的盲囊或盲道，这些用词都比一般释义范围宽广得多，这里就不一一列举了。

二、《天象论·宇宙论》《灵魂及其他》两稿中有大量的一名多译情况，如：《泰阿泰德》又译色亚忒图、特埃特托、特阿忒托；赫拉克里特又译赫那克里托、希拉克里图，如不统一译名势必给阅读造成困难。这些译名散见于正文、注释、地图、索引中，要行统一，是十分困难的，我们必须从多种资料中查出希腊文或英文原名确认为同一个名字时才能按现行译名统一，对于那些罕见的、译稿较一致的译名，虽与通用名不同，我们也不强行统一。统一译名的工作既烦琐又枯燥，其工作量之大是可想而知的，但其中仍不免有顾此失彼、挂一漏万的情况，希读者原谅。

三、吴先生整理本稿时，年迈体衰，稿面不免字迹模糊。在排校后，我们又对照初稿，做了较为周密的校订，又发现不少疏漏处和注释错位、希英文误拼误写等问题，均照希腊文和英文原书加以补释订正(在图中的补改处则加 * 号区别)。但是限于水平仍不免有疏漏错改之处，敬希读者不吝指正。

王立平谨识

1989.12.北京

图书在版编目(CIP)数据

天象论 宇宙论/(古希腊)亚里士多德著;吴寿彭译.
—北京:商务印书馆,1999.1(2024.8重印)
(汉译世界学术名著丛书)
ISBN 978-7-100-01091-7

Ⅰ. ①天… Ⅱ. ①亚… ②吴… Ⅲ. ①天象—研究
②宇宙—研究 Ⅳ. ①P1

中国版本图书馆CIP数据核字(2009)第239251号

汉译世界学术名著丛书
天象论 宇宙论
〔古希腊〕亚里士多德 著
吴寿彭 译

商 务 印 书 馆 出 版
(北京王府井大街36号 邮政编码100710)
商 务 印 书 馆 发 行
北京虎彩文化传播有限公司印刷
ISBN 978-7-100-01091-7

1999年1月第1版 开本850×1168 1/32
2024年8月北京第5次印刷 印张10⅝
定价:59.00元